房地产投资分析

主 编 马静怡

副主编 梁 怡 刘继茹

参 编 杜转萍 齐 梅

北京理工大学出版社
BEIJING INSTITUTE OF TECHNOLOGY PRESS

内 容 提 要

本书根据高等院校房地产类相关专业人才培养目标进行编写。全书共 11 个模块，主要内容包括房地产投资分析概论、房地产投资分析基本知识、房地产投资环境与市场分析、房地产项目投资费用估算、房地产筹资与融资、房地产开发投资财务分析、房地产投资不确定性与风险分析、房地产投资可行性分析、房地产投资决策分析、房地产项目国民经济评价与社会评价、房地产项目投资后评价等。

本书可作为高等院校房地产类相关专业的教材，也可作为房地产、工程管理、不动产评估及投资咨询等从业人员的工作参考书。

图书在版编目（CIP）数据

房地产投资分析/马静怡主编.--北京：北京理
工大学出版社，2021.10
　　ISBN 978-7-5763-0590-6

　　Ⅰ.①房…　Ⅱ.①马…　Ⅲ.①房地产投资－投资分析
Ⅳ.① F293.35

中国版本图书馆 CIP 数据核字（2021）第 220393 号

出版发行 / 北京理工大学出版社有限责任公司
社　　　址 / 北京市海淀区中关村南大街5号
邮　　　编 / 100081
电　　　话 / （010）68914775（总编室）
　　　　　　（010）82562903（教材售后服务热线）
　　　　　　（010）68944723（其他图书服务热线）
网　　　址 / http://www.bitpress.com.cn
经　　　销 / 全国各地新华书店
印　　　刷 / 河北鑫彩博图印刷有限公司
开　　　本 / 787毫米×1092毫米　1/16
印　　　张 / 15.5
字　　　数 / 367千字
版　　　次 / 2021年10月第1版　2021年10月第1次印刷
定　　　价 / 75.00元

责任编辑 / 钟　博
文案编辑 / 钟　博
责任校对 / 周瑞红
责任印制 / 边心超

图书出现印装质量问题，请拨打售后服务热线，本社负责调换

出版说明

Publisher's Note

　　房地产业是我国经济建设和发展中的重要组成部分，是拉动国民经济持续增长的主导产业之一。改革开放近 40 年来，我国的房地产业快速发展，取得了巨大成就，尤其在改善广大城镇居民住房条件、改变城镇面貌、促进经济增长、扩大就业等方面，更是发挥了其他行业所无法替代的巨大作用。随着我国经济的发展、居民收入水平的提高、城市化进程的加快以及改善性住房市场需求的增加，房地产消费者对产品的需求由"有"到"优"，房地产需求总量不断攀升，房地产行业仍然有着巨大的发展潜力，房地产业需要大量房地产专业人才。

　　高等职业教育以培养生产、建设、管理、服务第一线的高素质技术技能人才为根本任务，在建设人力资源强国和高等教育强国的伟大进程中发挥着不可替代的作用。为全面推进高等职业教育教材建设工作，将教学改革的成果和教学实践的积累体现到教材建设和教学资源统合的实际工作中去，以满足不断深化的教学改革需要，更好地为学校教学改革、人才培养与课程建设服务，北京理工大学出版社搭建平台，组织国内多所建设类高职院校，包括四川建筑职业技术学院、重庆建筑科技职业学院、广西建设职业技术学院、河南建筑职业技术学院、甘肃建筑职业技术学院、湖南城建职业技术学院、广东建设职业技术学院、山东城市建设职业学院等，共同组织编写了本套"高等职业教育房地产类专业精品教材（房地产经营与管理专业系列）"。该系列教材由参与院校院系领导、专业带头人组织编写团队，参照教育部《高等职业学校专业教学标准》要求，以创新、合作、融合、共赢、整合跨院校优质资源的工作方式，结合高职院校教学实际以及当前房地产行业的形势和发展编写完成。

　　本系列教材共包括以下分册：

　　1.《房地产基本制度与政策》

　　2.《房地产建设项目管理概论（第 2 版）》

　　3.《房地产开发经营与管理》

　　4.《房地产开发与营销（第 2 版）》

5.《房地产市场营销》

6.《房地产投资分析》

7.《房地产经济学》

8.《房地产估价》

9.《房地产经纪》

10.《房地产金融》

11.《房地产企业会计》

12.《房地产统计》

13.《房地产测绘》

本系列教材，从酝酿、策划到完稿，进行了大量的市场调研和院校走访，很多院校老师给我们提供了宝贵意见和建议，在此特表示诚挚的感谢！教材在编写体例、内容组织、案例引用等方面，做了一定创新探索。教材编写紧跟房地产行业发展趋势，突出应用，贴近院校教学实践需求。希望本系列教材的出版，能在优化房地产经营与管理及相关专业培养方案、完善课程体系、丰富课程内容、传播交流有效教学方法，培养房地产行业专业人才，为我国房地产业的持续健康发展做出贡献！

北京理工大学出版社

前言

PREFACE

房地产投资是以房地产为对象，为获得预期效益而对土地和房地产开发、经营、管理、服务，以及购置房地产等进行的投资。从广义上说，房地产投资的预期效益因投资主体不同而有所不同，政府投资注重宏观的经济效益、社会效益和环境效益；企业投资则注重利润指标；购置自用的房地产，则注重其使用功能的发挥；虽然追求的效益有所不同，但各种效益是相互交叉、相互影响的。从狭义上说，房地产投资主要是指企业以获取利润为目的的投资。房地产投资分析就是研究房地产投资项目的可行性，是房地产投资项目实施开发活动前进行的分析论证过程，其主要目的是为投资者选择房地产投资机会和项目投资方案决策提供全面而翔实的参考依据，从而使投资者在既定的资源条件和预期的收益目标下选择最佳的投资方案。

本书紧扣房地产投资分析的要求，依据高等教育以就业为导向、以能力为本位的培养模式，紧扣目前房地产业发展的现状和特点，从理论、方法和案例三个层面理论联系实际地解读了房地产投资的可行性、收益性和风险性分析的框架、流程和内容。本书的编写遵循"理论知识够用为度"的原则，在阐述房地产投资分析基本理论和基本原理的基础上，主要侧重于介绍房地产投资效益分析和房地产投资决策方法的分析，具有较强的实用价值和可操作性。

本书不仅传授给学生理论知识和操作技能，更重要的是培养他们的职业能力。本书各模块前均设置了"知识目标"和"能力目标"，给学生学习和教师教学作出了引导；在各模块后面设置了"模块小结"和"课后习题"，"模块小结"以学习重点为框架，对各模块知识作了精要的点评，"课后习题"从更深的层次给学生以思考、复习的要点，从而构建了一个"以模块为主线、教师为引导、学生为主体"的教学过程，使学生在学习过程中能主动参与、自主协作、探索创新，学完后具备一定的分析问题和解决问题的能力。

本书由甘肃建筑职业技术学院马静怡担任主编，由甘肃建筑职业技术学院梁怡和甘肃建筑职业技术学院刘继茹担任副主编，重庆建筑科技职业学院杜转萍和山东劳动职业技术学院齐梅参与编写。具体编写分工为：马静怡编写模块四、模块八和模块九，梁怡编写模块一、模块二和模块十，刘继茹编写模块五、模块六和模块七，杜转萍编写模块三，齐梅编写模块十一。本书编写过程中，参考了大量的著作及资料，在此向原著作者表示最诚挚的谢意。同时，本书的出版得到了北京理工大学出版社各位编辑的大力支持，在此一并表示感谢！

虽经推敲核证，但限于编者的专业水平和实践经验，书中仍难免存在疏漏或不妥之处，恳请广大读者指正。

编　者

目录

CONTENTS

目录

模块一 房地产投资分析概论

单元一　房地产投资的概念和类型

一、投资的基本概念

投资是指某个经济主体(国家、企业、个人)将一定的资金(如现金及其他形式货币资金)或资源(如土地、设备、技术等)投入某项社会再生产过程，以便获取未来的收益或效益的经济活动或经济行为。从这一概念中可知，投资必须要有一定资源(如资金)的投入，经过一段时间后(时间性)，获得所期望的收益或效益。其中，收益是指盈利项目的资本增值；而效益则是指非营利项目的改善或提高预期的公共福利和社会效益。

(一)投资要素

投资包括投资主体、投资客体、投资目的和投资方式。

(1)投资主体。投资主体是投资活动的经济主体，是直接从事投资的各级政府、企事业单位或个人等。

(2)投资客体。投资客体是指投资对象、目标或标的物，既包括房屋、土地、厂房、设备等实物(有形)资产，也包括期货、股票、债券等金融资产，还包括商标、专利等无形资产。

（3）投资目的。投资活动的目的就是获取预期的效益。其包括经济效益、社会效益、环境效益等诸多方面，特别是经济效益，投资主体投入一定量的货币的目的是保障投资能够回收并实现增值。

（4）投资方式。投资可以运用多种方式，投放于多种事业。一种是直接投资，主要是形成实物资产；另一种是间接投资，主要是形成金融资产。

（二）投资分类

1. 按投资主体分类

按投资主体的不同，投资可分为国家投资、企业投资和个人投资。国家投资是由国家财政通过投资拨款、投资贷款和基本建设基金的形式实施的投资；企业投资是由企业作为投资主体，自筹资金实施的投资；个人投资是指由个人自筹资金实施的投资。

2. 按投资内容分类

按投资内容的不同，投资可分为实物投资、金融投资和无形资产投资。实物投资是指以厂房、机械、设备、土地、房屋等有形实物所进行的投资；金融投资是指以股票、债券等金融资产所进行的投资；无形资产投资是指以商标、专利等无形资产所进行的投资。

3. 按投资性质分类

按投资性质不同，投资可分为债券性投资、权益性投资和混合性投资。

（1）债券性投资是指金融企业通过投资获得债权，被投资单位承担债务。投资金融企业与被投资单位之间形成了一种债权债务关系。

（2）权益性投资是指金融企业为获取另一单位的权益或净资产所进行的投资。投资金融企业通过投资取得对被投资单位相应份额的所有权。

（3）混合性投资是指具有债权性和权益性双重性质的投资。

4. 按投资形式分类

按投资形式不同，投资可分为直接投资和间接投资。直接投资是指将资金直接投入项目的建设或购置以形成固定资产和流动资产的投资，是增加或改善实务资产的投资。间接投资是投资者通过购买有价证券，以获取一定收益的投资。

（三）投资特性

（1）投资是一种有目的的经济行为。投资是现在垫支一定量的资金，以求未来获得报酬而采取的经济行为，具有目的性。

（2）投资具有时间性。从现在支出到将来获得报酬，在时间上总要经过一定的间隔。这表明，投资是一个行为过程。一般来说，这个过程越长，未来报酬的获得越不稳定，风险就越大。

（3）投资的目的是收益。投资活动是以牺牲现在价值为手段，以赚取未来价值为目标。未来价值超过现在价值，投资者方能得到正报酬。

（4）投资具有风险性，即不稳定性。现在投入的价值是确定的，而未来可能获得的收益是不确定的，这种收益的不确定性即投资的风险。

二、房地产投资的概念

房地产是指土地、建筑物及固着在土地、建筑物上不可分离的部分与其附带的各种权益。房地产在经济学上又被称为不动产。其可以有三种存在形态，即土地、建筑物、房地合一。

房地产投资，是资本所有者将其资本投入到房地产业，以期在将来获取预期收益的一种经济活动。简单说来就是买入可增值的东西。

三、房地产投资的类型

1. 按房地产投资方式分类

从房地产投资形式不同来说，房地产投资可分为直接投资和间接投资。二者的主要区别在于投资者是否直接参与房地产有关的投资管理工作。

（1）直接投资。房地产直接投资是指投资者直接参与房地产开发和购买房地产的过程并参与有关的管理工作。其包括从开始的开发投资和物业建成后的置业投资两种形式。

1）开发投资。房地产开发投资是指投资者从购买土地使用权开始，经过项目策划、规划实际和施工建设等过程获得房地产商品，然后将其推向市场，转让给新的投资者或使用者，并通过这一转让过程收回全部投资并且实现获取投资收益的目标。

房地产开发投资属于短期投资，其形成了房地产市场上的增量供给。开发投资的目的主要是赚取开发利润，风险较大回报也比较丰厚。但是一般情况下，房地产开发商不一定出售全部开发的物业，其可以将建成的公寓、别墅及写字楼等用于出租，酒店及商场等进行经营，以获取长期的租赁收益和物业的增值收益，此时，开发投资已经转变成了置业投资。

2）置业投资。房地产置业投资是购置物业以满足自身生活居住或生产经营需要，并在不愿意持有该物业时可以获取转售收益的一种投资活动。置业投资的对象包括开发后新建成的物业及房地产市场上的二手货。此项投资一是为了满足自身生活居住或生产经营的需要；二是作为投资将购入的物业出租给最终的使用者，获取较为稳定的经常性收入。置业投资一般从长期投资的角度出发，可获得保值、增值、收益和消费四个方面的利益。例如，某投资者用 300 万元在所在城市的繁华地段购买一处新建的 300 平方米写字楼，然后 150 平方米作为公司办公自用，另外，150 平方米出租出去，每年除去所有费用净收入是 30 万元。5 年后，为了业务的需要，该投资者将该写字楼全部转售，除去所有支出，净销售收入 2 000 万元。从此案例可知，该投资者的置业投资先后达到了保值（300 万元）、增值（1 700 万元），获得经常性收益（30 万元）和自用消费四个方面的作用。

（2）间接投资。房地产间接投资是指投资者投资于与房地产相关的证券市场的行为。间接投资者不需要直接参与房地产经营管理活动。房地产间接投资具体形式包括购买房地产开发投资企业的股票和债券，投资于房地产投资信托基金或房地产抵押贷款证券等。

1）购买房地产开发投资企业的股票和证券。房地产投资金额重大，需要筹集大量资金，除银行贷款外，房地产企业常采用发行股票或债券的融资方式。同时，分享房地产项目带来的收益，成为房地产的间接投资者。

2）投资于房地产投资信托基金。房地产投资信托基金（简称 REITs）是一种证券化的产业投资基金，通过发行股票，集合资金，由专门机构进行经营管理，经过多元化的投资，选择不同地区、不同类型的房地产进行组合投资，将出租不动产产生的收入通过派息的方式分给股东，从而使投资者获取长期稳定的收益。投资于房地产投资信托基金实现了大众化投资，满足了中小投资者将大额投资转换为小额投资的需求，风险性低于其他证券投资。

3）投资于住房抵押贷款证券。住房抵押贷款证券是一种抵押担保证券，该证券的收益来源于借款人每月的还款现金流。21世纪的前几年，许多次级抵押贷款被重新打包转为债券来卖给投资者，这些投资者认为，在未来的某一时刻，这些债券是能够被偿还的。有些抵押贷款证券甚至得到了AAA级的评价，这意味着评价机构认为这些证券无法偿还的可能性非常低。

2. 按房地产投资经济内容分类

从房地产投资经济内容不同来说，房地产投资可分为土地开发投资、房屋开发投资、房地产经营投资、中介服务投资及物业服务投资。

（1）土地开发投资。土地开发投资是指开发者通过合法途径获得土地使用权后，经过对土地的平整及基础设施的投资建设，使土地具备房屋建设的基础条件，另外，再通过对土地二级市场进行出租或有偿转让以获取收益的投资行为。土地开发投资包括旧城区土地再开发投资和新区土地开发投资两种。旧城区土地再开发投资属于房地产的二次开发，主要经济活动包括拆迁安置和改造建设两个方面；新区土地开发是指对城市郊区新征土地的开发建设，主要经济活动是对新征用的土地进行土地改造和设施建设，以满足进一步进行房地产开发要求的活动。由于旧城区地价高及住户安置费用高等原因，旧城区土地开发需要付出更多的投资，但由于土地属于城区，进行二次开发后的升值潜力大；而新区土地位于城市郊区，地价比城区低，开发中其他成本和费用也不会很高，所以，其土地开发潜力也无法和旧城区土地开发相比。

（2）房屋开发投资。房屋开发投资包括居住物业、商业物业、办公物业、工业物业及休闲性物业开发投资等几种类型。

（3）房地产经营投资。房地产经营投资是指房地产开发商将物业开发出来后并不销售，而是出租经营或其他单位和个人购置物业后不自住，而是将房屋用来出租等情况。这些单位和个人出租经营需要的招商及物品采购等其他费用的投资，就是房地产经营投资。

（4）中介服务投资。中介服务投资是指为房地产开发、经营及物业服务等提供咨询、法律、价格评估与市场等中介服务的投资。

（5）物业服务投资。物业服务投资一般包括房屋及设备维修、保养、社区安全等社区公共服务及代售、代租、代买等专项服务的投资。

3. 按房地产投资经营方式分类

从房地产投资经营方式不同来说，房地产投资可分为出售型房地产项目投资、出租型房地产项目投资和混合型房地产项目投资。

（1）出售型房地产项目投资。出售型房地产项目投资是指房地产投资以预售或开发完成后出售的方式得到收入、回收开发资金、获取开发收益，从而达到预期的投资目标。

（2）出租型房地产项目投资。出租型房地产项目投资是指房地产投资以预租或开发完成后出租的方式得到收入、回收开发资金、获取开发收益，从而达到预期的投资目标。

（3）混合型房地产项目投资。混合型房地产项目投资是出售型和出租型的混合，是指房地产投资以预售、预租或开发完成后出售、出租、自营的各种组合方式得到收入、回收开发资金、获取开发收益，从而达到预期的投资目标。

单元二　房地产投资的特点及其分析过程

一、房地产投资的特点

与一般投资相比，房地产投资具有以下特征。

1. 房地产投资对象的不可移动性

房地产投资对象是不动产，土地及其地上建筑物都具有固定性和不可移动性。这一特点给房地产供给和需求带来重大影响，如果投资失误会给投资者和城市建设造成严重后果，所以，投资决策对房地产投资更为重要。

2. 房地产投资的回收期长

对每一个房地产投资项目而言，其开发阶段一直会持续到项目结束，投入和使用的建设开发期相当漫长。在房地产投资过程中要经过许多环节，从土地所有权或使用权的获得、建筑物的建造，一直到建筑物的投入使用，最终收回全部投资资金需要相当长的时间。导致房地产投资资金回收期长的主要原因包括以下两个方面：

(1)房地产投资不是一个简单的购买过程，其受到房地产市场各个组成部分(如土地投资市场、综合开发市场、建筑施工市场及房地产市场)的制约。投资者将资金投入房地产市场，往往要经过上述市场的多次完整运动才能获得利润。

(2)如果房地产投资的部分回收是通过收取房地产租金实现的，由于租金回收的时间较长，这样便会延长整个房地产投资的回收期。

3. 房地产投资的高风险性

房地产投资占用资金多，资金周转期又长，而市场是瞬息万变的，所以，投资的风险因素也将增多。加上房地产资产的低流动性，不能轻易脱手，一旦投资失误，房屋空置，资金不能按期收回，企业就会陷于被动，甚至债息负担沉重，导致破产倒闭。房地产投资是一项风险较大的投资活动，投资者的任务就是在相同风险情况下，最大限度地增加收益，或是在相同收益水平的情况下将风险降到最低。

4. 房地产投资的低流动性

房地产投资成本高，不像一般商品买卖可以在短时间内马上完成，房地产交易通常要一个月甚至更长的时间才能完成。如果投资者一旦将资金投入房地产买卖中，其资金很难在短期内变现。所以，房地产资金的流动性和灵活性都较低。

5. 房地产投资的高投入和高成本性

房地产业是一个资金高度密集的行业，投资一宗房地产需要少则几百万，多则上亿元的资金。房地产投资的高成本性主要源于以下几个方面：

(1)房屋建筑的高价值性。由于房屋的建筑安装要耗费大量的建筑材料和物资，需要大批技术熟练的劳动力、工程技术人员和施工管理人员及许多大型施工机械，所以房屋的建筑安装成本，通常也高于一般产品的生产成本。另外，由于建筑施工周期一般较长，占用资金量较大，需要支付大量的利息成本。再加上在房地产成交时人们普遍采用分期付款、抵押付款的方式，导致房地产的投入资金回收缓慢，所以也增加了房屋建筑物的成本量。

（2）土地开发的高成本性。由于土地的位置固定，资源相对稀缺及其具有不可替代性，土地所有者在出售和出租土地时就要按照土地预期的生产能力、面积及周围环境等作为要价依据，收取较高的报酬。作为自然资源的土地，不能被社会直接利用，必须投入一定的资本进行开发。所有这些因素都提高了土地开发的成本。

（3）房地产经济运作中交易费用高。一般情况下，房地产开发周期长、环节多，涉及的管理部门及社会各方面的关系多，从而使得房地产开发在其运作过程中的广告费、促销费及公关费等都比较高昂，从而提高了房地产投资成本。

6. 房地产的保值增值性

房地产的保值性体现在其能够抵御由于通货膨胀带来的损失。随着经济的发展，人口的增多，将不断推动房地产价格稳步升高。所以，其保值功能在今后较长时间内能得到很好地发挥。另外，由于土地资源的稀缺性及不可再生性，房地产产品作为人类生产及生活不可或缺的要素，随着经济和社会的发展，其将长期处于供不应求的市场状态，房地产的价格因此也会根据市场经济的规律不断上升。当然，有时房地产市场上也会出现短期的房地产价格下降的趋势，但一般来说，这并不会影响其长期的增值特性。而且从长期来看，房地产价格的上涨率不会落后于总体物价水平的上涨率。

二、房地产投资分析的概念、必要性及作用

（一）房地产投资分析的概念

房地产投资分析主要是指投资者对房地产投资机会的选择和项目投资方案决策，是房地产开发和经营过程中的一个重要阶段。

房地产投资的形式多种多样，人们最熟悉的一种类型是房地产开发企业所进行的房地产开发；为了出租经营而购买住宅或办公楼也是相当普遍的房地产投资类型；另外，其还包括将资金委托给信托投资公司用以购买或开发房地产、企业建造工厂、学校建设校舍、政府修建水库等。尽管其表现形式各异，但有一个共同的特点，即通过牺牲现在的某些利益换取预期收益。要强调的是，"现在的某些利益"是指即期的、确定性的利益，但预期收益却要到未来才能实现，而且这种未来收益在时间和总量上都难以精确预测。所以，房地产投资决策中，估算总成本和利润的同时还应考虑时间因素。只有在比较项目收益和支出的总量与时间的基础上，并考虑预测的置信水平时，才有可能作出合理的投资决策。

另外，在市场经济条件下，投资者往往同时面对多种投资机会，虽然相对容易确定各个投资机会的即期支出，但是却难以确定它们的未来收益；而且，投资者在决策之前往往会发现，诱人的机会常常不止一个，但投资者可利用的资源却总是有限的，所以，这时就需要有一种方法能够对各种投资方案进行评估，帮助投资者在各种限制条件的前提下，最终所选择的投资项目获得最大效益。所以，面临种种原因必须进行房地产投资分析才能作出正确的决策。

（二）房地产投资分析的必要性

1. 房地产投资分析的特征

进行房地产投资分析需要分析人员具有科学严谨的工作态度、渊博的分析知识及丰富

的实践经验，并且承担技术责任。房地产投资分析的特征主要体现在以下几个方面：

(1)客观性。客观性是投资分析的最基本要求，要求分析人员的分析数据及调查报告等必须是真实可靠的，而不是主观意念。另外，分析人员要善于利用各界的统计资料，虽然有时资料不一致，但分析必须是客观的。客观性是保证分析决策结果正确的基础。

(2)全面性。全面性是指分析人员要对投资活动的各个方面进行分析，如投资方向、投资形式、资金筹措、投资风险及投资收益等。

(3)责任性。分析人员有责任告知投资者所面临的客观投资环境及如何去适应并利用该环境。一项好的投资分析决策可以为投资者节省大量资金，获取的收益却最大；反之则造成重大损失。所以，分析人员要对自己的分析结果负责，但这种责任仅仅是建立在道义和技术上的。

2. 房地产投资分析的目标

房地产投资分析的目标有以下几个方面：

(1)总结房地产投资的经济规律。房地产投资分析要通过总结房地产投资实践的经验和教训，揭示房地产投资和房地产经济运行规律，从而指导房地产投资实践，以提高房地产投资的成功率。

(2)研究房地产投资分析的科学方法。只有收益超过成本，投资才是可行的。所以，房地产投资分析要真正弄清楚房地产投资的成本和收益，这就需要认真研究和分析房地产开发、经营和管理的各个环节的规划、设计、风险、控制等的理论和方法，从而提高房地产投资分析结果的科学性、准确性、预见性和实践性。

(3)制定房地产投资合理决策的规范和制度。房地产投资要取得成功，就要努力克服投资的盲目性，要减少政府对房地产投资市场的过度干预。房地产投资分析要为房地产投资者提供指导，也应对政府的房地产投资政策、法规和项目管理等实施有效的评价，建立科学、合理的房地产投资决策的规范和制度。

3. 房地产投资分析的任务

房地产投资分析是一项技术含量相当高的工作。在一项完整的房地产投资分析活动中，分析人员需要为投资者提供解决投资方向、运行方式、投资收益及投资风险等方面问题的方法。

(1)为投资者提供投资方向。投资者往往面临投资方向问题，诸如合作伙伴的选择、地域及地址的选择、规模与期限的选择等。如果投资者是初次进入该市场，对投资环境不了解，需要分析人员做到面面俱到的阐述；如果投资者已经选好合作伙伴及地域地址等，需要解决其余问题。但是投资分析人员要为投资者解决全部问题，哪怕是投资者已经认可的事情，分析人员也要进行分析，这样便可以很容易地发现问题，达到意想不到的效果。

(2)为投资者提供运行方式。房地产投资活动的运作包括许多方面，如投资者想要选择某地段兴建商业设施，那么其将面临如何获得该土地的使用权、如何取得建设许可及如何保证建设工期等问题。那么分析人员将提供解决这些问题的最佳方案，其提供的可行运作方式，往往代表他们的分析水平。

(3)为投资者预测投资收益。投资收益是投资者的投资目的所在，是投资者关心的根本问题。投资者要掌握全部投资额、自有资金、筹款额、资金分期投入率、投资回收期及贴现率、贷款偿还期及利率、资金内部收益率等资料，另外，还要了解全部资金利用和自由资金利用率，从而确定贷款比例。一般情况下，投资者最关心的是税后利润与投资额的比例，但是也有一些投资者更关心投资的社会效益，如企业形象，这是为其获得远期利润最大化的一种手段，与投资目的并不矛盾。

（4）为投资者分析风险并提供避险方法。投资风险是客观存在的，但也有不发生的可能。所以，投资分析人员不能仅仅为投资者预计投资收益，还要告知其危险性及如何规避危险。如果投资者被预计收益冲昏头脑而对风险视而不顾，有可能遭受重大损失；另外，如果投资分析人员极度乐观或懒于分析风险，则严重违背了其职业道德，同样会给投资者带来巨大损失。

房地产投资分析的实质是为投资者出谋划策。一份好的分析报告可为投资者节省资金和谋取利益。而一份不好的分析报告可能导致投资者误入歧途。房地产投资分析的最终目的，是使房地产投资项目在既定的目标和既定的资源条件下，选择最佳方案以获取最好的经济效益。

4. 房地产投资分析的方法

房地产投资日益成为人们投资的重点，可是房地产投资投入的资金比较大，投资者需谨慎。运用科学、准确、客观的投资分析方法才可以比较科学地选择投资物业并计算出投资买房的收益率，从而帮助投资者作出理性的投资选择。在实践中主要使用以下房地产投资分析评估方法：

（1）销售比较法。选购目标房地产与市场可比房地产的单位价格进行比较，这一方法十分简单，但要求市场上有足够多的可比物业。同时，需要考虑物业的不可移动性、独一无二性、客户的偏好及房地产市场不能实现完全竞争等因素。

例如，在某市某区域某一条街，区位临近，租金比较接近，可多收集几个案例进行比较。

（2）总租金乘数法。总租金乘数法公式如下：

$$总租金乘数 = \frac{总投资}{第一年潜在租金收入}$$

投资者可将目标物业的总租金乘数与自己所要求的进行比较，也可在不同物业之间比较，取其较小者。这一方法未考虑空置与欠租损失及营业费用、融资和税收的影响。

【例 1-1】　选择某目标物业，面积为 20 平方米，单价每平方米为 10 000 元，总投资为 20 万元，一次性付款，每月每平方米租金 90 元。试问按目前租金水平大体要多少年才能收回投资？

【解】　每月租金＝90×20＝1 800 元，每年租金为 2.16 万元。

$$总租金乘数 = \frac{200\ 000}{21\ 600} = 9.3$$

大体相当按目前租金水平要 10 年收回投资。

（3）直接资本化法。

$$总资本化率 = \frac{第一年的营业净收入}{总投资}$$

营业净收入是指扣除空置与欠租损失和营业费用后的实际收入。对于住宅来说，营业费用通常为中介费用。与总租金乘数法相比，该法考虑了空置与欠租损失和营业费用，但同样未考虑融资及税收的影响。

【例1-2】 如例1-1中空置与欠租损失按一个月考虑，营业费用按半月租金考虑，则总资本化率为多少？

【解】 第一年营业净收入＝1 800×(12－1.5)＝18 900(元)

$$总资本化率＝\frac{18\ 900}{200\ 000}＝0.095＝9.5\%$$

(4)税前原始股本收益率法。

$$原始股本收益率＝\frac{第一年税前现金收入}{初始投资}$$

初始投资是指总投资额中扣除贷款部分后的自备金。对于大多数投资者来说，都存在融资问题。这一方法由于考虑了融资的影响而较前几种方法更为完善。

【例1-3】 如例1-2中贷款一半，自备10万元，则原始股本收益率为多少？

【解】 $原始股本收益率＝\frac{18\ 900}{100\ 000}＝0.189＝18.9\%$

(5)租金总投资回报率分析法。

$$租金总投资回报率＝\frac{(税后月租金－每月物业管理费)×12}{购买房屋总投资}$$

如果计算出的比值越大，就说明越值得投资。这种方法考虑了租金、房价及两种因素的相对关系，是选择"绩优地产"的简捷方法。但是没有考虑全部的投入和产出及资金的时间成本，所以，不能作为投资分析的全面依据。不能对按揭付款提供具体的分析。

【例1-4】 如例1-1中，租金税率按3%，每月每平方米物业管理费为5元，则租金总投资回报率是多少？

【解】 租金总投资回报率＝(1 800×97%－5×20)×12/200 000＝9.876%

(6)租金现款回报率法。

$$租金现款回报率＝\frac{(税后月租金－按揭月供款)×12}{首期房款＋期房时间内的按揭款}$$

这种方法考虑了租金、价格和前期的主要投入，比租金回报法适用范围更广，可估算资金回收期的长短。但是没有考虑前期的其他投入及资金的时间效应，不能解决多套投资的现金分析问题。而且由于其固有的片面性，不能作为理想的投资分析工具。

【例1-5】 如例1-4中，按十年按揭月供900元，购买一年期房，则租金现款回报率是多少？

【解】 租金现款回报率＝(1 800×97%－900)×12/(100 000＋900×12)＝9.16%。

(7)IRR法(内部收益率法)。

$$IRR＝\frac{累计总收益}{累计总投入}$$

IRR法考虑了投资期内的所有投入与收益及现金流等各方面因素，可以与租金总投资回报率结合使用。IRR收益率可理解为存银行，只不过我国银行利率按单利计算，而IRR则是按复利计算。通过计算IRR判断物业的投资价值都是以今天的数据为依据推断未来，而未来租金的涨跌是个未知数，市场的未来也是个未知数，有升值的可能，也有贬值的可能，只是看升值、贬值哪种可能性更大一些。所以，还要进行投资敏感性决策分析。

作为投资行为，投资者关注的是收益与风险，通过对IRR的分析发现相关性最高的是

房价、租金及能否迅速出租。由于房价是已知的，于是能否准确预知租金水平及正确选择投资项目便成为投资成败的关键。

（8）直接比例法。

上述方法太专业，比较复杂，也可以用一个简单的比例来评估某物业的投资价值，现提供一个国际上专业的理财公司评估物业的投资价值的简单方法。按其计算原则，衡量物业价格合理与否的基本公式为

如果该物业的年收益×15年或月收益×180＝房产购买价，则认为该物业物有所值。

如果该物业的年收益×15年或月收益×180＞房产购买价，则表明该物业尚具升值空间。

如在上述例1-1中，目标物业年租金收益为 2.16×15＝32.4（万元）＞房产购买价20万元，所以物超所值。当然在考虑目标物业年租金收益时最好计入未出租月份和必要支出。

另外，还有一种更为简单又便捷的方法，如果该物业的月租金＝房产每平方米单位价格×物业面积/100，则认为该物业物有所值。

如果该物业的月租金＞房产每平方米单位价格×物业面积/100，则表明该投资项目尚具升值空间。

例如，在例1-1中，目标物业月租金1 800元/平方米＜每平方米价格10 000×物业面积20/100，则要认真考虑。

以上是常用的比例与比率法，其中有些只需进行简单的预测和分析即可帮助投资者快速作出判断，有的则需要进行专业性的投资分析。在了解一项投资时，投资者有必要多了解一些指标以增加其可靠性。

（三）房地产投资分析的作用

1. 为投资者指出投资方向

房地产作为投资的热点，总是吸引着广大企业或个人纷纷投资房地产领域。投资者在进行房地产投资之前往往要对投资项目的区位、周边环境、市场供求状况及项目的风险性、影响力等做充分的调查，有些新入市的投资者更是对投资一无所知。此时，房地产投资分析者就可以作为提供咨询或建议者，为这些新进入房地产领域的投资者提供关于投资的方向性指导。

2. 为投资者提供投资方案并预测投资收益

房地产投资者在将要进行某项投资时，往往会面临许多现实问题，涉及如何取得土地使用权、如何取得建筑许可、如何筹措资金、如何保证建设工期、如何进行产品和价格定位、如何进行销售等，其中很多问题是投资者依靠个人力量无法完成的，这就需要分析人员根据每个项目的具体情况给出可行的运作方式及建议。

另外，对于置业投资而言，同样也需要对所投资的项目进行投资方案的制定和收益的预测分析。一方面，置业投资者需要对所购物业进行租售决策；另一方面，通过一些基础数据，如购房成本、贷款相关数据、税费数据、租赁价格等，投资者可以计算出相应的投资收益。

3. 为投资者分析风险及提供避险策略

每一个项目都存在一定的风险，通过投资分析，投资者可以了解到某一项目可能面临的风险，哪些风险发生的概率大，哪些风险会对项目的投资效果产生重要的影响，但仅仅知道风险的存在是不够的，分析人员还应为投资者提供规避风险的方法、策略，以使投资者能及时调整投资方案。

三、房地产投资分析的过程

1. 房地产投资环境分析

房地产投资环境分析是指对其所在区域的社会环境、政治环境、文化环境、自然地理环境和基础设施环境等进行分析，以确定房地产投资区域及地址。在投资前期，充分了解并把握投资环境，对于制订正确的房地产投资方案，作出正确的房地产投资决策是非常重要的。

2. 房地产投资市场分析

房地产投资市场分析是指围绕与房地产投资项目相关的市场条件展开市场调查及预测。其主要包括市场现状调查、产品价格预测、产品供应与需求预测、目标市场及市场竞争力分析等。重点在于估计市场对于投资计划中拟开发成为房地产商品的需求强度及竞争环境的分析。对市场所做的研究有利于正确估计未来房地产的收益，进而有助于投资者在进行财务分析时，能够正确计算出现金流量。房地产投资项目在投资决策确定之前，是通过房地产市场完成增值的，所以，调查房地产市场需求状况、辨识把握房地产市场动态是非常必需的。

3. 房地产投资成本估算

以尽可能少的投入获取尽可能多的收益，是理性的房地产投资者的必然要求和选择。客观而准确地估算项目投资额，科学地制订资金筹措计划，对于降低项目投资成本，减少建设期利息等支出，实现利润最大化具有重要的意义。

4. 房地产投资财务分析

房地产投资财务分析的主要目的是对项目的盈利能力、清偿能力及资金平衡能力等进行分析，经由现金流量的估计，计算出预期报酬率，并以所得的结果与要求的报酬率进行比较来判定这项投资是否可行。另外，进行财务分析并对投资的风险进行估计，从而判定面临的风险与预期报酬是否在投资者所接受的范围内。

5. 房地产投资不确定性分析

在房地产投资经济分析中运用了大量的数据，如成本、收益、贷款及利率等。由于这些数据都是投资分析人员根据某些资料对未来可能性做出的某种估计，所以必然带有某种不确定性。房地产投资项目一般都具有相当长的建设和经营期，如果主客观条件发生变化，那么这些数据也会发生变化。然后对其进行临界点、敏感性分析，从而揭示项目所能达到的盈利水平及面临的风险。

6. 房地产投资风险分析

上述房地产投资不确定性分析无法对投资者所承担的风险作定量估计，只能作定性说明。而风险分析可以根据各种变量的概率分布，来推求某项目在风险条件下获利的可能性。这种可能性描述了房地产项目在特定收益状态下的风险程度，从而为投资者决策提供好可靠的依据。

7. 房地产投资可行性分析

房地产投资可行性分析是一个综合的步骤。投资者除利用市场分析与财务分析的结果，研究和判断其可行性外，还要进行相关建筑与土地使用等法规限制的研究，以了解投资计划在法规限制上是否可行，以及目前的产权形式与产权的取得是否可行。

8. 房地产投资决策分析

某些时候，投资者需要从各种投资方案中选择一个或几个投资方案，用于投资活动。一般情况下，可供选择的方案都是经过可行性分析后认可的方案，如果投资者资源有限，那么就需要对这些方案进行比选。当然，如果是独立方案，直接选择收益大的就可以了，但是如果有些方案是相互依存的，如何选择？如果有些方案互相排斥，又如何选择？此时，决策分析就是对方案的比选，最终选择出最佳方案。

9. 房地产投资国民经济评价与社会评价

房地产投资国民经济评价是从整个国民经济发展的角度来分析评价房地产投资项目对国家做出的贡献及国家需要付出的代价，是评估项目投资行为在宏观经济上的合理性。房地产投资的社会评价是通过分析项目涉及的各种社会因素，评价项目的社会可行性，提出项目与当地社会的协调关系，规避社会风险，促进项目顺利实施，保持社会稳定的方案。

10. 房地产投资后评价

房地产投资后评价是项目投资管理的最后一个环节。它要求按实际的运行情况对照估计预测值进行比较，分析产生偏差的程度和原因，总结经验，吸取教训，为今后改进项目策划提供帮助，从而不断提高项目投资决策水平。

模块小结

房地产投资，就是资本所有者将其资本投入到房地产业，以期在将来获取预期收益的一种经济活动。房地产投资分析主要是指投资者对房地产投资机会的选择和项目投资方案决策，是房地产开发和经营过程中的一个重要阶段。房地产投资分析的目标是总结房地产投资的经济规律；研究房地产投资分析的科学方法；制定房地产投资合理决策的规范和制度。在一项完整的房地产投资分析活动中，分析人员需要为投资者提供解决投资方向、运行方式、投资收益及投资风险方面问题的方法。房地产投资分析的作用是为投资者指出投资方向；为投资者提供投资方案并预测投资收益；为投资者分析风险及提供避险策略。房地产投资分析的过程包括房地产投资环境分析；房地产投资市场分析；房地产投资成本估算；房地产投资财务分析；房地产投资不确定性分析；房地产投资风险分析；房地产投资可行性分析；房地产投资决策分析；房地产投资国民经济评价与社会评价；房地产投资后评价。

课后习题

一、填空题

1. 投资包括_____、_____、_____和_____投资方式。

2. 按投资性质不同，投资可分为_____、_____和混合性投资。

3. 房地产可以有_____、_____、_____三种存在形态。

4. 从房地产投资经济内容不同来说，房地产投资可分为_____、_____、_____、中介服务投资及物业服务投资。

5. 房地产投资分析的过程包括_____、_____、_____、_____、_____、房地产投资可行性分析、房地产投资决策分析、房地产投资国民经济评价与社会评价、房地产投资后评价。

二、单项选择题

1. 下列不属于房地产投资区别于一般投资的特点的是（　　）。
   A. 房地产投资对象的不可移动性　　　B. 房地产投资的高投入和高成本性
   C. 房地产投资具有时间性　　　　　　D. 房地产的保值增值性

2. 房地产（　　）是购置物业以满足自身生活居住或生产经营需要，并在不愿意持有该物业时可以获取转售收益的一种投资活动。
   A. 开发投资　　　B. 置业投资　　　C. 间接投资　　　D. 直接投资

3. 下列方法中考虑了租金、价格和前期的主要投入，可估算资金回收期的长短的是（　　）。
   A. 租金现款回报率法　　　　　　　B. 租金总投资回报率分析法
   C. 总租金乘数法　　　　　　　　　D. IRR 法

三、多项选择题

1. 按投资内容不同，投资可分为（　　）。
   A. 实物投资　　　B. 金融投资　　　C. 无形资产投资　　　D. 直接投资
   E. 间接投资

2. 下列属于房地产投资分析任务的有（　　）。
   A. 为投资者提供投资方向　　　　　B. 为投资者提供优化的投资方案
   C. 为投资者提供运行方式　　　　　D. 为投资者预测投资收益
   E. 为投资者分析风险并提供避险方法

四、简答题

1. 投资具有哪些特性？

2. 房地产投资分析特征主要体现在哪些方面？

3. 房地产投资分析的目标有哪些？

4. 简述房地产投资分析的作用。

模块二
房地产投资分析基本知识

📋 **知识目标**

通过本模块的学习，了解资金时间价值的含义，资金等值的相关概念，现金流量的相关概念；掌握单利、复利、名义利率与实际利率、现值、终值与年金的计算，现金流量图的绘制，Excle 在资金时间价值计算中的应用。

🛋 **能力目标**

能在房地产投资分析问题中应用资金时间价值的系列公式；能处理房地产投资分析中净现金流量问题。

单元一　资金时间价值的含义及其计算

🏠 一、资金时间价值的含义

资金时间价值，是指一定量资金在不同时点上的价值量的差额。也就是资金在投资和再投资过程中随着时间的推移而发生的增值。资金时间价值是资金在周转使用中产生的，是资金所有者让渡资金使用权而参与社会财富分配的一种形式。例如，将今天的 1 000 元钱存入银行，在年利率为 1.75% 的情况下，一年后就会产生 1 017.5 元，可见经过一年时间，这 1 000 元钱发生了 17.5 元的增值。人们将资金在使用过程随时间的推移而发生增值的现象，称为资金具有时间价值的属性。资金时间价值是一个客观存在的经济范畴，在企业的财务管理中引入资金时间价值概念，是搞好财务活动，提高财务管理水平的必要保证。

对于资金的时间价值，可以从两个方面理解：

（1）随着时间的推移，资金的价值会增加，这种现象称为资金增值。在市场经济条件下，资金伴随着生产与交换的进行不断运动，生产与交换活动会给投资者带来利润，表现为资金的增值。从投资者的角度来看，资金的增值特性使其具有时间价值。

（2）资金一旦用于投资，就不能用于即期消费。牺牲即期消费是为了能在将来得到更多的消费，个人储蓄的动机和国家积累的目的都是如此。从消费者的角度来看，资金的时间价值体现为放弃即期消费所应得到的补偿。

从经济理论上讲，资金存在时间价值的原因主要有以下几个方面：

（1）资金增值。将资金投入到生产或流通领域后，它会随着时间的推移而产生增值。

（2）机会成本。机会成本（其他投资机会的相对吸引力）是指在互斥的选择中，选择其中一个而非另一个时所放弃的收益。或稀缺的资源被用于某一种用途意味着它不能被用于其他用途。因此，当人们考虑使用某一资源时，应当考虑它的第二种最好的用途。资金是一种稀缺的资源，根据机会成本的概念，资金被占用之后就失去了获得其他收益的机会。

（3）承担风险。收到资金的不确定性通常随着收款日期的推远而增加，即未来得到钱不如现在就立即得到钱保险，俗话说"多得不如现得"就是其反映。

（4）通货膨胀。现代市场经济一般是通货膨胀的。通货膨胀是指商品和服务的货币价格总水平的持续上涨现象，或简单地说，是物价的持续普遍上涨。当说某项投资是保值性的，则意味着它能抵抗通货膨胀，即投入的资金的增值速度能抵消货币的贬值速度。具体地说，就是能保证投资一段时间后所抽回的资金，完全能购买到当初的投资额可以购买到的同等商品或服务。

由于资金存在时间价值，就无法直接比较不同时点上发生的现金流量。因此，要通过一系列的换算，在同一时点上进行对比，才能符合客观的实际情况。这种考虑了资金时间价值的经济分析方法，提高了方案评价和选择的科学性与可靠性。

二、资金时间价值的计算

（一）利息与利率的概念

资金的时间价值是同量资金在两个不同时点的价值之差，用绝对量来反映为"利息"，用相对量来反映为"利息率"。

利息从贷款人的角度来说，是贷款人将资金借给他人使用所获得的报酬；从借款人的角度来说，是借款人使用他人的资金所支付的成本。利率是指单位时间内的利息与本金的比率，即计算利息的单位时间称为计息周期。计息周期可以是年、半年、季、月、周或天等，但通常为年。习惯上按照计算利息的时间单位，可将利率分为年利率、月利率、日利率等。年利率一般按本金的百分之几来表示；月利率一般按本金的千分之几来表示；日利率一般按本金的万分之几来表示；计算利息的方式有单利和复利两种。

1. 利息

利息是指占有资金所付出的代价或放弃资金使用权所得到的补偿。其计算公式为

$$F_n = P + I_n$$

式中　F_n——本利和；

　　　P——本金；

　　　I_n——利息；

　　　n——计息的周期数（年、季度、月、周）。

2. 利率

利率是单位本金经过一个计息周期后的增值额，记为 i，是指在单位时间（一个计息周期）内所得到的利息额与借贷金额（即本金 P）之比，一般用％表示。

$$i = \frac{I_1}{P} \times 100\%$$

式中　I_1——一个计息周期的利息。

利率又可分为基础利率、同业拆放利率、存款利率、贷款利率等。基础利率是投资者所要求的最低利率，一般使用无风险的国债收益率作为基础利率的代表。

利率的影响因素如下：

（1）马克思利率决定论。以剩余价值在不同的资本家之间的分割为起点，在利率的变化范围内，决定利率高低的因素主要有两个：一是利润率；二是总利润在贷款人和借款人之间的分割。

（2）市场经济条件下利率的影响因素主要有社会平均利润率、资本供求状况、通货膨胀率、政策性因素、国际经济环境等。

（二）计息形式——单利和复利

1. 单利的计算

单利是指每期均按本金计算利息，即只有本金计算利息，本金所产生的利息不计算利息。在单利计息的情况下，每期的利息是个常数。

如果用 P 表示本金，i 表示利率，n 表示计息的周期数，I 表示总利息，F 表示计息期末的本利和，则

$$I = P \times i \times n$$
$$F = P(1 + i \times n)$$

【例 2-1】　将 1 000 元钱存入银行 2 年，银行 2 年期存款的单利年利率为 6％，则到期时总利息 I 和利息期末的本利和 F 为多少？

【解】　　　　　$I = P \times i \times n = 1\,000 \times 6\% \times 2 = 120（元）$
$$F = P(1 + i \times n) = 1\,000 \times (1 + 6\% \times 2) = 1\,120（元）$$

2. 复利的计算

在复利计息的情况下，不仅本金要计算利息，利息也要计算利息，即通常所说的"利滚利"。

复利的本利和计算公式为

$$F = P(1 + i)^n$$

复利的总利息计算公式为

$$I = P[(1 + i)^n - 1]$$

【例 2-2】　将 1 000 元钱存入银行 2 年，银行存款的复利年利率为 6％，则 2 年后复利的本利和 F 和总利息 I 为多少？

【解】　　　　$F = P(1 + i)^n = 1\,000 \times (1 + 6\%)^2 = 1\,123.6（元）$
$$I = P[(1 + i)^n - 1] = 1\,000 \times [(1 + 6\%)^2 - 1] = 123.6（元）$$

与例 2-1 比较，利息多了 3.6 元。

3. 单利与复利的换算（单利与复利的可比性）

由上不难看出，在本金相等、计息的周期数相同时，如果利率相同，则通常情况下（计息的周期数大于1）单利计息的利息少，复利计息的利息多；如果要使单利计息与复利计息两不吃亏，则两者的利率应有所不同，其中单利的利率应高一些，复利的利率应低一些。假设 i_1 为单利利率，i_2 为复利利率，并令 n 期末时单利计息与复利计息的本利和相等，即通过 $P(1+i_1 \times n) = P(1+i_2)^n$ 可以得出单利计息与复利计息两不吃亏的利率关系如下：

$$i_1 = (1+i_2)^{n-1}/n$$

弄清楚单利与复利的关系后，可知单利与复利并没有实质上的区别，只是表达方式上的不同而已。利息计算本质上都是复利。

（三）名义利率与实际利率

在普通复利计算及技术经济分析中，所给定或采用的利率通常都是年利率，而且在不特别指明的情况下，计算利息的计息周期也是以年为单位，即一年计息一次。但由于计息周期可能是比年还短的时间单位，如计息周期可以是半年、一个季度、一个月等，即利率周期和计息周期不一致时就出现了名义利率和实际利率的概念。

（1）名义利率。名义利率是指计息周期利率 i 与一个利率周期内的计息周期数 m 的乘积。即

$$r = i \times m$$

式中 r ——名义利率；

i ——计息周期利率；

m ——计息周期数。

（2）实际利率。若用计息周期利率来计算利率周期利率，并将利率周期内的利息再生因素考虑进去，这时所得的利率周期利率称为实际利率，也称为有效利率。

假设名义利率为 r，一年中计息周期数为 m，则一个计息周期的利率应为 r/m，按照复利方法计算可知年实际利率为

$$i = \left(1+\frac{r}{m}\right)^m - 1$$

例如，每月计息一次，月利率为 1%，则每年共计息12次，相应的名义年利率为 $1\% \times 12 = 12\%$。若按单利计算，名义利率与实际利率是一致的。但若按复利计算，则年利率实际为 12.68%，名义利率与实际利率不同。

根据实际利率的计算公式可知：

（1）当每年计息周期 $m=1$ 时，名义利率等于实际利率；

（2）当每年计息周期 $m>1$ 时，名义利率小于实际利率；

（3）计息周期越短，即 m 越大，实际利率与名义利率的差异就越大；

（4）当每年计息周期数 $m \to \infty$ 时，求极限可得

$$i = \lim_{m \to \infty}(1+r/m)^m - 1 = e^r - 1$$

【例 2-3】 某企业向银行贷款，有两种计息方式，第一种：年利率为 4.75%，按月计息；第二种：年利率为 5%，按半年计息。问企业应选择哪一种计息方式？

【解】 第一种的实际利率：$i_1 = (1+r/m)^m - 1 = (1+4.75\%/12)^{12} - 1 = 4.85\%$

第二种的实际利率：$i_2=(1+r/m)^m-1=(1+5\%/2)^2-1=5.06\%$
因此，应该选择第一种计息方式。

单元二　资金的等值计算

一、资金等值的相关概念

在同一投资系统中，处于不同时刻、数额不同的两笔或两笔以上的相关资金，按照一定的利率和计息方式，折算到某一相同时刻所得到的资金数额是相等的，则称这两笔或多笔资金是"等值"的。例如，现在借入 1 000 元，年利率为 1.75%，一年后还本付息总和为 1 017.5 元。虽然现在的 1 000 元和 1 年后的 1 017.5 元绝对值不等，但是从资金时间价值的角度看，它们的经济价值是相等的，即这两个时点的资金等值。

资金等值包括资金额大小、资金发生的时间和衡量标准（利率）大小三个因素。在某一利率下，现在一笔资金额往往与未来一笔更大的支付金额相等。这个未来时点上的资金额换算成现在时点上的资金额，称为现值（P）；与现值等价的未来时点上的资金额，称为终值或将来值（F）；将资金运动过程中某一时间点上与现值等值的资金额称为时值，将某一时间序列各时刻发生的资金称为年金。另外，将未来时点发生的资金用资金时间价值的衡量标准（如利率）折算成现在时点相应资金额的过程，称为贴现（或折现）。

二、资金等值的计算

资金的等值计算，是以时间价值原理为根据，考虑到资金的盈利能力，将资金的使用时间与盈利联系起来，对投资系统中的现金流量进行折算，以求得某一确定时间上的等值金额。资金的等值计算，借助于普通复利利率系数来进行，并经常使用现金流量图作为重要的辅助计算工具。

资金等值计算常用的基本公式有以下六个。

1. 整付终值公式

整付终值是指期初一次性投资（贷款）P 元，利率为 i，n 年末一次补偿（或偿还）本利和 F。其现金流量图如图 2-1 所示。

图 2-1　已知 P 求 F 的现金流量图

由复利的本利和计算公式可知，n 个计息周期后的终值 F 的计算公式为

$$F=P(1+i)^n$$

$(1+i)$称为"整付终值系数"，其含义为1元资金在n期末的本利和，并用特定的符号$(F/P, i, n)$表示，其数据可以从相应的复利表中查到，上式也可简记为

$$F=P(F/P, i, n)$$

式中，系数$(F/P, i, n)$可理解为已知P、i和n，求F。

【例2-4】 某房地产公司2019年年初贷款300万元，年利率为5%，2021年年末一次偿还，试问到期共需还款多少万元？

【解】 由题目可知，计息周期$n=3$年。

$$F=P(1+i)^n=300\times(1+5\%)^3=347.287\,5(万元)$$

故到期公司共需还款347.287 5万元。

2. 整付现值公式

与整付终值相反，整付现值是已知终值F、利率i和计息周期n，需计算现值P。其现金流量图如图2-2所示。

图2-2 已知F求P的现金流量图

$$P=F(1+i)^{-n}=F(P/F, i, n)$$

$(1+i)^{-n}$称为"整付现值利率系数"，其表示符号为$(P/F, i, n)$。

【例2-5】 已知10年后的一笔款是158万元，如年利率为3%，试求这笔款的现值是多少？

【解】 $\qquad P=F(1+i)^{-n}=158\times(1+3\%)^{-10}=117.57(万元)$

3. 等额支付终值公式

在工程经济分析中，常需计算由一系列期末等额支付累积而成的一次终值，见表2-1。

表2-1 等额支付终值的计算过程

期(年)末	等额支付值	累计本利和(终值)
1	A	A
2	A	$A+A(1+i)$
3	A	$A+A(1+i)+A(1+i)^2$
⋮	⋮	⋮
n	A	$A[1+(1+i)+(1+i)^2+\cdots+(1+i)^{n-1}]$

由表2-1可以看出，在n年年末依次支付总的终值F等于每次等额支付A的未来值之和，即

$$F=A[1+(1+i)+(1+i)^2+\cdots+(1+i)^{n-1}]$$

式中，$[1+(1+i)+(1+i)^2+\cdots+(1+i)^{n-1}]$为一等比级数，其公比为$(1+i)$，根据等比级

数求和的公式，它等于 $\dfrac{1-(1+i)^n}{1-(1+i)}$，化简后为 $\dfrac{(1+i)^n-1}{i}$，所以，等额支付终值的计算公式为

$$F=A\left[\dfrac{(1+i)^n-1}{i}\right]$$

式中，$\dfrac{(1+i)^n-1}{i}$ 为等额支付终值利率系数，其表示符号为 $(F/A,\ i,\ n)$。

等额支付终值现金流量图如图 2-3 所示。

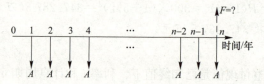

图 2-3　已知 A 求 F 的现金流量图

应注意以下几项：

(1)每期连续支付金额相等，即 A 值，且发生在每期的期末。

(2)支付期 n 中每期间隔应相等，如 1 年；期初($n=0$)没有资金发生额。

(3)第一次支付在第一期末，终值 F(本利和)与最后一期等额支付发生在同一时刻。

【例 2-6】　某公司准备新建一座办公楼，工期为 4 年，每年年末向银行贷款 1 200 万元，利率为 5%，建成启用时一次偿还，问：第 4 年年末应偿还多少万元？

【解】

$$F=A\left[\dfrac{(1+i)^n-1}{i}\right]=1\ 200\times\left[\dfrac{(1+5\%)^4-1}{5\%}\right]=5\ 172.15(万元)$$

故第 4 年年末应偿还 5 172.15 万元。

4. 等额支付现值公式

等额支付现值公式计算的是每年年末支付相同金额 A，利率为 i，经过 n 年后的终值 F(本利和)折合成现值的款项 P。由整付现值公式得现值 P 为

$$P=F(1+i)^{-n}=\dfrac{A\left[(1+i)^n-1\right]}{i(1+i)^n}=A\left[\dfrac{(1+i)^n-1}{i(1+i)^n}\right]$$

$\dfrac{(1+i)^n-1}{i(1+i)^n}$ 为等额支付现值利率系数，其表示符号为 $(P/A,\ i,\ n)$。

等额支付现值现金流量图如图 2-4 所示。

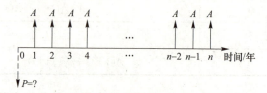

图 2-4　已知 A 求 P 的现金流量图

从现金流量图可见，等额支付现值公式应满足以下三点(以支付为例)：

（1）每期支付金额相等，即 A 值；

（2）支付期 n 中每期间隔相等，如 1 年；

（3）第一次支付在第一期期末，以后每一次支付都在每一期期末。

公式的含义可理解为每年年末连续支付相同金额 A，利率为 i，经过 n 年后的本利和折合为现值的数额。

【例 2-7】　某建筑公司 10 年内，每年年末应为设备支付维修费 600 元，年利率为 3%，公司现应存入多少元？

【解】

$$P=A\left[\frac{(1+i)^n-1}{i(1+i)^n}\right]=600\times\left[\frac{(1+3\%)^{10}-1}{3\%\times(1+3\%)^{10}}\right]=5\,118.12（元）$$

故公司现应存入 5 118.12 元。

5. 等额支付偿债基金公式

设 n 年后需要基金 F，利率为 i，问 n 年内每年应等额储备多少偿债资金？

等额支付偿债基金公式是等额支付终值公式的逆运算。由等额支付终值公式 $F=A\left[\frac{(1+i)^n-1}{i}\right]$ 可得等额支付偿债基金公式，即

$$A=F\left[\frac{i}{(1+i)^n-1}\right]$$

式中，$\frac{i}{(1+i)^n-1}$ 称为偿债基金利率系数，其表示符号为 $(A/F,\ i,\ n)$。

上式表示为在第 n 期（年）末累计一定量的基金 F，在利率为 i 的情况下，在每期期末需投入的资金为 A，即筹措将来的一笔基金 F，每年应存储偿债资金为 A。

等额支付偿债基金现金流量图如图 2-5 所示。

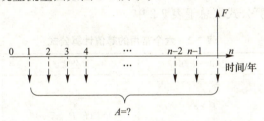

图 2-5　已知 F 求 A 的现金流量图

【例 2-8】　某公司 15 年后要偿还债务 80 万元，年利率为 3%，每年应从利润中提取多少钱存入银行？

【解】

$$A=F\left[\frac{i}{(1+i)^n-1}\right]=80\times\left[\frac{3\%}{(1+3\%)^{15}-1}\right]=4.301\,3（万元）$$

故每年应从利润中提取 4.301 3 万元存入银行。

6. 等额分付资本回收公式

设期初贷款 P，利率为 i，如果在 n 年内连续每年年末以等额资金 A 回收，则每年应回收多少？这是一个等额分付现值公式的逆运算，即已知现值 P，求与之等价的等额值 A（有

时也称为"等年值 A"）。由等额分付现值公式 $P=A\left[\dfrac{(1+i)^n-1}{i(1+i)^n}\right]$ 可得等额分付资本回收公式，即

$$A=P\left[\dfrac{i(1+i)^n}{(1+i)^n-1}\right]$$

式中，$\dfrac{i(1+i)^n}{(1+i)^n-1}$ 称为资本回收利率系数，其表示符号为 $(A/P,i,n)$。

上式表示，在年利率为 i 的情况下，为在第 n 年年末将初始投资 P 全部收回，在 n 年内每年年末应该收回的等额资金 A。

等额分付资本回收现金流量图如图 2-6 所示。

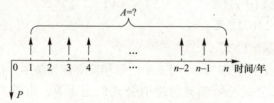

图 2-6　已知 P 求 A 的现金流量图

【例 2-9】　某企业向银行贷款 10 万元购买设备，年利率为 5%，要求在 10 年内等额偿还，问企业每年应偿还多少万元？

【解】

$$A=P\left[\dfrac{i(1+i)^n}{(1+i)^n-1}\right]=10\times\left[\dfrac{5\%\times(1+5\%)^{10}}{(1+5\%)^{10}-1}\right]=1.295\,0(万元)$$

以上六个复利公式是工程经济分析中常用的基本公式，为了便于熟练掌握和灵活运用，将这六个常用的等值计算公式汇总于表 2-2 中。

表 2-2　六个常用的等值计算公式

公式名称	已知→未知	公式	系数名称
整付终值公式	$P\rightarrow F$	$F=P(1+i)^n$ $=P(F/P,i,n)$	$(1+i)^n$——整付终值利率系数
整付现值公式	$F\rightarrow P$	$P=F(1+i)^{-n}$ $=F(P/F,i,n)$	$(1+i)^{-n}$——整付现值利率系数
等额支付终值公式	$A\rightarrow F$	$F=A\left[\dfrac{(1+i)^n-1}{i}\right]$ $=A(F/A,i,n)$	$\dfrac{(1+i)^n-1}{i}$——等额支付终值利率系数
等额支付现值公式	$A\rightarrow P$	$P=A\left[\dfrac{(1+i)^n-1}{i(1+i)^n}\right]$ $=A(P/A,i,n)$	$\dfrac{(1+i)^n-1}{i(1+i)^n}$——等额支付现值利率系数

续表

公式名称	已知→未知	公式	系数名称
等额支付偿债基金公式	$F \to A$	$A = F\left[\dfrac{i}{(1+i)^n - 1}\right]$ $= F(A/F,\ i,\ n)$	$\dfrac{i}{(1+i)^n - 1}$——等额支付 偿债基金利率系数
等额支付资本回收公式	$P \to A$	$A = P\left[\dfrac{i\,(1+i)^n}{(1+i)^n - 1}\right]$ $= P(A/P,\ i,\ n)$	$\dfrac{i\,(1+i)^n}{(1+i)^n - 1}$——等额分付 资本回收利率系数

单元三　现金流量与现金流量图

一、现金流量的相关概念

在对某一投资进行分析时，将各个时期或时间点上实际发生的资金流出或流入叫作现金流量。流入系统的资金称为现金流入；流出系统的资金称为现金流出；现金流入与现金流出的代数和称为净现金流量。具体到房地产开发经营投资来说，现金流入包括销售收入、租金收入、回收固定资产残值等，现金流出包括土地费用、建造费用、还本付息、流动资金、经营费用等。通常规定，现金流入为正值，现金流出为负值。流入量大于流出量时，其值为正；反之为负。

二、现金流量图及其绘制

为了更直观地表现现金的流入和流出情况，通常采用"现金流量图"来描述。现金流量图是表示项目系统在整个寿命周期内各时间点的现金流入和现金流出状况的一种示意图，如图 2-7 所示。

图 2-7　现金流量图

现金流量图的绘制过程如下：

(1)以横轴为时间轴，向右延伸表示时间的延续，轴上每一刻度表示一个时间单位，可取年、半年、季或月等；零表示时间序列的起点。

（2）时间坐标上的垂直箭线代表不同时点的现金流量，在横轴上方的箭线表示现金流入；在横轴下方的箭线表示现金流出。箭线的长短与现金流入或流出的大小成比例。

（3）在箭线上标出现金流量具体数字。

（4）箭线与时间轴的交点即现金流量发生的时点。

从上述内容可知，现金流量图包括三个要素：大小——现金流量的数额；流向——现金流入或流出；时点——现金流入或流出所发生的时间点。

单元四　Excel 在资金时间价值计算中的应用

⌂ 一、Excel 中的常用公式和函数

（一）Excle 中常用的公式

1. 公式的概念

公式是对工作表中的数值执行计算的等式，公式以"＝"开头，通常情况下，公式由函数、参数、常量和运算符组成。

（1）函数：在 Excel 中包含的许多预定义公式，可以对一个或多个数据执行运算，并返回一个或多个值。函数可以简化或缩短工作表中的公式。

（2）参数：函数中用来执行操作或计算单元格或单元格区域数值的变量。

（3）常量：是指在公式中直接输入的数字或文本值，并参与运算且不发生改变的数值。

（4）运算符：用来对公式的元素进行特定类型的运算，运算符的类型可以表达公式内执行计算的类型，有算术、比较、文本链接和引用运算符。

2. 输入公式

（1）通过编辑栏输入公式。在 Excel 2010 工作表中，单击准备输入公式的单元格，单击编辑栏中的编辑框。在编辑框中输入准备输入的公式，如输入"＝B2＋C2＋D2"。单击"输入"按钮或按 Enter 键，即可完成通过编辑栏输入公式的操作。

（2）单元格直接输入公式。在 Excel 2010 工作表中，双击准备输入公式的单元格，在已选的单元格中输入准备输入的公式，如输入"＝B4＋C4＋D4＋E4＋F4"，单击已选单元格之外的任意单元格，如单击"D5 单元格"，这样即可完成在单元格中直接输入公式的操作。

3. 修改公式

在公式输入完毕后，可以根据需要对公式进行修改。

选中要进行修改的公式所在单元格，在编辑栏中修改公式，修改完毕后单击"输入"按钮或按 Enter 键。

4. 运算符

运算符用来对公式中的各元素进行运算操作。Excel 包含算数运算符、比较运算符、文本运算符和引用运算符四种类型。其优先级见表 2-3。

表 2-3　运算符的优先级

运算符	括号 ()	冒号：	逗号，	空格	负数－	百分比%	乘方^	乘除*/	加减+－	串接&	比较运算符= < > <> <=>=
优先级	1	2	3	4	5	6	7	8	9	10	11

(1)算数运算符，包括加(＋)、减(－)、乘(*)、除(/)、百分比(％)、乘方(^)等。

(2)比较运算符，用于比较两个数值并产生逻辑值 TRUE(真)或 FALSE(假)，包括等于(＝)、小于(＜)、大于(＞)、小于或等于(＜＝)、大于或等于(＞＝)、不等于(＜＞)等。

(3)文本运算符 & 可将一个或多个文本连接成为一个组合文本，如在单元格中输入"＝8&8"，结果为"88"。

(4)引用运算符，用以将单元格区域合并计算，引用运算符包括以下几项：

1)冒号(区域)：对两个引用之间，包括两个引用在内的所有区域的单元格进行引用。

2)逗号(联合)：将多个引用合并为一个引用，如"SUM(A4：A10，C4：C10)"。

3)空格(交叉)：产生同时隶属于两个引用的单元格区域的引用。

(二)Excle 中常用的函数

1. 函数的概念

函数是预定义的内置公式。它有其特定的格式与用法，通常每个函数由一个函数名和相应的参数组成。参数位于函数名的右侧并用括号括起来，它是一个函数用以生成新值或进行运算的信息，大多数参数的数据类型都是确定的，而其具体值由用户提供。

多数情况下，函数的计算结果是数值，同时，也可以返回到文本、数组或逻辑值等信息，与公式相比较，函数可用于执行复杂的计算。

在 Excel 2010 中，调用函数时需要遵守 Excel 对于函数所制定的语法结构，否则将会产生语法错误，函数的语法结构由等号、函数名称、括号、参数组成，如"＝SUM(A10，B4：B10，45)"。

在 Excel 2010 中，函数按其功能可分为财务函数、日期时间函数、数学与三角函数、统计函数、查找与引用函数、数据库函数、文本函数、逻辑函数及信息函数。常用函数 Sum、Average、Count、Max 和 Min 的功能和用法，见表 2-4。

表 2-4　常用函数表

函数	格式	功能
Sum	=SUM(number1，number2，……)	求出并显示括号或括号区域中所有数值或参数的和
Average	=AVERAGE(number1，number2，……)	求出并显示括号或括号区域中所有数值或参数的算术平均值
Count	=COUNT(value1，value2，……)	计算参数表中的数字参数和包含数字的单元格的个数

续表

函数	格式	功能
Max	=MAX(number1，number2，……)	求出并显示一组参数的最大值，忽略逻辑值及文本字符
Min	=MIN(number1，number2，……)	求出并显示一组参数的最小值，忽略逻辑值及文本字符

2. 输入函数

在 Excel 中，函数可以直接输入，也可以使用命令输入。当用户对函数非常熟悉时，可采用直接输入法。

（1）直接输入。首先单击要输入的单元格，再依次输入等号、函数名、具体参数（要带左右括号），并按"Enter"键或单击"输入"按钮以确认即可。

（2）使用插入函数功能输入函数。但在多数情况下，用户对函数不太熟悉，因此要利用"粘贴函数"命令，并按照提示一一按需选择，其具体操作如下：

1）在 Excel 工作表中，选择准备输入函数的单元格，在"公式"功能区的"函数库"组中，单击"插入函数"按钮。

2）在弹出的"插入函数"对话框中，在"或选择类别"下拉列表框中选择"常用函数"选项，在"选择函数"列表框中选择准备插入的函数（如选择"SUM"），单击"确定"按钮，如图 2-8 所示。

3）窗口中弹出"函数参数"对话框，在 SUM 区域中，单击"Number1"文本框右侧的折叠按钮，如图 2-9 所示。

图 2-8　"插入函数"对话框

图 2-9　"函数参数"对话框

在工作区选择可变单元格区域，在"函数参数"对话框中，单击"展开对话框"按钮，返回"函数参数"对话框，"Number1"文本框中显示参数，单击"确定"按钮，计算结果显示在单元格中。

二、终值的 Excel 操作

1. 终值函数 FV

在 Excel 中提供了终值 FV 函数，可以用它计算不同情况下资金的终值。

FV 函数是基于固定利率及等额分期付款方式，返回某项投资的未来值。FV 函数的语法是 FV(rate，nper，pmt，pv，type)。

(1)rate：表示各期利率。

(2)nper：表示计息周期，即该项投资(或贷款)的付款期总数。

(3)pmt：表示各期所应支付的金额。如果忽略 pmt 参数，则必须填写 pv 参数。

(4)pv：表示现值，即从该项投资开始计算时已经入账的款项，或一系列未来付款的当前值的累积和，也称为本金。如果省略 pv，则默认其值为零，并且必须填写 pmt 参数。

(5)type：表示数字 0 或 1(0 为期末，1 为期初)。如果省时 type，则默认其值为 0。

2. 整付终值的 Excel 操作

以例 2-4 为例，在 Excel 中输入相关数据，如图 2-10 所示。

	A	B
1	现值	300
2	年利率	5%
3	计息周期/年	3
4	终值	

图 2-10　整付终值数据输入

选中 B4 单元格，在公式编辑栏中输入公式"＝FV(B2，B3，，B1)"，按 Enter 键，则计算结果如图 2-11 所示。

	A	B
1	现值	300
2	年利率	5%
3	计息周期/年	3
4	终值	¥-347.29

图 2-11　整付终值计算结果

3. 等额支付终值的 Excel 操作

等额支付终值的计算，参数 pv＝0 或省略，pmt 填写相应的等额支付值。以例 2-6 为例，在 Excel 中输入相关数据，如图 2-12 所示。

	A	B
1	年金	1200
2	年利率	5%
3	计息周期/年	4
4	终值	

图 2-12　等额支付终值数据输入

选中 B4 单元格，在公式编辑栏中输入公式"＝FV(B2，B3，B1)"，按 Enter 键，则计算结果如图 2-13 所示。

	A	B
1	年金	1200
2	年利率	5%
3	计息周期/年	4
4	终值	¥-5,172.15

图 2-13　等额支付终值计算结果

三、现值的 Excel 操作

1. 现值函数 PV

Excel 提供了现值函数 PV，可以用它计算不同情况下的资金的现值。PV 函数用于返回投资的现值，即一系列未来付款的当前值的累积和。PV 函数的语法是 PV(rate，nper，pmt，fv，type)

（1）rate：表示各期利率。

（2）nper：表示计息周期，即该项投资(或贷款)的付款期总数。

（3）pmt：表示各期所应支付(或得到)的金额。如果忽略 pmt 参数，则必须填写 fv 参数。

（4）fv：终值，或在最后一次支付后希望得到的现金余额。如果省略 fv，则默认其值为零，并且必须填写 pmt 参数。

（5）type：数字 0 或 1(0 为期末，1 为期初)。如果省略 type，则默认其值为 0。

2. 整付现值的 Excel 操作

以例 2-5 为例，在 Excel 中输入相关数据，如图 2-14 所示。

	A	B
1	终值	158
2	年利率	3%
3	计息周期/年	10
4	现值	

图 2-14　整付现值数据输入

选中 B4 单元格，在公式编辑栏中输入公式"＝PV(B2，B3，，B1)"，按 Enter 键，则计算结果如图 2-15 所示。

	A	B
1	终值	158
2	年利率	3%
3	计息周期/年	10
4	现值	¥-117.57

图 2-15　整付现值计算结果

3. 等额支付现值的 Excel 操作

等额支付现值的计算，参数 fv＝0 或省略，pmt 填写相应的等额支付值。以例 2-7 为例，在 Excel 中输入相关数据，如图 2-16 所示。

	A	B
1	年金	600
2	年利率	3%
3	计息周期/年	10
4	现值	

图 2-16 等额支付现值数据输入

选中 B4 单元格，在公式编辑栏中输入公式"＝PV(B2，B3，B1)"，按 Enter 键，则计算结果如图 2-17 所示。

	A	B
1	年金	600
2	年利率	3%
3	计息周期/年	10
4	现值	¥-5,118.12

图 2-17 等额支付现值计算结果

四、年金的 Excel 操作

1. 年金函数 PMT

Excel 提供了年金函数 PMT，可以用它计算不同情况下的资金的年金。PMT 函数基于固定利率及等额分期付款方式，返回贷款每期付款额。PMT 函数的语法是 PMT(rate，nper，pv，fv，type)。

(1)rate：表示各期利率。

(2)nper：表示计息周期，即该项投资(或贷款)的付款期总数。

(3)pv：表示现值，即从该项投资开始计算时已经入账的款项，或一系列未来付款的当前值的累积和，也称为本金。

(4)fv：表示终值，或在最后一次支付后希望得到的现金余额。如果省略 fv，则默认其值为零。

(5)type：数字 0 或 1(0 为期末，1 为期初)。如果省略 type，则默认其值为 0。

2. 等额支付偿债基金的 Excel 操作

以例 2-8 为例，在 Excel 中输入相关数据，如图 2-18 所示。

	A	B
1	年利率	3%
2	计息周期/年	15
3	终值	80
4	年金	

图 2-18 等额支付偿债基金数据输入

选中 B4 单元格，在公式编辑栏中输入公式"＝PMT(B1，B2，，B3)"，按 Enter 键，则计算结果如图 2-19 所示。

	A	B
1	年利率	3%
2	计息周期/年	15
3	终值	80
4	年金	¥-4.30

图 2-19 等额支付偿债基金计算结果

3. 等额分付资本回收的 Excel 操作

以例 2-9 为例，在 Excel 中输入相关数据，如图 2-20 所示。

	A	B
1	年利率	5%
2	计息周期/年	10
3	现值	10
4	年金	

图 2-20 等额分付资本回收数据输入

选中 B4 单元格，在公式编辑栏中输入公式"＝PMT（B1，B2，B3）"，按 Enter 键，则计算结果如图 2-21 所示。

	A	B
1	年利率	5%
2	计息周期/年	10
3	现值	10
4	年金	¥-1.30

图 2-21 等额分付资本回收计算结果

模块小结

资金的时间价值是同量资金在两个不同时点的价值之差，用绝对量来反映为"利息"，用相对量来反映为"利息率"。单利是指每期均按本金计算利息，即只有本金计算利息，本金所产生的利息不计算利息。在复利计息的情况下，不仅本金要计算利息，利息也要计算利息，即通常所说的"利滚利"。资金的等值计算，是以时间价值原理为根据，考虑到资金的盈利能力，将资金的使用时间与盈利联系起来，对投资系统中的现金流量进行折算，以求得某一确定时间上的等值金额。资金的等值计算，借助于普通复利利率系数来进行，并经常使用现金流量图作为重要的辅助计算工具。资金等值计算常用的基本公式有整付终值公式、整付现值公式、等额支付终值公式、等额支付现值公式、等额支付偿债基金公式、等额分付资本回收公式。在对某一投资进行分析时，将各个时期或时间点上实际发生的资金流出或流入叫作现金流量。为了更直观地表现现金的流入和流出情况，通常采用"现金流量图"来描述。现金流量图是表示项目系统在整个寿命周期内各时间点的现金流入和现金流出状况的一种示意图。在 Excel 中提供了终值 FV 函数、现值函数 PV、年金函数 PMT，可以用它计算不同情况下资金的终值、现值。

课后习题

一、填空题

1. _____是指一定量资金在不同时点上的价值量的差额。

2. _____是指占有资金所付出的代价或放弃资金使用权所得到的补偿。

3. _____是指计息周期利率 i 与一个利率周期内的计息周期数 m 的乘积。

4. 在对某一投资进行分析时，将各个时期或时间点上实际发生的资金流出或流入叫作_____。

二、单项选择题

1. ( )是单位本金经过一个计息周期后的增值额。

   A. 利息　　　　 B. 利率　　　　 C. 单利　　　　 D. 复利

2. $F=P(1+i)^n$ 为( )公式。

   A. 整付终值　　 B. 整付现值　　 C. 等额支付终值　　 D. 等额支付现值

3. ( )是基于固定利率及等额分期付款方式，返回某项投资的未来值。

   A. PV 函数　　 B. PMT 函数　　 C. FV 函数　　 D. NPV 函数

三、多项选择题

1. 从经济理论上讲，资金存在时间价值的原因主要有( )。

   A. 资金等值　　 B. 资金增值　　 C. 机会成本　　 D. 承担风险

   E. 通货膨胀

2. 资金等值包括( )几个因素。

   A. 资金额大小　　　　　　　　　 B. 现值

   C. 资金发生的时间　　　　　　　 D. 衡量标准(利率)大小

   E. 终值

3. 等额支付现值公式应满足的条件包括( )。

   A. 每期支付金额相等，即 A 值

   B. 每期支付金额相等，即 F 值

   C. 支付期 n 中每期间隔相等，如 1 年

   D. 第一次支付在第一期期初，以后每一次支付都在每一期期初

   E. 第一次支付在第一期期末，以后每一次支付都在每一期期末

四、简答题

1. 简述利率影响因素。

2. 简述现金流量图的绘制过程。

五、计算题

1. 某企业存入银行 100 000 元，定期三年，年利率为 3.27%，则三年后本利是多少？如果是复利计息，则三年后的本利是多少？

2. 张某希望能在 10 年后得到一笔 4 000 元的资金，在年利率为 5% 的条件下，张某需

每年均匀地存入银行多少现金？

3. 王某为了在未来的 10 年中，每年年末取回 5 万元，已知年利率为 8%，现需向银行存入多少现金？

4. 某企业现借 100 万元的借款，在 10 年以内以年利率为 12% 等额偿还，则每年应付金额是多少？

5. 应用 Excel 软件计算计算题 2～4。

模块三 房地产投资环境与市场分析

单元一 房地产投资环境分析

一、房地产投资环境的概念和特点

(一)房地产投资环境的概念

一般情况下，投资环境是指直接投资的环境。投资决策包括宏观和微观两个方面。其中，微观投资决策是单个投资者或单个投资项目的决策，基本问题是如何使单个投资者或单个项目在投资额一定的条件下，获得最大的投资收益。这就需要着重考虑社会消费水平结构、市场利息及物价等因素对单个投资者或单个项目的影响和制约，即投资环境。投资环境是指拟投资地域在一定时期内所具有的能决定和制约项目投资的各种外部情况和条件的总和。

房地产投资价值量大、产品物质固定、周期长，并且容易受到国家宏观调控政策等的影响，从而使得房地产与其他类型的产业投资相比，对投资环境的要求就更加严格。对投资环境进行分析也就更具实际意义。

（二）房地产投资环境的特点

房地产投资环境具有多样性、综合性及动态性等特点。

1. 多样性

房地产投资环境的多样性体现在房地产投资环境因素是众多的，并且每个因素对房地产投资项目盈利水平的影响程度和影响方式也不尽相同。

2. 综合性

房地产投资环境的综合性体现在众多的房地产投资环境因素是相互影响、相互制约的，所以，在进行分析时，必须全面考虑，找出其相互关系。

3. 动态性

房地产投资环境的动态性体现在众多的房地产投资环境是可变的，并且在动态变化过程中相互依赖。例如，城市人口、布局及经济水平等都会随着时间的推移而变化，这些外部因素的变化将对房地产投资产生不同程度的影响。

二、房地产投资环境分析的基本任务

房地产投资环境分析在房地产投资过程中具有重要的参考意义。充分认识和分析房地产投资环境，并及时采取措施积极地利用环境变化中提供的机会，同时积极采取对策，努力避开这种变化可能带来的风险，有助于制定出正确的投资决策。

房地产投资环境分析的基本任务主要包括以下内容：

（1）分析房地产开发项目投资与国民经济发展和人民生活水平提高的关系，论证房地产投资方向是否正确、房地产项目投资是否合理。

（2）对房地产项目开发的建设条件进行评价。在研究房地产开发建设过程中，建筑材料、设备、人员及其他基础设施配套条件是否有保证。

（3）通过系统分析与综合评价，选择最佳的房地产建设地址。

三、房地产投资环境要素

（一）政治环境要素

政治环境是指一国的政治制度、政局的稳定性和政策连续性及政府管理服务的水平等。

政治体制是国家政权的组织形式及其有关的管理制度。作为一种投资环境要素，投资者关注的是该国政治体制变革及政权更迭过程中体现的渐进性与平和性。显然，政权不稳定、体制变化无常，必然会带来巨大的投资风险。

政治局势稳定包括国内局势稳定和对外局势稳定两层含义。国内政治局势的动荡一般是由政治斗争或国内重大的社会经济问题而引起的；对外政治局势的动荡则是由外交问题、边界问题而引发的。显然，动荡不安的政治局势，必然带来社会的不稳定，从而影响投资。

政策法规即国家或政党为实现一定历史时期的路线而制定的行动准则。作为政治环境要素的政策，投资者最关注的还是经济政策和产业政策。与房地产投资相关的政策主要包括土地政策、金融信贷政策、税收政策及其他与房地产开发和交易相关的政策。

战争是为了一定政治目的而进行的武装斗争。战争一起，一切正常的社会经济秩序都将遭到破坏，生命财产也失去保障，更不用说项目投资的安全与效益了。因而，投资者在政治环境研究中，尤其关注拟投资地区的战争风险程度。

(二)经济环境要素

经济环境，是影响房地产投资决策最重要、最直接的因素之一。其包括的内容较多，主要有宏观经济环境、市场环境、财务环境和资源环境等。

(1)宏观经济环境，是指一国或地区的总体经济环境。如该地区的国内生产总值、人均国民收入、国民经济增长率等反映国民经济发展状况的指标；当地居民的收入与消费状况、物价水平、存款余额等描述社会消费水平和消费能力的指标等；当地的经济政策、财政政策、消费政策、金融政策等产业政策方面的情况等。它衡量了一国或地区的总体经济环境，为房地产投资项目提供宏观指导。

(2)市场环境，是指项目面临的市场状况，包括市场规模、市场结构、竞争状况等。如房地产市场吸纳量的现状及未来发展趋势、市场供应量的现状及未来的估计、同类楼盘的分布及其现状、竞争对手的状况、市场价格水平及其走势等。

(3)财务环境，主要是指项目面临的资金、成本、税收等方面的条件。其包括金融环境，如资金来源的渠道、项目融资的可能性及融资成本；经营环境，如投资费用、经营成本、税费负担、优惠条件，同类项目的社会平均收益水平等。

(4)资源环境，主要是指人力资源、土地资源、原材料资源、能源等。对于房地产开发项目来说，能否获得熟悉当地房地产市场的专业人才是至关重要的；而土地资源获得的难易程度及其成本高低则会直接影响某一开发商是否愿意进军该地区的房地产开发市场。

(三)社会文化环境要素

社会文化环境是指拟投资的房地产项目所在地区的社会意识形态，如公民受教育的程度、宗教信仰、风俗习惯、道德、价值观念、文化传统等。社会文化环境直接决定消费需求的形式和内容、消费结构，直接影响该项目的开发和经营过程，从而制约着投资方案决策。

(四)法律环境要素

健全的、相对稳定的法律及法规是保护投资者权利、约束投资者行为的重要保证。只有加强法制建设，才能保护投资企业在市场竞争中的平等、有序和有效。

法律因素是从法律的完整性、法制的稳定性和执法的公正性三个方面来研究投资环境。法律的完整性主要研究投资项目所依赖的法律条文的覆盖面，主要的法律法规是否齐全。法制的稳定性主要研究法规是否变动频繁、是否有效。执法的公正性是指法律纠纷、争议仲裁过程中的客观性、公正性。

对于房地产开发企业来说，法制对房地产影响最大的是土地政策及房地产法律法规，还包括国家和当地对于规划建设条件的规定，这些政策的变化常常导致房地产开发方向、开发重点和盈利模式的重大转变。

（五）自然环境要素

自然环境是指投资项目所在地域的自然条件和地理位置。自然条件是指投资地点所处的各种地理条件，如地质地貌、自然风光及气候等，尤其是其中的土地状况、环境质量、绿化等要素最为重要。地理位置是指投资地点距离主要公路、铁路、港口的远近等，即交通的便捷程度，这直接关系到未来住户的生活方便程度，从而影响楼盘的销售或出租。由于自然环境是一种投资者无法轻易改变的客观物质环境，具有相对不变和长久稳定的特点，而房地产投资项目具有地理位置的固定性和不可逆的特点，因而房地产投资必须重视自然环境的分析研究。

（六）基础设施环境因素

基础设施环境是房地产投资项目的硬环境，主要包括投资地域的交通、能源通信、给水排水、排污等环境条件。属于交通环境条件的内容有距机场、码头、车站的距离，主要交通干线的分布，重要的公共交通工具及数量，交通方便的程度等；属于能源条件的主要内容有：电力供应状况，距最近的变电站的距离，距煤气供应站的距离，距煤气主干线管道的距离，其他能源如煤炭、天然气的供应状况等；通信环境条件是指最近的通信电缆的位置等；给水排水及污水环境条件包括当地的自来水管网分布、距主要自来水管道的距离，排水、排污设施状况等。可见，方便的基础设施环境对于房地产投资项目开发、经营具有重要的保证和制约作用。

四、房地产项目投资环境分析方法

（一）房地产投资环境分析原则

1. 系统性原则

影响房地产投资的环境因素错综复杂，在评价分析过程中，必须注意把握系统性原则。只有这样，从实际出发、实事求是，才能全面正确地揭示房地产项目投资所面临的环境状况，做出客观评价。

2. 动态与静态相结合原则

投资环境要素是一个动态系统，每时每刻都在发生变化，各种要素不断按照自身规律运动并不断改变与其他要素之间的关系。现有的投资环境评价结论，随着时间推移可能会发生变化，因此，房地产环境评价具有很强的时效性。所以，对房地产环境进行评价时，不仅要做静态评价，更重要的是进行动态评价，做到动静结合。

3. 定性分析与定量分析相结合原则

由于投资环境描述很难量化，所以房地产环境评价只做定性分析。而定性分析比较容易受人的主观意愿影响而产生片面性。因此，进行投资环境评价时，能量化的要素都要进行定量分析，实行定量与定性相结合的方式。

4. 比较性原则

在掌握了投资项目的环境情况后，投资者往往将其和其他国家或地区相类似的情况进行比较，从而判断环境条件的差异与优劣。很显然，比较的参照系不同，结果也不尽相同，所以在进行房地产投资环境分析时，要选择比较具有代表性的对象。一般情况下，比较范围越大，比较对象越多，比较对象越具有代表性，对房地产投资环境分析越客观。

5. 实事求是、突出重点原则

房地产投资项目内容不一，项目也有大有小，在现实生活中，不可能对任意一个房地产投资环境，都从宏观到微观，从政治到经济，全面分析一遍。一般情况下，应根据投资决策的实际需要及投资项目的具体情况，尊重客观规律，突出重点，抓住主要矛盾，进行房地产环境分析。

(二)房地产投资环境分析标准

不同投资者对投资环境分析都有自己的标准，所以，导致分析结果也比较多样化，给建立科学的投资环境分析方法造成了很多困难。在对投资环境进行分析时，既有定性的一面，也有定量的一面，所以，只能确定出在进行环境分析时常用的标准。

1. 安全性

投资者首先考虑的问题就是投资安全及投资效益问题，投资是为了增值资本的，所以，任何一位投资者都不希望自己的投资项目发生夭折现象。安全性是投资的第一要求。

2. 适应性

在房地产投资市场中，适应性标准是指项目的规划设计等与开发项目所在地环境及条件等的协调程度。

3. 稳定性

稳定性是指投资项目环境发生变化流动性的大小。经济状况及政治环境等都应该是相对稳定的，当然，其发生变化也是不可避免的，但是遵循一定规律的变化才是对投资有益的。

(三)房地产投资环境分析方法

1. "冷热"分析法

"冷热"分析法是由经济学家伊·利特法克和彼得提出的。两人通过调查美国、加拿大等国投资者在选择投资场所时所考虑的因素，发表了《国家商业安排的概念框架》，从投资者的角度归纳出七大投资环境因素，并根据其对投资区域逐一评估，将之由"热"到"冷"依次进行排序。"热"代表投资环境优良；"冷"代表投资环境欠佳。这七大投资环境因素分别如下：

(1)政治稳定性。政府由阶层代表组成，代表广大人民群众的意愿，同时，政府也能鼓励并促进企业发展，创造良好的适宜企业长期发展的环境。当一个国家的政治稳定性高时，这一因素被称为"热"因素；反之为"冷"因素。

(2)市场机会。拥有良好的顾客群，对外国投资生产的产品或提供的劳务尚未满足，并且具有较大的购买力。当市场机会大时，被称为"热"因素；反之为"冷"因素。

(3)文化一元化。各阶层人民相互关系及风俗习惯、处世哲学、观念与目标等，都要受到其传统文化的影响。当文化一元化的程度高时，被称为"热"因素；反之为"冷"因素。

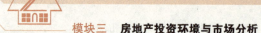

（4）经济发展及成就。经济发展阶段、经济效率及稳定性是投资环境分析的重要因素之一。当经济发展程度高、快及成就大时，被称为"热"因素；反之为"冷"因素。

（5）地理及文化差异。与开发企业总部距离远、文化差异大、社会观念甚至语言存在差异等，都会使相互之间的沟通产生影响。如果地理及文化差异大，称为"冷"因素；反之为"热"因素。

（6）法令阻碍。法规复杂、法律不健全，甚至有意无意地限制和束缚企业经营，对投资环境产生重大的影响。如果法令阻碍大，称为"冷"因素；反之称为"热"因素。

（7）实质阻碍。自然资源及地理环境也会对企业经营产生一定的阻碍。如果实质阻碍大，称为"冷"因素；反之称为"热"因素。

冷热对比法是一种最早提出的较为系统的投资环境评价的方法。其分析的方法和结论，为投资者制定投资战略，选择国家或地区提供了重要依据。但冷热法比较侧重对国家或地区客观因素的考察，而缺乏一些微观因素，如基础设施、劳动力技术水平及资金情况等因素的评估与分析。

2. 多因素和关键因素评价法

香港中文大学闽建蜀教授在斯托伯的等级基础上提出两种与房地产业投资环境评价方法相关联又有一定区别的多因素和关键因素评价法。

（1）闽氏多因素评价法。闽氏多因素评估法将影响投资环境的因素可分为 11 类，即政治环境、经济环境、财务环境、市场环境、基础设施、技术条件、辅助工业、法律制度、行政机构效率、文化环境及竞争环境。具体内容见表 3-1。

表 3-1　闽氏多因素评估法

序号	影响因素	子因素
1	政治环境	政治稳定性、国有化可能性、政府的外资政策
2	经济环境	经济增长、物价水平
3	财务环境	资本和利率汇出、汇率、集资和借款可能性
4	市场环境	市场规模、分销网点、营销辅助机构、地理位置
5	基础设施	国际通信设备、交通与运输、外部经济
6	技术条件	科技水平、合适劳动力、专业人才的供应
7	辅助工业	辅助工业发展水平、辅助工业配套情况
8	法律制度	各项法律是否健全、法律是否得到很好的执行
9	行政机构效率	机构的设置、办事效率、工作人员的素质
10	文化环境	投资双方信任和合作程度；外国公司是否适应当地的社会风俗
11	竞争环境	当地竞争对手的强弱、同类产品进口配额在当地市场所占份额

根据闽氏多因素评价法，先对各类要素的子因素的子因子做出综合评价，再对因素做出优、良、中、可、差的判断，然后按照投资环境计算公式计算投资环境总分。投资环境总分计算公式如下：

$$N = \sum_{i=1}^{11} W_i(5A_i + 4B_i + 3C_i + 2D_i + E_i)$$

式中　i——第 i 类投资环境要素；

W_i——第 i 类因素权重系数；

A_i，B_i，C_i，D_i，E_i——第 i 类因素评价为优、良、中、可、差的百分比（$i=1$，…，11）。

投资环境总分取值范围在 1～5 之间，总分越接近 5，说明投资环境越好，相反，如果总分越接近 1，说明投资环境越差。

采用闽氏多因素评价法，所选择的投资环境因素较全面，减少了片面性；明确地区分了投资环境中各个子因素的优劣情况，提高了评价因素的客观性，使最后结果更有可比性；全面考虑了各种投资环境中各因素在整个投资环境中的地位和作用，而且结合投资项目的性质以及投资者自身的实际情况，灵活地确定了各环境因素权数，从而实用性更强。

（2）闽氏关键因素评价法。与多因素评估法不同，关键因素法是从具体投资项目的投资动机出发，从影响投资环境的一般因素中，找出影响具体投资项目动机实现的关键因素，根据这些因素，对投资环境做评价。根据挑选出来的关键因素，仍然按照上述公式对投资环境进行评估。

关键因素法将投资动机分为 6 类，每种投资动机又包括许多影响投资环境的关键因素。根据挑选出来的关键因素，按照上述计算总分的方法对投资环境进行评价。具体见表 3-2。

表 3-2　闽氏关键因素评估法

序号	投资动机	影响投资动机的关键因素
1	降低成本	劳动生产力、土地费用、原料及元件价格、运输成本
2	开拓当地市场	市场规律、营销辅助机构、文化、位置、运输条件、通信条件
3	获得原料和元件供应	资源、当地货币汇率的变化、当地的通货膨胀率、运输条件
4	分散风险	政治稳定性、国有化可能性、货币汇率、通货膨胀率
5	追随竞争者	市场规模、地理位置、营销辅助机构、法律制度
6	获得当地的相关技术	科技发展水平、劳动生产率

在房地产业投资环境分析的多因素评价法中，需要考虑的因素远远不止以上这几种。各子因素也因为各自影响性不同而给予子因素权重。对我国开发建设的普通住宅投资项目，其环境评价因素可分为以下几类：

第一类因素，即最重要因素：居民收入水平，权重系数：$W_i=0.2$。

第二类因素，即很重要因素：房地产开发供应状况，权重系数：$W_i=0.15$。

第三类因素，即重要因素：基础设施状况、区位交通条件、环境状况、税费水平，权重系数：$W_i=0.1$。

第四类因素，即较为重要因素：经济增长水平，权重系数：$W_i=0.05$。

第五类因素，即略微重要因素：土地状况、地价、房地产政策、区域人口数量、区域人口素质、家庭人口数、消费文化与观念，权重系数：$W_i=0.025$。

多因素和关键因素评价法在房地产投资环境评价应用中，基于投资主体动机上的差别，房地产投资环境分析往往根据投资者投资动机的不同来选择关键要素。另外，根据投资者投资动机及个人关注点的不同，允许投资主体在从事自身的行业决策及投资环境分析评价时适当调整投资环境因素的权重，显然，这样采用闽氏多因素评价法和闽氏关键因素评价法的效果就相当了。所以，一般情况下，采用闽氏多因素评价法就能达到要求。

当房地产业投资环境评价采用多因素评价法时，选取的投资环境的因素即房地产投资环境评价要素系统中的 15 个投资环境要素，子因素即投资环境要素之下的子要素，权数的计取是在考虑因素影响大小之后综合决定的。闽氏多因素评价法与日常习惯不太一致，所以，我们可以将因素评为优、良、中、可、差这样五级，分别对应分值为 100、80、60、40、20，这样，评价总分取值范围即在 20～100 之间，满分为 100 分。

房地产业投资环境评价计算公式如下：

$$N = \sum_{i=1}^{15} W_i U_i$$

式中　N——表示投资环境总分；

W_i——表示第 i 类要素权重；

U_i——表示第 i 类要素评分。

而　　　　$$U_i = \sum_{j=1}^{j} W_j 100A_j + 80B_j + 60C_j + 40D_j + 20E_j$$

式中　j——表示 i 类要素下 j 类子要素；

W_j——表示 i 类要素下第 j 类子要素的权重；

A_i，B_i，C_i，D_i，E_i——分别是第 j 类子因素评价为优、良、中、可、差的百分比。

具体评价时，先对各类要素的子要素做出评价计算出 U_i 后，再套用公式计算出投资环境总分 N。当然也可将两个公式合并为一个公式来计算，合并后的总公式为

$$N = \sum_{i=1}^{15} W_i \left[\sum_{j=1}^{j} W_j (100A_j + 80B_j + 60C_j + 40D_j + 20E_j) \right]$$

式中　N——表示投资环境总分；

i，j——表示 i 类要素第 j 类子要素；

W_i，W_j——表示 i 类要素第 j 类子要素的权重；

A_j，B_j，C_j，D_j，E_j——分别是第 i 类要素下第 j 类子因素评价为优、良、中、可、差的百分比。

各投资环境要素、子要素及相关权重见表 3-3。

表 3-3　房地产业投资环境要素、子要素及相关权重表

序号	投资环境要素	子要素及权重	要素权重
1	基础设施状况	交通设施(0.5)、能源设施(0.3)、通信设施(0.2)	0.1
2	区位交通条件	公路(0.5)、铁路(0.2)、航空(0.2)、水运(0.1)	0.1
3	环境状况	环境质量(0.6)、绿化水平(0.4)	0.1
4	土地状况	土地面积大小(0.5)、地质状况(0.5)	0.025
5	房地产供应状况	房地空置率(1.0)	0.15
6	地价	地价水平(1.0)	0.025
7	居民收入水平	居民年平均收入(1.0)	0.2
8	经济增长水平	经济增长率(1.0)	0.05
9	房地产政策	土地政策(0.5)、房地产综合政策(0.5)	0.025
10	政府办事效率	政府办事效率(1.0)	0.025

续表

序号	投资环境要素	子要素及权重	要素权重
11	税费水平	契税(0.4)、城市基础设施配套费(0.3)、其他(0.3)	0.1
12	区域人口数量	区域人口密度(1.0)	0.025
13	区域人口素质	区域人口素质(1.0)	0.025
14	家庭人口数	家庭平均人口数(1.0)	0.025
15	消费文化与观念	消费文化与观念(1.0)	0.025

在房地产投资环境分析的应用中，多因素和关键因素法既充分考虑了投资环境要素系统中各影响要素的地位、作用及各子因素的优势，又考虑到了投资主体在投资动机上的差异。所以，该方法既适合某国或地区投资环境的一般性评价，也适合同一城市的不同区位的投资环境评价。

3. 准数分析法

准数分析法由我国学者林应桐提出。他找出影响投资环境的相关因子：投资环境激励系数 K，城市规划完善因子 P，税利因子 S，劳动生产率因子 L，地区基础因子 B，汇率因子 T，市场因子 M，管理权因子 F，并将每一类因子分成若干子因子，再对子因子进行类似于多因素评估法的加权评分，求和得到该类因子的总分。为了反映各因子处于一个系统之中的有机联系，提出了投资环境准数的概念。

在房地产业投资环境评价采用准数分析法时，按照房地产行业影响要素的分类习惯将评分区间及准数计算公式作一定修改，并去除了一些不必要的因素，修改后的房地产业投资环境准数数群参照表见表3-4。

表3-4　房地产业投资环境准数数群参照表

序号	项目要素代号	内涵	评分
1	投资环境激励系数 K	地价、房地产政策(含融资政策)	0~5
2	城市规划完善因子 P	环境状况、土地状况	0~4
3	税利因子 S	税费水平	0~2
4	劳动生产率因子 L	区域人口素质	0~2
5	地区基础因子 B	基础设施状况、区位交通条件、区域人口数量	2~10
6	效率因子 T	政府办事效率	0~2
7	市场因子 M	房地产开发供应状况、居民收入水平、消费文化与观念、家庭平均人口	5~20
8	管理权因子 F	经济增长水平	0~2

在房地产投资环境评价的准数计算公式中，根据各要素本身重要性及其内在联系差别，将税利因子 S 和效率因子 T 放到公式的括号中，即让其作用效应减小，而让市场因子 M 从括号中调换出来，增大其作用效应，评分区间相应也作一定变动，就可以有修改后的房地产投资环境准数计算公式：

房地产业准数　　　　$N = K \times B \times M(P + S + T + L + F) + X_0$。

在房地产投资环境分析的应用中，计算准数 N 时要考虑机会因素 X_0 的大小。对 X_0 的判断与实际机会的差异对评判产生很大影响。所以，在对其他机会因素把握不全面的情况下一般不考虑使用此法来进行投资环境评价。

4. 等级尺度法

等级尺度法由罗伯特·斯托伯提出，又称为投资环境多因素分析法或等级评分法。这种方法是从东道国政府对外国直接投资者的限制和鼓励政策着眼，注重软环境的研究，具体分析了影响投资环境的微观因素。这些因素分为八个方面，然后对这些因素再划分出子因素，根据每个子因素对投资的有利程度，给予不同的分值，最后把各因素的等级得分进行加总作为对投资环境的整体评价。总分定为100分，分值越高，投资环境越好；反之，投资环境越差。当低到一定程度时，则表明在当地投资风险加大。

投资环境等级评分法计分见表3-5。

表 3-5 投资环境等级评分法计分表

环境评估因素	评分
1. 资本撤回	0~12
(1)无限制	12
(2)只有时间上的限制	8
(3)限制资本撤回	6
(4)限制资本及利润撤回	4
(5)严格限制	2
(6)禁止资本撤回	0
2. 外商股权	0~12
(1)准许并欢迎全部外资	12
(2)准许但不欢迎全部外资	10
(3)准许外资占大部分股权	8
(4)准许外资最多占半数股权	6
(5)准许外资占少数股权	4
(6)外资不得超过股权的30%	2
(7)不准外资拥有股权	0
3. 差别待遇与管制——外资、自资比例	0~12
(1)外资企业与本国企业同等待遇	12
(2)对外资企业略有限制，但非管制	10
(3)对外资企业无限制，但有一些管制	8
(4)对外资企业限制及管制	6

续表

环境评估因素	评分
(5)对外资企业有些限制，并严加管制	4
(6)对外资企业严格限制及管制	2
(7)禁止外商投资	0
4. 货币的稳定性	4～20
(1)可自由兑换	20
(2)黑市与官价差异少于10%	18
(3)黑市与官价差异在10%～40%	14
(4)黑市与官价差异在40%～100%	8
(5)黑市与官价差异在100%以上	4
5. 政治稳定性	0～12
(1)长期稳定	12
(2)依赖主要人物的稳定	10
(3)内部分裂，但政府尚能控制	8
(4)强烈的内在、外在力量影响政治	4
(5)有变动或改变的可能	2
(6)不稳定、极可能有变动或改变	0
6. 给予关税保护的意愿	2～8
(1)给予充分的保护	8
(2)给予相当保护，尤其是新的主要产业	6
(3)给予少数保护，以新的主要产业为主	4
(4)很少或不予保护	2
7. 当地资本可用性	0～10
(1)具有资本市场、公开证券交易所	10
(2)有一些当地资本及投机性证券交易所	8
(3)有限的资本市场，少数外来资本可供使用	6
(4)极有限的短期资本	4
(5)严格的资本管理	2
(6)高度资本逃避	0
8. 近五年的年通货膨胀率	2～14

续表

环境评估因素	评分
(1)小于1%	14
(2)1%～3%	12
(3)3%～7%	10
(4)7%～10%	8
(5)10%～15%	6
(6)15%～35%	4
(7)35%以上	2

根据表中内容分项介绍如下：

(1)资本撤回。资本撤回是指资本(包括利润和利息收入)能否自由出入国境,是灵活调拨资本的重要内容,也是投资者考察资本流动性的一个重要标志。在计分表中,资本撤回被作为第一因素考虑,主要原因在于投资效果的最终实现,即经营取得的利润能顺利地汇回。如果资本或利润汇回受到限制,就会降低投资的有利性。如果禁止汇回,那么投资者就不会冒风险。实行外汇管制的国家对外国投资者的资本转移均有不同程度的规定。

(2)外商股权。外商股权是指东道国允许外国投资者在该国境内设立的股份公司中掌握的股份的比例。其决定投资者能否掌握企业所有权和控制权。一般情况下,投资者都不愿意在这方面受到任何限制,所以,允许外商拥有全部股权的情况评分最高;反之,如果禁止外商拥有任何股权,直接投资的基本条件已不复存在。

(3)差别待遇与管制—外资、自资比例。投资者都希望有一个无差别待遇的环境,自主经营不受到干涉。但是实际上许多国家都存在着差别待遇或经营限制的情况,只有少数国家对外商投资企业和内资企业同等看待,基本上没有限制。

(4)货币的稳定性。货币的稳定性影响到投资企业的经济核算和经济效益。如果当地货币的币值稳定又可以自由兑换,那么就不会对投资者产生不利的影响。但是,其也不是决定投资能否安全生存的关键因素。因为即使稳定程度比较差,货币不能自由兑换,黑市汇价与官方价相差一倍以上,也不是不可接受的情况,在一定的条件下,投资者仍可进行有利的经营活动。例如,投资者可以将利润用于再投资或是购买当地产品出口。在利润较高的情况下,投资者的高盈利也可在一定程度上抵销这不利的影响。如果投资目标国币值比较稳定,投资决策者的决策失误性小,投资贬值的危险也小;如果币值贬值幅度过大,则会扩大货币实际价值与名义价值的差距,使投资者的投资贬值,给投资者带来损失。

(5)政治稳定性。政治稳定性关系到资本本身的安全性,能否进行直接投资取决于投资目标国能否有一个长期稳定的政治局面。投资者首先关心的是资本的安全问题,其次才是盈利问题,在政治极为不稳定的情况下不可能进行长期投资。

(6)给予关税保护的意愿。关税保护是一个国家为了保护国内工农业生产,对外国商品进口征收的关税。一般对本国需要保护生产的商品,要规定较高的进口税率。有时为了确保国内生产的需要,对本国工业所必需的某些国产原料要征收出口税,以限制出口。给予关税保护的愿意，是指投资目标国是否给予外国投资者享受该国关税保护的态度。出口商总希望市场所在国减少关税保护和进口限制，而一旦成为当地的生产商的销售商时，又总希望所在国提供一定的保护措施，减少外来商品的竞争压力。但是这一因素并非选择投资环境的关键因素，所以，在提供充分保护的情况下，也只有 8 分，没有保护的情况也可得 2 分。

(7)当地资本可用性。如果投资者能在当地不受限制地筹集到足够的资本，则会对企业的经营活动大为有利；如果当地筹资困难，则会在一定程度上影响到企业的经营活动。甚至不仅当地资本不足，而且又大量外逃，则说明该国尚不具备投资的金融条件。资金融通是否方便，直接关系到投资者能否加速资本周转，提高资本使用效率。

(8)近五年的年通货膨胀率。年通货膨胀率不是一个绝对的影响因素，高通货膨胀固然不利，但对企业来说仍存在一种水涨船高效应。所以，即使有 35％以上的通货膨胀率仍可得 2 分。

通货膨胀率的高低从另一角度衡量了币值的稳定程度。投资接受国的通货膨胀率越高，货币贬值的程度越大。

在房地产投资环境分析的应用中，等级尺度法能综合反映投资环境的优劣程度，所需资料易于获取，便于比较、简便易行。这种方法具有定性分析和对作用程度不同因素的逐项分析，最后采用简单累计加分方法，使定性分析既有了一定数量化内容，而且不需要高深的统计学知识，一般投资者都可以采用，所以深受广大投资者欢迎。但该方法选择的影响投资环境的因素不够全面，主要考虑投资者在投资时与投资相关的影响因素，而并未考虑外部因素。另外，在对有些因素的评分标准上也带有一定主观性。

5. 千分制评分法

千分制评分法类似于等级尺度法。印度商业部出口加工区管理局在评价投资环境时，对投资环境划分了 10 类因素，包括免税期、投资补助金、资本利润的汇回、工人技术培训补助金、有无标准厂房和生活基础设施、出口加工区的地理位置、劳动力情况、运输费用、管理部门工作效率等。对这些因素按千分制打分，积分在 600 分以上的为好，400 分以下的为较差。

6. 综合评价法

综合评价法的基本步骤是由层次分析法确定各环境要素的权重系数；由统计分析确定各环境要素的得分；计算投资环境的综合评分；由灵敏度分析判断各环境要素发生变化对投资环境分析带来的影响。权重系数是用来描述环境要素在投资环境分析中相对重要程度的指标。其大小既取决于要素自身在投资环境诸要素中的地位，又取决于投资者因投资动机或主观因素对投资环境的期望与要求。所以，权重系数一般采用层次分析法进行综合确定。投资环境的综合评价是对现时状态进行的静态分析，然而，现实社会的经济生活往往是个动态过程，作为分析依据的环境条件并非一成不变。而灵敏度分析正是要考察当这些环境条件变化时，对分析结果带来的影响及其影响程度。首先逐项分析环境因素稳定状况，判断其在房地产投资过程中发生变化的可能性，对将要发生变化的因素进行研究，依据其变化趋势及程度，请专家重新进行评价，统计各因素评价结果，计算分值，然后计算房地产投资环境综合评分值。如果是不同地点投资环境的排序，那么按照新的综合评价值进行排序，并比较前后两种排序的差异，分析原因，做出评价；如果是单一环境、单一项目的投资环境评价，那么应比较前后两次综合评分值，分析原因，做出评价。

在房地产投资环境分析的应用中，综合评价法是在多因素和关键因素法的基础上发展形成的，其具有考虑影响因素全面、定性与定量相结合、静态与动态判断相结合的优点。综合评价法目前在投资环境评价中得到广泛应用，但由于其定量计算复杂，投资环境评价因素较多时，可操作性差。

7. 道氏评估法

根据从过去和现在的状况，今后可能发生的变化及在一定时期内对投资活动的影响来评价投资环境，美国道氏公司制定了一套投资环境动态分析方法。其将影响投资环境的各个因素按形成的原因及作用范围的不同分为企业从事生产经营的业务条件和有可能引起这些条件变化的主要压力两部分。这两部分包括 40 项因素。在对这两部分因素做出评估后，提出投资项目预测方案比较，从而选择出具有良好投资环境的投资场所。

8. 相似度法

相似度法是选取若干指标建立指标体系，计算出这些指标数值，选择公认的投资环境好地区的同类指标，求出所研究投资环境与公认投资环境好地区的相似度，二者越相似，所研究投资环境越好；反之亦然。

9. 利润因素评估法

利润因素评估法是指分析影响投资方案利润的各项因素，从而估计投资环境的优劣。首先找出影响未来利润的关键因素，估计最后收益情况；然后分析这些关键因素，了解对收益的影响程度；选择影响投资方案利润较大的因素；最后综合各项方案以确定投资的可行性。

影响未来利润的关键因素可分为稳定因素和不稳定因素两种。稳定因素是指可预测的，不变或变动较小的因素，如所得税税率、外汇管制、关税管制等；不稳定因素是指不可预测的、变动较大的因素，如相关政策、经济稳定性、币值稳定性等。

稳定因素和不稳定因素是相互影响、相互作用的。所以，必须将各国最重要的投资因素一一列出，分析其相互影响的最后结果再逐一比较，选择最佳的投资环境。利润因素评估法对利润现有的资料，可得到较具体的结果，所以，渐渐受到国际投资分析人员的重视。但是这种方法的计算过程比较复杂或需要使用计算机才能完成。

10. 抽样评估法

抽样评估法是指对投资国的外商投资企业进行抽样调查，进而了解它们对投资国投资环境的一般看法。采用该方法首先选定或随机抽取不同类型的外资企业，列出投资环境评估要素，其没有确定指标体系，但遵循的是因素分析，然后由外企管理人员进行口头或笔头评估，评估通常采用回答调查表的形式。

投资国政府经常采用这种方式了解本国投资环境对投资者的吸引力，以便调整吸引外资的政策、法律和法规，从而改善本国的投资环境。组织抽样评估的单位通常是投资国政府或国际咨询公司。有些发达国家的大学、研究机构专门建立世界上投资地区的案例资料库，例如，美国哈佛大学商学院的跨国公司案例中心，为潜在的投资者提供咨询服务。

抽样评估法能使调查人员得到第一手的信息资料，是其最大优点，其结论对潜在投资者的投资决策来说具有直接的参考价值。但是，确定评价项目的因素往往不可能列举很多，而且也只能对所列要素进行概略性的评价。另外，调查表也可能带着被调查者的个人主观性，因而，可能不够全面而准确地反映东道国的投资环境。所以，评价结果只是具有一定的参考价值，而不能对具体的投资决策起到决定性作用。

单元二 房地产投资市场分析

一、房地产市场

(一)房地产市场的特征

房地产市场，从广义上来说，是整个社会房地产交易关系的总和；从狭义上来说，是从事房产、土地的出售、租赁、买卖、抵押等交易活动的场所或领域。在市场经济条件下，房地产市场遵循一般性的市场规律，即房地产市场通过价格机制调节供求关系。但由于房地产具有不同于其他商品的一系列特征，所以房地产市场也体现了不同于一般商品市场的特征。

1. 房地产市场区域性强

房地产商品的不可移动性决定了房地产不可能像其他普通商品一样可以在全国范围内调解余缺，也导致了商品的特点及价格等带有明显的地域性。这一区域性表现为区域市场政策差异、区域供求状况差异及区域价格差异等。另外，每个区域受到宏观调控的影响程度也不同，有时，宏观调控的结果在不同区域会体现截然相反的结果。因此，房地产市场的区域性使房地产市场不可能像股票、期货等投资市场一样，形成统一的全国性的房地产交易中心。房地产市场所包括的范围越大，对房地产投资者的意义就越小。

2. 房地产市场具有垄断性

房地产市场的垄断性源于土地的稀缺性、所有权形式及不可移动性。但由于土地所有制的性质不同，对土地的垄断也具有不同的特点。在土地私有化为主的国家，土地的垄断实质上是一种私人的垄断。在我国，土地所有制以公有形式表现出来，这就决定了由此对土地的垄断实质是全体人民整体利益的垄断。我国的土地市场总体上是由国家直接经营的垄断市场。另外，由于房地产市场交易金额一般都很大，使进入房地产市场的竞争者较一般市场大为减少，所以也容易出现垄断。

3. 房地产市场信息不充分

完全竞争市场有大量的买者与卖者，而且二者都不会影响某种商品的价格，完全竞争市场的产品是没有区别的，另外，完全竞争市场信息畅通，生产者及消费者都能充分地掌握它们。而房地产市场与完全竞争市场的以上特点是相差甚远的，所以，信息不充分是房地产市场的重要特征。在证券市场上，股票价格明确标示，变化即知，属于公开交易。而在房地产市场上，房地产交易是买卖双方谈判的过程。一些具体交易及定价，都是在不公开的情况下进行的，所以，交易结果及买卖价格在很大程度上是不能真实反映物业价格的。

4. 房地产市场供求具有反经济循环性

一般市场都是同经济增长同方向波动的，但是房地产市场存在某种反经济循环的趋势。因为房地产具有保值与增值的特点，所以如果经济不景气时，人们为了避免货币贬值而购买房地产。另外，当经济繁荣，社会的大部分资金被其他行业吸收，而投入到房地产的资金就少了，从而限制了房地产业的发展；当经济不景气时，正好有一批资金从其他行业转到房地产业，从而又促进了房地产的发展。

5. 房地产流通方式以及交易形式的多样性

房地产具有不可移动性、使用周期长及价值高等特点，从而使得房地产市场流通方式及交易形式具有多样化的特点。从交易形式上分，有购买、租赁及抵押等；从权益关系来分，有使用权和所有权的交易或交换，有完全产权交易和部分产权交易等；从交换媒介及商品货币关系分，有货币、抵押、典当及调换等。

6. 房地产市场对商品短期供求变化反应迟钝

如果市场上出现某种房地产商品供过于求时，由于开发商已经投入了大量资金，施工正在进行，不可能停止建设；如果市场上某种房地产商品出现供不应求时，虽然开发商可采取某种措施加快施工进度，但也不可能像其他工业品生产那样，迅速地提供产品以满足市场的需求。由于房地产市场对房地产商品的短期供求变化反应迟钝，当政府政策或供求发生变化时，房地产市场就不可避免地产生波动，这无疑增加了房地产投资的风险。

(二)房地产市场分类

1. 按房地产购买者的目的分类

从房地产购买者不同的目的来说，房地产市场可分为以下两类：

(1)房地产自用市场。自用型购买者是为了满足自身生活或生产活动对入住空间的需要，其将房地产作为一种耐用消费品。

(2)房地产投资市场。投资型购买者是为了将购入的房地产出租经营或转售，并从中获得投资收益，其将房地产作为一种投资工具。对房地产进行投资分析更侧重于投资市场。

2. 按房地产实物形态分类

从房地产实物形态的不同来说，房地产市场可以分为以下两类：

(1)地产市场。地产市场是指交换土地使用权的市场，在该市场中供求双方通过对土地使用权进行自愿有偿让渡，从而实现地产的交换和流通。

(2)房产市场。房产市场的经营对象是房屋，在房地产交易过程中只能通过交易产权契约的活动而发生所有权和使用权的转移，不发生物质实体空间的移动。其不但反映了一定时期内房产供给量与有支付能力的房产需要量之间的关系，而且反映了房地产生产者和消费者之间、房产买卖双方之间，以及房地产业与国民经济其他部门之间的关系。

3. 按房地产用途分类

从房地产不同用途来说，房地产市场可以分为以下五类：

(1)居住物业市场。居住物业一般是指供人们生活居住的建筑，包括普通住宅、公寓及别墅等。

(2)商业物业市场。商业物业有时也称收益性物业或投资性物业，包括写字楼、出租商住楼、零售商业用房及酒店等。位置对于这类物业有着特殊的重要性。

（3）土地市场。在我国，土地市场是指以城镇土地使用权为对象进行交易的市场。土地的征购、土地的出让及土地的转让这三者均属土地市场的内容。

（4）工业物业市场。一般情况下，工业物业市场是为人类的生产活动提供入住空间，包括工业厂房、工业写字楼、仓储用房、高新技术产业用房等。

（5）特殊物业市场。特殊物业市场包括飞机场、赛马场、高速公路、汽车加油站、高尔夫球场、车站、桥梁、码头、隧道等。

对房地产进行投资分析主要侧重于前两类市场。

4. 按房地产交易方式分类

从房地产交易方式的不同来说，房地产市场可以分为以下五类：

（1）房地产租赁市场。房地产租赁市场是对不同类型房地产的使用权进行一定期限和方式的有偿转让市场。出租者出售的是房屋在一定期限内的使用权，得到的是租金收入；承租者得到的是在一定时期内的房屋使用权，付出的是房租。

（2）房地产买卖市场。房地产买卖市场是指对房产所有权及土地使用权进行买卖活动的市场。房地产买卖市场是房产交易中最重要、最典型的方式。房地产买卖是房产出售者与购买者之间在房产所有权占有方面的经济关系。房产出售者出售的是房产所有权而获得房地产价值的货币收入；购买者通过支付货币而获得房产所有权。另外，长期转让出让土地所有权的买卖方式，也视为房地产买卖行为。

（3）房产抵押市场。房产抵押市场是指房产所有权人因贷款或第三者因为担保债务而对房产及相应的土地使用权抵押给债权人作为保证的交易活动。房产抵押不转移房屋使用及收益权利，但是房产所有权人不能随便处置房屋，直至还清债务抵押消失为止。

（4）房屋典当市场。房屋典当市场是指将房屋出典于他人，从而收取一定的典价，然后在一定的时期内原价赎回，如果过期不赎将作为绝卖。在典期内，典权人有权使用房屋，可以将其出租或转典，从而获得收益；而如果出典人在典期内要使用房屋，那么必须缴纳房租。如果经过双方同意，承典人可以按房价向出典人补足典价的差额最终取得房屋的所有权。

（5）房屋调换市场。房屋调换市场包括房屋所有权的调换，即调换双方原有所有权相互转移，还包括使用权的调换，房屋所有权不发生改变。

（三）房地产市场效率

市场效率是指市场传递产品质量及价格信息的功能。获得反映市场价格最新信息的时间通常可以用市场效率来衡量。如果市场信息能够迅速而又低成本地传递，而且又能即时反映在市场价格上，那么该市场就是一个高效率的市场。在一个低效率的市场中，人们需要花费更多的时间去传递一些重要信息，主要的是有些信息在市场价格中永远得不到反映。要想获得准确的价格信息使产品交易顺利，需要市场参与者花费更多的时间及精力。相对于某些市场而言，房地产市场是一个典型的低效率市场。由于房地产交易不频繁，收集交易信息困难，费用高，买卖双方要想在较短的时间内获取某物业的交易信息基本上是不可能的。

1. 房地产市场效率低下的原因

影响房地产市场效率低下的因素大都与房地产市场本身的特殊性有关，可概括为以下几个方面：

(1)在房地产市场上，每一个交易物都是彼此独立的。意思是说，需要用大量的时间和精力对交易物进行检验，从而降低了房地产市场的运动速度。

(2)房地产交易过程比较复杂。从本质上来讲，房地产交易是一种权益的交易，而且由于房地产本身具有价值量大的特点，导致了交易过程中涉及的细节并不如某些交易一样简单。

一般情况下，大多数人买房都要按揭贷款，这其中又涉及很多复杂的程序，从而花费购房者不少的时间和精力。另外，在房地产交易过程中，还涉及许多关于合同和权证的问题，也是比较复杂的，其中任何一个环节出现问题，交易都将无法进行。正是因为交易过程涉及的细节比较复杂、耗时耗力，才导致房地产的市场效率比较低。人们也在有意无意地试图避免经常性的房地产交易。

(3)房地产产品的异质性。世界上不存在任何两宗相同的物业。从而导致了房地产产品之间的替代性比较差。虽然房地产购买者可以在若干具有相同吸引力的物业之间进行选择，但是一般情况下购买者的态度是非常明确的，所以，在购买者所希望的地块上甚至找不到任何好的替代物业。在这种可接受替代产品数量有限的情况下，卖方便开始对产品进行垄断性控制，从而导致了市场效率的发挥。

(4)寻找交易伙伴有难度，需要耗费大量时间。由于房地产市场无法形成一种统一的交易市场，所以在短时间内完成交易有很大难度。耗费大量的时间，支付给房地产经济人的佣金也会高于证券等经纪人。高佣金也会对交易量产生影响，使平衡供求及房地产价格受到制约，导致房地产效率降低。

2. 市场的低效率与投资机会

由于市场效率的低下，导致市场价值评估困难，从而使获取巨大额外收益具有可能性，为投资商通过从事投资、租赁以及开发等活动以谋取利润提供了机会。

一般情况下，在一个效率较高的市场上寻找一个价值被低估的投资项目比较困难，而在一个效率较低的市场上，则可以通过细心的观察寻找到价值被人低估的投资项目，从而不断获取额外收益。

房地产市场的低效率提醒投资者要主动收集并处理市场中已经存在的信息，然后通过这些信息来判断市场可能发生的变化及由此对房地产价格产生的影响。因而，房地产市场就格外需要市场研究和分析。

(四)房地产市场周期循环

1. 传统房地产市场周期理论与现代房地产市场周期理论分析

传统房地产周期理论的主要内容包括：在市场供求平衡的前提下，房地产市场会正常运作，且这种平衡性会持续一定的时期；在此时期内，投入房地产市场的资金的利润预期保持不变，投资者具有自我调节投资量的能力。房地产市场的发展呈现一种自我修正的周期性，且不同周期之间的时间差异和投资回报差异微乎其微。在每一个运行周期中，均经过扩张、缓慢、萧条、调节、复苏和再次扩张的过程。政治、经济状况基本稳定或预期稳定是传统房地产周期理论有效的前提。

现代房地产周期研究的结论证明：经济扩张与创造就业已不再是线性关系；就业机会增加与空间需求也不再同比增长；经济活动的扩张不再立即绝对导致新建筑增加（如经济复苏不会立即导致新建筑产生）。在一个稳定可预测的经济环境中，了解长期、未来力量及其内涵相对来说并不十分重要，但在不确定、不连续且正处于转变的经济环境中，必须强调对未来可能变化的全盘了解，而不仅是利用过去作预测。

显然，现代房地产周期理论立足于对不确定、不连续且正处于转变的经济环境进行分析，而不仅是利用对过去的分析资料进行预测，从这个意义上讲，现代房地产周期理论更符合我国目前的房地产市场现状。

2. 房地产市场周期循环的原因

导致房地产市场周期循环的原因主要体现在以下几个方面：

(1)供需因素的影响，其中以金融相关因素的变动最为关键。

(2)市场信息不充分，导致从供需两个方面调整因不均衡的时间存在时滞。

(3)生产者与消费者心理因素的影响，如追涨不追跌、一窝蜂地投机或非理性预期。

(4)政策因素的影响，如容积率控制、农地征用控制。

(5)政治冲击，如社会政治动荡。

(6)制度因素的影响，如预售制度的期货效应、中介与估价制度的健全程度等。

(7)其他因素，如生产时间落差、季节性调整、总体经济形势等。

造成房地产周期循环的原因是多方面的，也是很复杂的。正是由于房地产市场的这种周期循环特性，造成了房地产投资系统风险中的"周期风险"。

3. 房地产市场自然周期

房地产市场自然周期的供需求平衡点为长期平均空置率(合理空置率或结构空置率)。房地产自然周期可以分为以下四个阶段：

第一阶段：开始处于市场周期的谷底。该阶段供给保持基本静止不变，没有或很少有新的投机性开发建设项目出现。随着存量房地产被市场吸纳，空置率逐渐下降，房地产租值从稳定状态过渡到增长状态。随着市场的复苏，又会使业主小幅度地增加租金，使市场最后达到供需平衡。

第二阶段：增长超过平衡点，需求仍然以一定速度增长，形成对额外房地产空间的需求。由于空置率降到了合理空置率以下，表明市场上的供给小于需求，租金开始迅速上涨，直至达到一个令房地产投资者认为开始建设新项目有利可图的水平。在该阶段，如果能获得项目融资，会有一些房地产投资者开始进行新项目的开发。

第三阶段：始于供求转折点，供给增长速度高于需求增长速度，空置率回升并逐渐接近合理空置率水平。由于在该阶段中不存在过剩供给，新完工的项目在市场上竞争租客，导致租金上涨趋势减缓甚至停止。当市场参与者最终认识到市场开始转向时，新开发的建设项目将会减少甚至停止。但竣工项目的大量增加所导致的供给高速增长，推动市场进入自然周期运动的第四阶段。

第四阶段：始于市场运行到平衡点水平以下，此时供给高增长，需求低增长或负增长。房地产市场下滑过程的时间长短，取决于市场供给超出市场需求数量的多少。房地产的市场流动性在这个阶段很低甚至不存在，存量房地产交易很少或有价无市。

4. 房地产市场投资周期

(1)当房地产市场自然周期处于谷底并开始向第一阶段运动时，很少有资本向存量房地产投资，更没有资本投入新项目的开发建设。

（2）随着自然周期运动通过第一阶段，投资者对投资回报的预期随着租金的回升而提高，部分投资者开始逐渐回到市场中，寻找用低于重置成本的价格购买存量房地产的机会。这类资本的流入使房地产市场通过平衡点，并逐渐使租金达到投资者有利可图的水平。在自然周期第二阶段的后半段，投资者不断购买存量房地产和投入新项目开发，从而使资本流量显著增加。

（3）当自然周期到达其峰值并进入第三阶段时，空置率低于平衡点水平，投资者继续购买存量房地产并继续开发新项目。

房地产市场投资周期在第一阶段和第二阶段初期滞后于市场自然周期的变化，在其他阶段则超前于市场自然周期的变化。

（五）房地产市场泡沫与过热

1. 房地产市场泡沫

房地产市场泡沫是指由于房地产投机引起的房地产市场价格与使用价格严重背离，脱离了实际使用者支撑而持续上涨的过程及状态。

房地产泡沫是一种价格现象，是房地产行业内外因素特别是投机性因素作用的结果。资金支持是房地产泡沫生成的必要条件。产生房地产泡沫的原因主要有以下几个方面：

（1）土地的有限性和稀缺性是房地产泡沫产生的基础；

（2）投机需求膨胀是直接诱因；

（3）金融机构过度放贷是直接助燃器。

对房地产泡沫进行分析需要研究实际价格和理论价格、房地产价格增长率和实际GDP增长率、房地产价格指数和居民消费价格指数、房价收入比、个人住房抵押贷款增长率和居民平均家庭收入增长率及房地产投资需求和房地产使用需求。

2. 房地产市场过热

房地产过热也称为房地产过度开发，是指当市场上的需求增长赶不上新增供给增长的速度时，所出现的空置率上升、物业价格和租金下降的情况。过度开发反映房地产市场的供求关系。主要是由开发商对市场预测的偏差、开发商之间的博弈和非理性行为及开发资金的易得性三个方面导致的。

3. 房地产市场泡沫与过热区别及联系

（1）区别。

1）房地产泡沫和过热反映两个不同层面的市场指标。泡沫反映市场价格和实际价值之间的关系，当市场价格严重偏离实际价值时产生泡沫；过热反映市场上的供求关系，当新增供给的增长速度超过需求的增长速度时，就产生了过度开发。

2）房地产泡沫和过热危害程度不同。房地产泡沫比过度开发的严重程度更高。

3）房地产泡沫和过热在周期循环中所处的阶段不同。投机性泡沫往往出现在周期循环的上升阶段；过热一般出现在循环周期的下降阶段。

（2）联系。房地产泡沫和过热都是用来描述房地产市场中实际价格对房地产基本市场价值的偏离，不同程度地体现房地产价格中的非基本价格。房地产"过热"不一定产生泡沫，但"过热"是市场产生泡沫的前提和诱因。

二、房地产市场分析

(一)房地产产品功能定位

1. 房地产产品功能特点

房地产产品具有难度大、费用高及功能设计的超前性和适当弹性。

2. 房地产产品功能定位含义

房地产产品功能定位是指在目标市场选择和市场定位的基础上，根据潜在的目标消费者使用需求的特征，结合房地产产品类型的特点，对拟提供的房地产产品应具备的基本功能和辅助功能作出具体规定的过程。

3. 房地产产品功能定位重要性

对房地产产品进行功能定位可以为市场提供适销对路、有较高性价比的产品。房地产商所提供的产品能否被市场所接受决定了功能定位的准确性。这些产品应具有超前的户型设计、舒适便利、功能分明突出、超高价格功能比，而且住宅结构和设备布置能够最大限度地满足建筑功能及美观要求等。

4. 房地产产品功能定位原则与方法

进行房地产产品功能定位应以未来潜在使用者的功能需求特征为导向，站在使用者的立场上精打细算，体现以人为本的原则。

另外，对房地产产品功能进行定位要明确目标使用者，把握目标使用者的消费偏好、需求特征及可支付能力，针对目标使用者进行设计。

(二)房地产分析必要性

房地产市场分析是指通过对房地产市场信息的收集、分析和加工处理，寻找其内在的规律和含义，预测市场未来的发展趋势，用以帮助房地产市场的参与者掌握市场动态、把握市场机会或调整其市场行为。随着市场化程度的提高，市场分析在房地产投资决策中的作用将越来越重要。总的说来，市场分析的必要性主要表现在以下几个方面。

1. 房地产投资决策需要市场分析

在房地产投资决策中，通过市场分析可以获得正确资料，帮助投资者了解房地产市场的变化趋势、市场竞争力如何、拟开发项目是否具有可行性及房地产产品的变现能力如何等，从而将投资风险降到最低，减少投资决策的盲目性，从而获得最大的利益。但必须注意，这些资料应具有客观性与准确性，否则将造成严重后果。

2. 房地产经营管理需要市场分析

在不同的经济环境中，房地产经营者对经济环境的趋势有一定了解，并预测这种趋势将对房地产经营市场产生的影响。市场分析反映了收入水平、消费水平等因素的变化，以及这些变化将会给房地产租赁需求等带来的影响。市场分析也会提供科学的方法与程序，解决公司在经营管理上遇到的各种问题，从而获得符合逻辑、令人满意的解决方案。

3. 房地产价格策略的制定需要市场分析

在房地产投资过程中，市场是决定售价及租金高低的重要因素。通过市场分析可以反映房地产市场上物业售价及租金的变动范围，为投资者确定物业售价及租金提供依据。而对于买者或承租者来说，通过市场分析，也可以判断在某个特定的区域内某物业售价及租金水平是否合理。

(三)房地产市场分析层次

房地产市场分析可以分为三个层次，每一后续的分析都建立在前一层次分析所提供的信息基础之上，并且有一定的逻辑关系。

1. 区域房地产市场分析

区域房地产市场分析是对某区域内总的房地产市场及各专业市场总供需情况的综合分析。通过区域房地产市场分析，房地产投资商可以对项目所在区域房地产总体情况及发展趋势有一个很好的了解，其更侧重于地区经济分析及市场概况分析等内容。

2. 专业房地产市场分析

专业房地产市场分析是指对研究区域内各专业市场或子市场的供需分析，建立在前一层次分析的基础上，对特定某市场供需情况进行单独估计和预测，更侧重于某一类物业市场的供求关系。

3. 项目房地产市场分析

项目房地产市场分析是建立在前两个层次基础上，对特定地点特定项目做竞争能力分析，预测价格和特征下的销售率及市场占有率情况、项目的售价和租金、吸纳量和吸纳量计划等。更侧重于项目竞争能力分析等内容。

(四)房地产市场分析作用

对不同角色而言，房地产市场分析的作用不同。具体内容如下。

1. 开发商

对房地产市场进行分析，可以帮助开发商选择合适的项目位置、确定满足市场需求的产品类型，向金融机构获取贷款，寻找合作伙伴等。

2. 营销经理

在市场分析的基础上，营销经理可以更好地把握市场特征，制定完备策略。

3. 投资者和金融机构

房地产市场分析结果能否支持项目财务可行性的结果，是金融机构决定是否提供贷款的先决条件。

4. 设计人员

对房地产市场进行分析有助于设计人员了解目标市场的需求，从而进行客观设计。

5. 租户及购买者

对房地产市场进行分析可以帮助租户及购买者作出明智的租买决策。

6. 地方政府

对地方政府来说，开发项目立项、土地使用权出让、规划审批及开工许可等环节都需要市场分析的支撑。

(五)房地产市场分析内容

房地产市场分析内容复杂多样，可以将其划分为以下四类。但是由于各房地产要求的侧重点不同，所以内容也不尽相同，有些只包含其中的几项。

1. 房地产投资市场供给分析

房地产投资市场供给分析是对房地产供给总量与潜力、不同类型房屋供给价格、供给特征与营销情况及房地产投资者竞争能力等方面的分析。通过对房地产投资供给的分析，可以为投资者提供供给信息，从而采取投资决策，应对投资竞争。

2. 房地产投资市场需求分析

房地产投资需求分析是指对房地产需求总量与潜力、不同类型房屋需求结构，需求者对房地产市场价格及营销手段等方面的反映和需求者购买与决策行为等基本特征的分析。通过对房地产投资需求分析，可以找出市场的需求总量与变化规律，从而为投资者决策服务。

3. 房地产投资市场供求分析

房地产投资供求分析是通过对空置率等一系列指标的研究，分析房地产市场供求是否均衡。如果不均衡，判断是供大于求，还是需大于供，并找出不均衡的内在原因。通过对房地产投资供求关系的分析，可以给房地产投资者以提示，从而为投资者决策服务。

4. 房地产市场购买行为分析

对房地产市场购买行为进行分析主要是对消费者市场购买对象、影响购买者购买因素及消费者决策购买过程进行分析。

(1)消费者市场购买对象。在购买不同商品时，消费者并不遵循同一购买模式，购买行为存在差异。根据购买行为的差异，市场营销学可将商品分为便利品、选购品和特殊品三类。对经营这类商品的企业来说，了解消费者购买行为的差别十分重要。经营便利品最重要的是货源供应充足，分销渠道宽；而经营选购品品种必须丰富多样，保证消费者有充分的选择余地，并帮助其了解各种商品的质量、性能及特色，使其放心的做出决策。

(2)影响消费者购买因素。同样的外界刺激作用于不同特征的消费者，加上购买决策过程中所遇情况的影响，将得出不同的选择。消费者购买行为取决于其需求和欲望，而要求、欲望、消费习惯及购买行为又是在许多因素的影响下形成的。如社会文化因素(社会阶层、相关群体和家庭等)、个人因素(年龄、职业、经济状况和受教育程度等)及心理因素(信念和态度等)。

(3)消费者购买决策过程。购买决策过程由引起需要、收集信息、评价方案、决定购买和买后行为五个阶段组成。

1)引起购买者需要包括内部刺激和外部刺激两种。消费者认识到自己有某种需要时，是其决策过程的开始，这种需要可能是由内在的生理活动引起的，也可能是受到外界的某种刺激引起的。例如，当看到别人穿时尚潮流服装时，自己也想购买；或者是内外两个方面因素共同作用的结果。所以，营销者应注意不失时机地采取适当措施以唤起和强化消费者的需要。

2)消费者信息来源于个人、商业、公共及经验。主要体现在以下几个方面：

①个人来源，如亲友、邻居、同事等；

②商业来源，如广告、推销、分销商等；

③公共来源，如大众传播媒体、消费者组织等；

④经验来源，如操作、实验和使用产品的经验等。

3）评价备选方案。消费者得到的各种有关信息可能是重复的，甚至是互相矛盾的，因此还要进行分析、评估和选择，这是决策过程中的决定性环节。在消费者的评估选择过程中，营销者应注意以下几个方面：

①产品性能是购买者所考虑的首要问题；

②不同消费者对产品的各种性能给予的重视程度不同，或评估标准不同；

③多数消费者的评选过程是将实际产品同自己理想中的产品相比较。

4）购买决策。消费者对商品信息进行比较和评选后，已形成购买意愿，然而从购买意图到决定购买之间，还要受到他人态度和意外情况两个因素的影响：

①他人态度，反对态度越强烈，或持反对态度者与购买者关系越密切，改变购买意图的可能性就越大；

②意外情况，如果发生了意外的情况，如失业、意外急需及涨价等，购买者则很可能改变购买意图。

5）买后行为。消费者购后的满意程度取决于消费者对产品的预期性能与产品使用中的实际性能之间的对比。对所购产品是否满意，将影响以后的购买行为。购买后的满意程度决定了消费者的购后活动。如果满意则可能继续购买并向别人宣传；不满意则会放弃购买或退货、寻求证实产品价值比其价格高的信息等。形成连锁效应。

5. 房地产投资竞争分析

房地产投资竞争分析主要包括对竞争对手分析及对竞争项目分析两个方面。竞争对手分析主要是指对竞争对手的优势及劣势、基本竞争策略等方面进行分析，从而拟定利于自己的方案；竞争项目分析主要是指对目标物业的规划特色、产品定位、付款方式及销售状况等的分析，找出目标物业的竞争优势，提出强化优势、弱化劣势的措施。现主要对竞争者进行分析。

（1）识别竞争者。一般情况下，竞争者是指与本企业提供类似产品或服务，并有相似价格和相似目标顾客的企业。通常从以下两个方面来识别竞争者：

1）产业竞争。从产业方面来看，竞争者是提供同一类产品或可替代产品的企业。这些企业要想在整个产业中处于有利地位，必须全面了解本产业的竞争模式，从而确定自己的竞争范围。从本质上讲始于对供给和需求的分析，因为供给情况影响产业结构，产业结构影响产业行为，而产业行为又影响产业绩效。

2）市场竞争。从市场方面来看，竞争者是满足相同市场需要或服务于同一目标市场的企业。从市场竞争观念分析竞争者，可拓宽企业眼界，更广泛地看清楚自己的现实竞争者和潜在竞争者，从而制订长期的发展规划。

（2）确定竞争者目标。每个竞争者都有侧重点不同的目标组合，如获利能力、市场份额以及技术领先等。竞争者目标的差异必然会影响到其经营模式。为了正确估计竞争者对不同竞争行为的反映，企业要了解每个竞争者的重点目标。

（3）判断竞争者反应模式。竞争者反映模式主要有从容不迫型（应不强烈，行动迟缓。

其原因主要是认为顾客忠实于自己的产品及缺乏资金等)、选择型(对某些方面反应比较强烈,如对手降价促销,而对其他方面却不予理会)、凶猛型(对任何方面的攻击都会迅速强烈地做出反应,应避免和这样的企业直接交锋)及随机型(难以捉摸反映模式,无法预料其会采取什么行动)。了解了竞争者反映模式,才能够有的放矢。

(4)确定竞争者战略。根据战略群体的划分,可以归纳出以下两点:

1)进入各个战略群体的难易程度不同。一般情况下,实力雄厚的大型企业考虑进入竞争性强的群体,而小型企业则可以考虑适用于进入投资和声誉较低的群体。

2)企业决定进入某一战略群体时,首先要明确主要的竞争对手是谁,然后根据其制定竞争战略。除在同一战略群体内存在激烈竞争外,在不同战略群体之间也存在竞争。

企业明确了主要竞争者和其优劣势及反应模式之后,就要进行决策,根据竞争者的强弱、竞争者与本企业的相似程度及竞争者表现的好坏等决定进攻谁、回避谁,对谁可以不予理睬。

(六)房地产市场分析限制因素

在房地产市场分析中,由于某些方面的限制,分析的效果有时并不如想象得那么好。现将限制因素归为以下几类:

(1)偏好限制。每个人都会有主观意识的偏好,从开始搜集资料到资料分析完成这一过程都将受到其影响,例如,有的人侧重于对供给方的分析,有的人侧重于对需求方的分析。但实际上,房地产市场是由供给方和需求方共同决定的。所以,分析人员的个人偏好将影响市场分析结论的质量。

(2)技能限制。房地产市场分析人员分析技能的差异,在很大程度上影响着其分析报告可信度的高低。因为有经验与没有经验、有丰富经验与稍有经验的分析人员之间的能力是有很大差别的。一个优秀的分析人员应当具备多方面技能,如资料的整理与取舍、正确的思维逻辑方法及归纳与推定领悟能力等。

(3)费用限制。由于所有研究报告都有固定的预算,而市场研究者只能在其预算范围内作调查与研究。所以,分析人员经常会感到无法充分地执行其研究计划,研究结果也会因为投入的限制而大打折扣。

(4)时间限制。一般情况下,投资者和决策者提供给市场分析人员的时间不会很长,而进行市场研究是极其浪费时间的。因此,他们经常需要在较短的时间内提交客观翔实准确的研究报告,这样无疑会加大分析人员的压力。

市场分析虽然可以提供重要的资料与客观的报告供投资者或决策者参考,但它并不能代替投资者和决策者作决策。投资者与决策者还需要考虑许多其他因素,当然,如果市场研究越准确客观,则越能帮助投资者与决策者做出正确的判断,降低投资风险。

(七)房地产投资市场分析注意事项

1. 进行房地产市场分析要有明确的思路

一般情况下,房地产投资市场分析所涉及内容比较复杂,另外,还受成本及时间的限制,所以任何一个市场分析都不是无懈可击的。进行房地产市场分析时,分析人员的思路要明确、符合逻辑。首先要通过与可比项目进行比较并修正,从而估计某投资项目的价格及租售水平等。假设房地产市场的供需按某种趋势变化，租售价格等按某种趋势变化，在该趋势下，对未来市场状况以及投资项目进行分析。根据对整个市场现状的分析，对未来市场进行类推，为投资项目提供客观合理的建议。

2. 房地产市场分析数据要真实可靠

对市场数据的搜查及整理是进行房地产投资市场分析的开始。一般情况下，市场分析中经常涉及的原始数据包括内部数据和外部数据。这些数据都是从不同渠道搜集来的，所以，在各个过程中，都要谨慎小心，认真对待，这样搜集来的数据才会真实可靠，市场分析的结果才能准确地指导项目投资。

3. 房地产市场分析要根据分析目的确定分析内容

进行房地产市场分析，首先要明确市场分析的目的，确定进行投资分析的市场是什么层次的，什么环境下的等，然后在这个基础上，确定市场分析的内容及角度。当然房地产市场很大，没有必要对所有市场都进行分析，而是要针对某一类型、某一层次的市场进行分析。

4. 进行房地产市场分析要将多种方法结合起来

进行房地产投资市场分析有多种方法，前面已经介绍，为了使投资市场分析结果更加客观、符合逻辑，在进行分析时应将各种方法结合起来。任何数学模型都不能涵盖宏观经济中数不清的影响因素。

三、房地产市场调查

（一）房地产市场调查意义

房地产市场调查不同于一般消费品的调查，其是以房地产为对象，对市场相关信息进行系统统计、收集、整理、记录及分析等，然后进行研究与预测，最终为投资者投资决策服务的方法。

市场调查有狭义和广义之分。狭义的市场调查是以科学方法收集消费者购买和使用商品的动机、事实、意见等有关资料，并予以研究。例如，进行住房市场购买力的调查，只有通过一定数量的各种年龄结构的人员进行抽样调查，才能分析消费者房地产购买力的情况。广义的市场调查则是针对商品或劳务，即对商品或劳力从生产者到达消费者这一过程中全部商业活动的资料、情报和数据做系统的收集、记录、整理和分析，以了解商品的现实市场和潜在市场。

房地产市场调查是房地产市场分析基本方法，任何一个房地产市场分析都离不开对房地产市场的调查。进行市场分析是现代房地产业投资决策的内在要求，其对房地产投资经营的重要性被许多经验证明，也得到越来越多业内人士的认可。

综合来讲，市场调查对房地产企业的重要意义主要体现在以下几个方面：

（1）确定企业的正确发展方向。通过市场调查可以摸清房地产市场现状及变动趋势，了解市场需求，从而确定企业的正确发展方向。

（2）分析研究产品生命周期，研制设计新产品、整顿老产品、指定产品生命周期各阶段的市场营销策略，确定产品的生产销售计划。

（3）在不违反国家政策的前提下，根据消费者对价格变动的反映，研究产品适宜售价，制定企业产品的定价策略。

（4）设计销售促进方案，加强推销活动，广告宣传与销售服务，开展公关活动，搞好公共关系，树立企业形象，组织营业推广活动，从而扩大销售量。

（5）在考虑市场及产品等因素的基础上，合理选择分销渠道，尽量减少流通环节，缩短运输路线，降低运输成本和仓储费用，降低销售成本。

（6）综合运用各种营销手段。制订正确的市场营销策略。以获取更多的利润，取得良好的经营效果，通过对消费者和市场环境的调查，掌握市场动向、发展趋势、竞争对手情况等，及时反馈信息、储存信息，为开发新产品、保持现有市场、开拓未来市场服务。

（二）房地产市场调查内容

房地产市场调查包括房地产投资环境调查、房地产市场需求调查。

1. 房地产投资环境调查

投资环境是指拟投资的地域（国家、地区、城市或街区）在一定时期内所具有的能决定和制约项目投资的各种外部境况和条件的总和。

对投资环境的调查，一般是指对下列各环境的调查：

（1）政治法律环境调查。政治法律环境调查主要是了解对房地产市场起影响和制约作用的政治形势、国家对房地产行业管理的有关方针政策及法律法规。

（2）经济环境调查。经济环境调查主要是了解金融、财政、经济发展状况及趋势等。

（3）文化环境调查。文化环境调查主要是了解消费者的消费观念、消费心理、人生的价值观及生活习惯等。

（4）社区环境调查。社区环境调查主要是了解社区繁荣程度、交通便利程度、居民素质、安全保障情况及卫生情况等。

2. 房地产市场供给调查

房地产市场供给是指在某一时期内为房地产市场提供房地产产品总量。主要从以下几个方面调查：

（1）建筑设计及施工企业的有关活动。

（2）整个房地产市场，现有产品供给总量、供给变化趋势、市场占有率、房地产企业种类和数量、整个房地产价格水平现状及趋势、客户最容易接受的价格水平等。

（3）出现新技术、新材料后在房地产产品上的应用情况。

（4）现有房地产租售客户和业主对房地产环境、功能售后服务的意见及对某房地产产品的接受程度。

3. 房地产市场需求调查

房地产市场需求可以是特定房地产需求总和，也可以是对某一房地产产品的需求总和。对房地产市场需求进行调查主要包括以下几个方面：

（1）房地产消费者调查。对房地产消费者的调查主要包括消费者对某类房地产的总需求量、房地产现实与潜在消费者数量和结构、消费者经济来源及经济收入水平、消费者支付能力等。

(2)房地产消费者消费动机调查。房地产消费动机是为了满足一定需要，而产生购买房地产产品的意念。房地产消费动机是激励房地产消费者产生消费行为的内在原因。对房地产消费者消费动机的调查主要包括消费者的消费意念及影响消费者消费动机的因素等。

(3)房地产消费者消费行为调查。房地产消费行为是指消费者在房地产实际消费过程中的具体表现。对房地产消费者消费行为调查主要包括消费者对房地产位置及价格的要求、消费者购买房地产的动机及影响者、消费者购买房地产产品的数量等。

4. 房地产市场营销活动调查

对房地产市场营销活动调查主要包括以下几个方面：

(1)房地产价格调查。对房地产价格进行调查主要包括房地产价格需求和供给的弹性大小、影响房地产价格变化的因素、开发商各种不同的价格策略对房地产租售量的影响等。

(2)房地产促销调查。对房地产促销调查主要包括广告效果的测定、房地产企业促销方式、广告媒介的选择、各种营业推广活动的租售绩效等。

(3)房地产市场竞争情况调查。房地产市场竞争情况主要包括对竞争企业和竞争产品两个方面的调查。对竞争企业的调查主要包括竞争企业的实力情况、竞争企业的市场营销策略、竞争企业的能力等；对竞争产品的调查主要包括竞争产品的市场占有率、竞争产品的设计，以及质量、竞争产品的市场定价、消费者对竞争产品的接受情况等。

上面介绍的房地产市场调查的内容几乎囊括了房地产市场分析的所有内容。如果一份市场分析报告能说明上述所有的问题当然更好，但实际上，不是每一个项目都必须将所有信息都调查分析得面面俱到，因为这既不太可能，有时也没有必要。

(三)房地产项目在不同阶段市场调查要点

1. 房地产项目定位阶段

房地产项目定位阶段的市场调查分析除对公开在售项目基本数据的调查、市场供求进行研究外，还包括对项目的细分市场状况、目标市场状况，消费者购买动机、决策等过程的分析。

2. 房地产项目市场推广阶段

房地产项目市场推广阶段的市场调查分析除对在售项目基本数据的调查、市场供求进行研究外，还包括对特定项目的销售状况、价格调查、目标消费者的特征研究，对消费者购买及使用产品的动机等有关资料的分析研究。

3. 房地产销售阶段

房地产销售阶段的市场调查分析主要包括房地产项目广告策略在目标市场中的反应和收效情况，收集并充分研究所收集到的资料，了解公司营销计划的执行情况、市场上其他在售项目的主要营销手段和销售状况、价格走势等。

4. 房地产三级市场调查分析

相对于上述三个阶段，该阶段比较简单，其具体内容包括房地产再转让过程中价格调查、区域调查及竞争状况调查。

(四)房地产市场调查原则

进行有效的房地产市场调查必须遵循如下原则。

1. 方法科学

要采用科学的方法，首先要仔细观察、形成假设、预测并进行检验。

2. 调查具有创造性

市场调查最好能提出解决问题的建设性方案。

3. 调查方法多样

不能过分依赖某一种方法，强调方法要实用，只有通过多种来源收集信息并进行分析才能具有较大的可信度。

4. 模型和数据相互依赖

要仔细考虑调查拟采用的模型，并在选定的模型下，确定收集信息的类型。

5. 合理的信息价值和成本比率

要仔细分析信息价值和成本比率，调查成本比较容易测算，而价值则依赖于调查结果的可靠性和有效性及管理者的信任度。

（五）房地产市场调查方法

房地产市场调查是以房地产为特定对象，对相关的市场信息进行系统的收集、整理、记录和分析，对房地产市场进行研究和预测，并最终为房地产投资项目提供决策服务的一种活动。房地产市场调查方法是指市场调查人员在实地调查中收集各种信息资料所采用的具体方法。

1. 按照调查对象划分

按照调查对象的不同，可将市场调查分为以下三种类型：

（1）普查法。普查法是指对调查对象总体所包含的全部个体进行调查。可以说对市场进行全面普查，可以获得非常全面的数据，能正确反映客观实际，效果比较明显。如果对一个城市的人口、家庭结构、收入情况等进行调查了解，对房地产开发是非常有利的。由于普查工作量大，需要耗费大量的人力、物力及财力，调查周期长，一般情况下只在小范围内采用。当然，有些资料可以借用国家权威部门的普查结果。

（2）抽样调查法。抽样调查是在调查对象总体中选择若干个具有代表性的个体作为样本进行调查，根据样本推断出一定概率下总体的情况。抽样调查大体上可以分为随机抽样和非随机抽样两类。

1）随机抽样调查最主要的特征是从总体中任意抽取样本。每一样本都有均等的机会，即事件发生概率是相等，这样可以根据调查的样本空间结果来推断总体的情况。随机抽样又可以分为简单随机抽样、分层随机抽样和分群随机抽样。

2）非随机抽样调查是指市场调查人员在选取样本时，并不是随机选取的，而是先确定某个标准，然后再选取样本数。这样，每个样本被选择的机会就不是相等的。非随机抽样调查又可以分为随意抽样调查、判断抽样调查及配额抽样调查。

（3）重点调查法。抽样调查法是以总体中有代表性的单位或者消费者作为调查对象，进而推断出一般结论。采用这种调查方式，由于重点被调查的对象数目不多，企业可以用较少的人力、物力及财力，在短期内完成。如调查高档住宅需求情况，可选择一些购买大户作为调查对象，往往这些大户占整个高档住宅需求量的大多数，从而推断出整个市场对高档住宅的需求量。当然所选对象并非全部，难免会有一些偏差。尤其当外部环境发生变化后，所选对象可能已经不具有代表性，此时，应引起市场调查人员的高度重视。

上述介绍的调查方法，具体到房地产项目的不同阶段会有很强的选择性。市场调查通过一定的市场调查程序得以实现。

2. 按照调查方式划分

按照调查方式的不同，可将市场调查分为以下四种类型：

(1)询问调查法。询问调查法是指将所拟调查的事项，采用面对面、电话或书面的形式，向被调查者提出询问并获得所需资料的方法。可以用于事实、意见和动机的询问。

(2)观察调查法。观察调查法是指调查人员不与被调查者正面接触，而是从旁边观察其动作，而以该动作的聚集作为调查结果。由于在实施调查时，被调查人无压力，表现得很自然，因此调查效果比较理想。这样可以避免被调查人的主观意见对调查结果产生影响。观察调查法主要包括直接观察法、实际痕迹测量法和行为记录法三种。直接观察法是指派人到现场对调查对象进行观察；实际痕迹测量法是指调查人员不亲自观察调查对象的行为，而是观察行为发生后的痕迹；行为记录法是指取得调查对象的同意后，通过一定装置观察记录调查对象的某一行为。

(3)统计分析法。根据公司现成资料，利用统计理论，分析市场及销售变化情况，提供调查资料的方法。其主要的研究对象包括销售额的增减变化及未来趋势、整体市场变化趋势、影响变化的因素等问题。可以做趋势分析和相关分析。

(4)实验调查法。实验调查法是将调查范围缩小到一个比较小的规模上，进行实验后取得一定结果，看是否能够收到预期销售效果的调查手段。也就是说先作某一项推销方法的小规模试验，然后再用市场调查方法分析这种实验型的推销方法是否值得大规模进行。实验法是研究因果关系的一种重要方法。如研究广告对销售的影响，在其他所有因素不变的情况下，销售量的改变就可以看成完全是广告的影响。

(六)房地产市场分析中信息类型

在房地产市场分析过程中，需要了解多方面的信息，这些信息类型可以从以下不同角度划分。

1. 从投资者角度看

从投资者角度看，市场信息可以分为以下三个类型：

(1)与宏观环境相关的信息，如政治法律环境、经济环境等。这些环境对房地产投资者的影响虽然不是直接的，但是对投资者确定投资方向、确定宏观投资区位有着极其重要的影响。

(2)与区域环境相关的信息。这些信息在房地产市场运作过程中的作用是比较直接的，对把握房地产市场状态、实施房地产市场宏观管理起着重要的作用。

(3)与投资项目直接相关的信息。这些信息是与投资项目直接相关的，如价格水平、需求能力与竞争情况等。

2. 从市场分析角度看

从市场分析角度看，市场信息可分为以下四个方面：

(1)房地产供给方面的信息。如现有房地产数量、房地产开发成本、各种类型用地出让或转让的数量等信息。

（2）房地产需求方面的信息。如房地产使用者信息、通货膨胀率、使用中房地产数量及空置量等信息。

（3）房地产市场交易方面的信息。如租金及租金指数、销售价格与价格指数、市场吸纳周期和吸纳率等信息。

（4）其他信息。如金融和房地产税收等方面信息。

（七）房地产市场调查步骤

1. 确定调查目的

进行市场调查首先要明确调查目的，即为什么要进行市场调查，调查要解决哪些问题等。一般情况下，确定调查目的要有一个过程，而一时是很难确定下来的，可以采用试探性调查、描述性调查、因果性调查及预测性调查。试探性调查即通过收集数据揭示问题的真正性质，从而提出一些推测和新想法；描述性调查即描述一些特定的量值；因果性调查即检验因果关系；预测性调查是通过收集、分析研究过去和现在的各种市场资料，运用一些数学方法，估计在未来一定时期内，房地产市场对某种产品的需求量及其变化趋势。

2. 初步调查

进行初步调查主要是研究收集的信息资料，包括企业外部资料及企业内部资料；与企业领导人进行非正式谈话，寻找市场占有率变化原因；研究市场情况，了解消费者对本企业开发房地产的态度等。

3. 制订调查计划

根据收集的信息资料以及初步调查的结果，提出调查命题，确定调查方式及方法，制订出最为有效的收集所需信息的计划。制订的调查计划一般包括资料来源、调查手段、调查方法、抽样方案和联系方法方面。市场调查计划的构成见表3-6。

表3-6　市场调查计划构成

序号	项目	说明
1	资料来源	一手资料（专门为要调查的问题而特地收集或实验而得的统计资料）、二手资料（原始资料经过整理后所形成的可为他人利用的资料或其他项目已经拥有的资料）
2	调查方法	观察、专题讨论、问卷调查、实验
3	调查手段	问卷、座谈
4	抽样调查	抽样调查、样本调查、抽样程序
5	联系方法	电话、邮寄

4. 收集信息

收集信息阶段成本最高、最易出错，关键是能否收集到所需的资料。为此，必须重视现场调查人员的选拔及培训，确保调查人员能够按照规定进度及方法获得所需的资料。

5. 分析信息、资料整理

分析信息的重要任务是从收集的信息和数据中提炼出与调查目标相关的信息，进行编辑整理，去粗取精，去伪存真，保证资料的可靠性及完整性。对已经分类资料进行统计计算，制成各种计算表或统计图，对主要变量可以分析其离散性并计算其平均值，也可采用统计技术和决策模型来分析。

6. 报告结果

调查人员必须对信息资料进行分析和提炼，总结归纳出主要的调查结果并报告给决策人员。在编写调查报告时，要指出调查目的、采用的调查方法、调查对象、处理调查资料手段、通过调查得出结论。

需要说明的是，房地产市场调查是房地产市场分析的前期工作，房地产市场分析是对市场调查信息再加工的过程。但有时一些市场调查做完后，市场分析也就直接包括在市场调查的过程中。

关于调查报告内容的纲要，美国营销协会曾经拟定了一份市场报告的标准大纲，在此作为参考。

一、导言

1. 标题、扉页

2. 前言

(1) 报告根据

(2) 调查的目的与范围

(3) 使用方法

(4) 致谢

3. 目录表

二、报告主体

1. 详细目的

2. 详细解释方法

3. 调查结果的描述与解释

4. 调查结果与结论的摘要

5. 建议

三、附件

1. 样本分配

2. 图表

3. 附录

四、房地产市场预测

房地产市场预测是房地产企业在市场调查的基础上，利用已经获得的各种信息资料，运用科学方法，对影响房地产市场发展变化的因素进行研究分析，对市场的发展变化趋势进行判断，从而为房地产企业投资决策提供依据。

(一) 房地产市场预测内容

在房地产市场分析中，市场预测内容主要包括以下几个方面。

1. 市场供给预测

市场供给能力预测主要是对行业供给能力及本企业供给能力的预测。行业供给能力预测是为了根据行业整体能力，分析本企业在行业中的开发量及地位等的优势与劣势，作出建设预测，并采取相应措施。主要是对一定地区房地产总体生产规模、数量和服务水平等进行预测。本企业供给能力预测主要是对本企业开发房地产规模、数量及技术方面进行预测。

2. 市场需求预测

市场需求预测是根据相关资料进行分析研究，对市场需求作出正确预测，在市场需求预测过程中，必须考虑影响市场需求的各种因素，如人口因素、消费者购买能力、供给方的产品定位及销售策略等。由于房地产开发周期比较长，所以对房地产市场需求主要是进行中长期预测，以确定企业经营战略计划。

3. 市场价格趋势预测

对市场价格趋势进行预测主要是对影响房地产价格变化的主要因素、房地产价格变化对供求双方带来的影响，以及房地产价格变化对消费者购买力的影响进行预测。

4. 销售前景预测

对房地产产品销售前景预测主要是对今后一段时间内最接近房地产销售水平的预测。其包括对销售量、规格及价格等指标的预测。

(二)房地产市场预测方法

房地产市场预测是指运用科学的方法和手段，根据房地产市场调查所提供的信息资料，对房地产市场的未来及其变化趋势进行测算和判断，以确定未来一段时期内房地产市场的需求量、供给量及相应的租金售价水平。每种方法都有其自身的特点及使用范围，所以，在具体的应用过程中，关键在于选择是否得当。

房地产市场预测一般可分为定性预测和定量预测。

1. 定性预测法

定性预测法是指依靠人们的经验、专业知识和分析能力，参照已有的资料，通过主观判断，对事物未来的状态如总体趋势、发生或发展的各种可能性及其后果等作出分析与判断。其特点是主要靠经验判断未来，有时也做一些量化分析作为判断的辅助手段。

房地产市场预测常用的定性预测法主要有以下四种：

(1)集合意见法。集合意见法是由预测人员召集企业管理人员根据已经搜集到的资料及个人经验，对未来市场进行判断预测，并加以综合。该方法比较适用于企业预测。

(2)专家意见。专家意见法也称德尔菲法。该方法是充分发挥专家们的知识、经验及判断力，然后按照规定的工作程序进行的预测。工作人员将预测提纲、相关信息资料及征询表格等送交专家，专家按照提纲要求作出自己的主观预测，填好征询表格，在一定时期内交回给工作人员汇总整理。一般情况下，第一轮专家的估计预测差异比较大，工作人员将其整理加工后，并将修改后的预测提纲及相关资料送交专家；专家根据新的提纲及资料，对原来的资料进行修改，提出新的估计预测，同时说明修改的理由，交回工作人员汇总整理。实际上，这一轮专家们的意见还不一致，需要送交专家新的提纲及相关资料，进入第三轮循环。专家们经过两轮的情况交流，逐渐清楚了前两次预测中产生不合理估计的原因，至此，其预测意见基本趋于一致。但是，如果预测的问题比较复杂，也可能需要进行第四轮、第五轮循环。德尔菲的一般工作程序就是这样的。企业采用该方法时，为了不影响分析判断的效果，要严格控制好时间。

（3）直线方程法。直线方程法适用于对呈直线型发展趋势的房地产市场的长期预测。该方法是根据历年来房地产成交的数据，分析未来一定时期内房地产市场发展趋势，并且假设今后在较长时期内延续该趋势，从而预测出今后一定时期内房地产发展态势。

（4）购买意向预测法。购买意向预测法是一种最常用的市场预测方法。该方法是以问卷形式调查潜在购买者的购买力及购买量，由此预测出未来市场需求。显然，潜在购买者最清楚自己将来想要什么样的商品和数量，所以，一般情况下他们提供的信息是非常可靠的。而且在未来市场中，购买者如实反映其购买意向，据此做出的市场需求预测是非常具有价值的。如果潜在购买者不合作或不重视调查，将难以得到可靠准确的预测结果。

2. 定量预测法

定量预测法是在了解历史资料和统计数据的基础上，运用数学方法和其他分析技术，建立可以表现数量关系的数量模型，并以此为基础分析、计算和确定房地产市场要素在未来可能的数量。

定量预测方法统称为历史引申法。在占有若干统计资料、预测对象的未来受突发性因素影响较小的情况下，选用适当的数学模型进行定量预测，可以得到比较满意的预测效果。但是，由于所选择和建立的数学模型不可能将所有因素都考虑进去，因此定量预测的结果出现误差也在所难免。此种方法包括简单平均数法、移动平均数法、趋势预测法、指数平滑法、回归分析法及季节指数法等。

（1）简单平均数法。简单平均数法是用算术平均值作为新一期的预测值的方法。其计算公式如下：

$$预测值=\bar{x}=\frac{x_1+x_2+x_3+\cdots+x_n}{n}=\frac{\sum\limits_{i=1}^{n}x_i}{n}$$

式中　$\bar{x}$——平均数，即用算术平均法进行预测时的预测值；

　　　　n——资料数；

　　　　x_i——第 i 期的实际销售数（$i=1, 2, 3, \cdots\cdots n$）。

【例 3-1】　某房地产公司上半年的实际销售量见表 3-7，试预测该公司 7 月份的销售量。

表 3-7　某房地产公司上半年销售量　　　　　　　　　　平方米

月份	1	2	3	4	5	6
销售量	4 500	4 000	5 500	7 000	5 500	6 000

【解】　按照简单平均法的公式，预测该公司 7 月份的销售量为

　　　　$X_7=(4\ 500+4\ 000+5\ 500+7\ 000+5\ 500+6\ 000)/6=5\ 417（平方米）$

用简单平均法预测的 7 月份的销售量为 5 417 平方米。很显然，只有当该公司的销售量比较稳定时，才可以采用该方法；如果不稳定，误差就会比较大。

（2）移动平均法。移动平均法是在简单平均法的基础上发展起来的，其做法是将被平均的项逐渐向后移动加以平均，每项平均的总项数不变。这个平均数就直接作为下期的预测值。平均时，可以用简单的算术平均数，也可以用加权平均数。

简单移动平均法的计算公式为

$$x_{t+1}=\frac{1}{n}x_t+x_{t-1}+\cdots+x_{t-(n-1)}$$

加权移动平均法的计算公式为

$$x_{t+1}=\frac{nx_1+(n+1)x_{t-1}+\cdots+x_{t-(n-1)}}{n+(n-1)+\cdots+2+1}$$

从以上公式可以看出，无论简单式还是加权式，只能预测下一期数值。

（3）趋势预测法。趋势预测法是最适用于中长期预测的方法。其基本原理是根据过去各期的实际数据，分析其发展趋势，并假定今后按该趋势继续发展，从而测定今后各期的数据。如果过去各期数据大体呈现等差级数，则其变化趋势可用直线方程来表示；如果过去各期数据大体呈现等比级数，则可用曲线方程来表示。在这里，我们介绍一下直线趋势方程。求趋势直线的方程式为

$$y=a+bx$$

式中　y——预测值；

　　　x——代表的年份；

　　　a，b——待定系数。

运用最小二乘法求得如下方程组：

$$a=\frac{\sum y_i-b\sum x_i}{n}\qquad b=\frac{n\sum x_iy_i-\sum x_i\sum y_i}{n\sum x_i^2-(\sum x_i)^2}$$

令 $x_i=0$，则上式可简化为

$$a=\frac{\sum y_i}{n}\qquad b=\frac{\sum x_iy_i}{\sum x_i^2}$$

式中　y_i——各年的实际销售量；

　　　x_i——各年的代号；

　　　n——已掌握数据的年数。

需要注意的是，每一趋势直线方程都必须注明原点的时间和计量单位，这与后面阐述的表明现象变量之间相关关系的回归方程是有区别的。

（4）指数平滑法。指数平滑法是取预测对象全部历史数据的加权平均值作为预测值的一种方法。相对于移动平均法，指数平滑法有两个方面的改进，一是全部历史数据而不是一组历史数据参与平均；二是对历史数据不采用算数平均而采用加权平均，由于近期实际数据对预测有较大影响，远期数据对预测有较小影响，所以对近期历史数据加较大权数，远期历史数据加较小权数。指数平滑法计算公式为

$$F_t=\alpha S_{t-1}+(1-\alpha)F_{t-1}$$

式中　F——预测值；

　　　S——历史数据；

　　　α——平滑系数，α 在 $(0，1)$ 中取值。

一般情况下，平滑系数是根据原始预测数据与实际数据的差异来确定的。如果差异比较小，那么 α 应当取较小值；如果差异比较大，那么 α 应当取较大值。根据经验估计，当差异比较小时，α 取 $0.2\sim0.3$；当差异较大时，α 取 $0.7\sim0.8$ 为宜。

【例 3-2】　某房地产公司上半年实际销售量及预测值见表 3-8，如果设 $\alpha=0.3$，预测该

年 7 月份销售量。

表 3-8　某公司上半年实际销售量以及预测值　　　　　　　　平方米

月份	实际销售量	预测值
1	4 800	5 000
2	5 000	4 800
3	5 200	5 500
4	6 500	6 300
5	5 500	5 800
6	6 000	6 200

【解】　7 月份预测值＝α×上个月实际销售量＋$(1-\alpha)$×上个月预测值

　　　　　　　＝0.3×6 000＋$(1-0.3)$×6 200

　　　　　　　＝6 140(平方米)

所以，该年 7 月份预测销售量为 6 140 平方米。

(5)回归分析法。回归分析法是建立在大量实际数据基础上，寻找随机性后面统计规律的一种方法。影响市场的各类因素是互相联系、互相制约的，各因素变量之间存在着一定的关系。通过对已经掌握的大量实际数据的分析，可以发现数据变化的一定规律，找出变量之间的关系。回归分析法是从一组数据出发，确定变量之间的定量关系表达式，即回归方程式。检验这些关系式的可信度，然后从某一变量的许多变量中，判断哪些变量对市场的影响是显著的，哪些是不显著的，利用回归方程对市场进行预测。随着房地产市场的发展，统计数据的完善，运用回归分析法对市场进行预测已经成为一种比较成熟的方法，必将更广泛地应用于房地产市场预测领域。

(6)季节指数法。季节性预测比较简单的方法是计算各个季度的不同销售指数。季节销售指数可利用简单平均法算出。其是根据历史资料求出每季度平均数占全期总平均数的比例，以表明各季销售水平比全期总销售水平高低的程度。其预测步骤为首先计算出历年各季的平均销售量，然后计算出各季的季节指数，即当季的平均数占全年平均数总和的百分比，最后根据季节指数和已知某年某季的实际数预测该年其他各个季的数据。

(三)房地产市场预测程序

1. 目标测定

进行房地产市场预测，首先要明确为什么要进行预测，需要解决哪些问题，对房地产商品类型进行预测等。只有做到目标明确，才能使预测工作顺利进行。

2. 搜集整理资料

搜集资料是进行预测的基础，所以必须做好搜集工作。由预测目标决定搜集什么资料。所需资料可以来源于各级政府、主管部门等积累的市场信息资料，也可以通过调查收集市场动态的原始资料，用于及时反映市场动态，从而掌握消费者对房地产市场商品的要求。市场分析预测人员要对搜集的资料进行认真审核，对不完整资料进行适当的调整，以保证资料的准确性、客观性。另外，对审核过的资料还要进行初步分析，作为选择适当预测方法的依据。

3. 因素分析

对影响房地产运行的主客观因素根据具体情况做定性、定量分析。影响房地产市场运行的主观因素主要包括营销策略、广告模式及服务态度等；客观因素主要包括市场变化趋势、物价水平、消费者的购买力及消费偏好等。

4. 评价并修正预测结果

对预测结构必须从技术及经济两个方面进行论证，分析其是否合理客观。结合未考虑的因素或已经发生变化的因素，根据经验及科学知识等去判断并修正预测结果。

5. 编写报告

通过理论检验、资料检验及专家检验之后，得出新的预测结果，要编写预测报告。其中要做到数据真实准确、论证客观可靠、方法切实可行。另外，还要对预测结果进行判断、评价，最重要的是要进行预测误差分析。预测误差不能太大，否则失去了预测的意义，如果误差过大，要找出原因，重新进行预测。报告可分为一般性报告和专门性报告两种。一般性报告比较简洁、明确地向管理及决策人员提供预测结果和市场活动建议，另外，需要对预测过程和结尾进行简单说明和论证。专门性报告的使用者是市场研究及分析人员，所以，要求全面地说明预测目标、资料来源、预测方法及预测过程等。

(四)房地产市场分析应用举例

1. 摘要

(1)确定进行房地产投资市场分析的目的。

(2)确定分析方法、主要假设条件和风险因素。

2. 概述

(1)国家或整个社会经济状况和主要的增长领域。确认可选择的投资方向，分析当前所处的经济周期或房地产周期中的位置。

(2)地区经济概况。与国家进行对比分析。

(3)城市经济状况。与国家和地区相比城市的就业状况及趋势，对该城市就业情况进行短期预测，确认当地主要产业和产品。

(4)市场环境与场地分析。市场区域的划分、土地面积、土地利用情况、场地描述、场地周围交通环境及可及性分析、场地周围土地利用情况和竞争情况。

3. 供给分析

(1)调查分析房地产当前的供给量、过去的走势和未来可能的发展趋势。

(2)分析当前城市规划及其可能的变化和土地利用、交通、基本建设投资等计划。

(3)分析房地产市场的商业周期和建造周期循环运动情况，分析未来相关市场区域内供求之间的数量差异。

4. 需求分析

(1)预计的总需求。详细分析项目所在市场区域内就业、人口、家庭规模与结构、家庭收入等，以预测拟开发房地产类型的市场需求。

1)人口就业分析；

2)人口和家庭分析；

3)收入水平分析；

4)购买能力分析；

5)购买偏好分析。

(2)吸纳率分析。就每一个相关的细分市场进行需求预测，以估计市场吸纳的价格和数量。

1)市场吸纳和空置的现状与趋势；

2)预估市场吸纳计划，即相应时间周期内的需求。

5. 竞争分析

(1)列出竞争项目的功能和特点，包括价格、数量、设计形式、功能及装修标准等。

1)描述已建成或正在建设中的竞争性项目的价格、数量、空置及竞争特点等。

2)描述计划建设中的竞争性项目。

(2)市场细分，明确拟建项目的目标购买者。

1)目标购买者的状态，如年龄、性别、职业、收入水平等；行为，如生活方式、消费模式、消费偏好等；地理分布、需求的区位分布及流动性；

2)了解每一细分市场下购买者的愿望和需要；

3)按各细分市场分析结果，分析对竞争项目功能和特点的需求状况，指出拟建项目应具备的特色。

6. 市场占有率分析

(1)基于竞争分析的结果，按各细分市场估算市场供给总吸纳量、吸纳速度和拟开发项目的市场份额，明确拟开发项目吸引顾客或使用者的竞争优势。

1)估计项目的市场占有率；

2)在充分考虑拟开发项目优势的条件下，进一步确认其市场占有率；

3)简述主要的市场特征。

(2)市场分析结果(市场占有率、拟建项目销售或出租进度、价格、销售期)。

1)在一定时间内以某一价格出售或出租的面积或单元数量；

2)提出有利于增加市场占有率的建议。

模块小结

　　房地产市场，从广义上来说，是整个社会房地产交易关系的总和；从狭义上来说，是从事房产、土地的出售、租赁、买卖、抵押等交易活动的场所或领域。房地产市场分析是指通过对房地产市场信息的收集、分析和加工处理，寻找其内在的规律和含义，预测市场未来的发展趋势，用以帮助房地产市场的参与者掌握市场动态、把握市场机会或调整其市场行为。房地产市场分析内容包括房地产投资市场供给分析、房地产投资市场需求分析、房地产投资市场供求分析、房地产市场购买行为分析、房地产投资竞争分析。房地产市场调查是以房地产为对象，对市场相关信息进行系统统计、收集、整理、记录及分析等，然后进行研究与预测，最终为投资者投资决策服务的方法。房地产市场预测是房地产企业在市场调查的基础上，利用已经获得的各种信息资料，运用科学方法，对影响房地产市场发展变化的因素进行研究分析，对市场的发展变化趋势进行判断，从而为房地产企业投资决策提供依据。

课后习题

一、填空题

1. 房地产投资环境要素包括＿＿＿＿＿、＿＿＿＿＿、＿＿＿＿＿、＿＿＿＿＿、自然环境要素、基础设施环境因素。

2. ＿＿＿＿＿是指对投资国的外商投资企业进行抽样调查，进而了解它们对投资国投资环境的一般看法。

3. 从房地产交易方式的不同来说，房地产市场可以分为＿＿＿＿＿、＿＿＿＿＿、＿＿＿＿＿、房屋典当市场、房屋调换市场。

4. 房地产市场分析限制因素包括＿＿＿＿＿、＿＿＿＿＿、＿＿＿＿＿、＿＿＿＿＿。

5. 房地产市场调查包括＿＿＿＿＿、＿＿＿＿＿。

6. ＿＿＿＿＿是指将所拟调查的事项，采用面对面、电话或书面的形式，向被调查者提出询问并获得所需资料的方法。

7. 在房地产市场分析中，市场预测内容主要包括＿＿＿＿＿＿＿、＿＿＿＿＿＿＿、＿＿＿＿＿＿＿、＿＿＿＿＿＿＿。

二、多项选择题

1. 房地产投资环境具有（　　）等特点。
   A. 多样性　　　　B. 低流动性　　　　C. 综合性　　　　D. 动态性
   E. 长期性

2. 房地产投资环境分析标准包括（　　）。
   A. 全面性　　　　B. 安全性　　　　C. 责任性　　　　D. 适应性
   E. 稳定性

3. 根据闽氏关键因素评价法，影响降低成本的投资动机的关键因素包括（　　）。
   A. 劳动生产力　　B. 土地费用　　　C. 原料及元件价格　　D. 市场规律
   E. 运输成本

4. 房地产市场的特征包括（　　）。
   A. 区域性强　　　　　　　　　　　B. 具有垄断性
   C. 信息充分　　　　　　　　　　　D. 市场供求具有经济循环性
   E. 流通方式及交易形式的多样性

5. 从房地产不同用途来说，房地产市场可以分为（　　）。
   A. 居住物业市场　　　　　　　　　B. 商业物业市场
   C. 工业物业市场　　　　　　　　　D. 房地产自用市场
   E. 房地产投资市场

6. 有关房地产市场分析作用的说法，下列正确的是（　　）。
   A. 可以帮助开发商选择合适的项目位置、确定满足市场需求的产品类型，向金融

机构获取贷款，寻找合作伙伴等

B. 在市场分析的基础上，施工单位可以更好地把握市场特征，制定完备策略

C. 对房地产市场进行分析有助于设计人员了解目标市场的需求，从而进行客观设计

D. 对地方政府来说，开发项目立项、土地使用权出让、规划审批以及开工许可等环节都需要市场分析的支撑

E. 对房地产市场进行分析可以帮助租户以及购买者作出明智的租买决策

7. 下列属于房地产市场预测常用的定性预测法的是(　　)。

A. 专家意见法　　　　　　　　　　B. 集合意见法

C. 直线方程法　　　　　　　　　　D. 购买意向预测法

E. 趋势预测法

三、简答题

1. 房地产投资环境分析的基本任务主要有哪些？

2. 简述房地产投资环境分析应遵循的主要原则。

3. "冷热"分析法的七大投资环境因素分别是什么？

4. 导致房地产市场周期循环的原因主要体现在哪个几方面？

5. 简述房地产自然周期的四个阶段。

6. 简述房地产市场泡沫与过热的区别及联系。

7. 市场调查对房地产企业的重要意义主要体现在哪些方面？

四、计算题

1. 某房地产公司下半年实际销售量及预测值见表 3-9，采用指数平滑法进行预测，如果设 $\alpha=0.3$，试预测次年 1 月份销售量。

表 3-9　某公司下半年实际销售量及预测值　　　　　　　　　　百万元

月　份	实际销售额	预测值
7	360	380
8	375	370
9	382	385
10	389	390
11	396	400
12	403	410

2. 上题若采用简单平均数法进行预测，则次年 1 月份销售量预测值是多少？

模块四

房地产项目投资费用估算

知识目标

通过本模块的学习，了解建设项目投资估算概念，建设项目总投资构成；掌握房地产开发项目开发成本估算和开发费用估算，房地产项目收入与税金估算。

能力目标

能够估算和计算出房地产项目的投资、成本、税金和利润等基础数据。

单元一　建设项目投资估算概述

一、建设项目投资估算概念

投资估算是指在整个投资决策过程中，依据现有的资料和一定的方法，对建设项目投资数额进行估算。准确、全面地进行建设项目的投资估算，是项目可行性研究乃至整个项目投资决策阶段的重要任务。

二、建设项目总投资构成

建设项目总投资一般由建设投资、建设期利息和流动资金三部分组成。固定资产投资由建设投资和建设期利息组成。建设项目总投资构成如图 4-1 所示。

房地产开发项目本质上属于建设项目，但是与一般建设项目相比又有其特殊性，房地产项目开发完成后有出售、出租、自营三种经营模式。一个综合型的项目有时既出售又出租，也可能三种模式并存。同时，房地产项目存在预售，其建设期与销售期重叠，而工业项目建设期和生产期往往是分开的，项目总投资与生产期每年的总成本费用分得很清楚。

根据房地产业本身所具有的特点，建设项目总投资也有其自身的特殊性。在房地产开发项目所要进行的投资分析中，其投资及成本费用由以下 12 个部分组成：

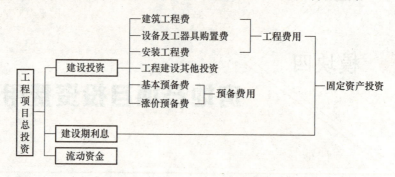

图 4-1 建设项目总投资构成

(1)土地费用；

(2)前期工程费；

(3)基础设施建设费；

(4)建筑安装工程费；

(5)公共配套设施建设费；

(6)开发间接费；

(7)管理费用；

(8)销售费用；

(9)财务费用；

(10)其他费用；

(11)开发期间税费；

(12)不可预见费。

单元二 房地产开发项目投资与成本费用估算

房地产项目从可行性研究到竣工投入使用，需要投入大量的资金。在项目的前期阶段，为了对项目进行经济效益评价并作出投资决策，必须对项目的投资与成本费用进行准确的估算。对于一般房地产开发项目而言，其投资与成本费用由开发成本和开发费用两大部分构成。其中，开发成本包括土地费用、前期工程费、基础设施建设费、建筑安装工程费、公共配套设施建设费、开发间接费、其他费用、不可预见费、开发期间税费；开发费用包括管理费用、财务费用、销售费用。

一、开发成本估算

(一)土地费用

房地产开发项目土地费用是指为取得房地产项目用地而发生的费用。房地产项目取得土地有多种方式，所以，发生的费用各不相同。房地产开发商取得土地的方式主要有出让、转让、股东以土地投资入股、租赁用地等。因此，房地产开发项目的土地费用有划拨或征用土地的土地征用拆迁费、出让土地的土地出让地价款、转让土地的土地转让费、租用土地的土地租用费、股东投资入股土地的投资折价。土地费用估算见表 4-1。

表 4-1　土地费用估算　　　　　　　　　　　　　　　万元

序号	项目	金额	估算说明
1	国有土地出让价款		
2	土地征用及迁移补偿费		
3	拆迁补偿费		
4	土地转让费		
5	土地租用费		
6	土地投资折价		
合计			

1. 土地征用及迁移补偿费

土地征用及迁移补偿费，是指建设项目通过划拨方式取得无限期的土地使用权，依照《中华人民共和国土地管理法》等规定所支付的费用，其总和一般不得超过被征土地年产值的 20 倍，土地年产值则按该地被征用前 3 年的平均产量和国家规定的价格计算。土地征用及迁移补偿费包括以下内容：

（1）土地补偿费。土地补偿费是对农村集体经济组织因土地被征用而造成的经济损失的一种补偿。征用耕地的补偿费，为该耕地被征用前三年平均年产值的 6～10 倍。征用其他土地的补偿费标准，由省、自治区、直辖市参照征用耕地的土地补偿费标准制定。征收无收益的土地，不予补偿。土地补偿费归农村集体经济组织所有。

（2）青苗补偿费和地上附着物补偿费。青苗补偿费是征地时，对其正在生长的农作物受到损害而做出的一种赔偿。在农村实行承包责任制后，农民自行承包土地的青苗补偿费应付给本人，属于集体种植的青苗补偿费可纳入当年集体收益。凡在协商征地方案后抢种的农作物、树木等，一律不予补偿。地上附着物是指房屋、水井、树木、涵洞、桥梁、公路、水利设施、林木等地面建筑物、构筑物、附着物等。补偿费视协商征地方案前地上附着物价值与折旧情况确定，应根据"拆什么、补什么；拆多少，补多少，不低于原来水平"的原则确定。如附着物产权属于个人，则该项补助费付给个人。地上附着物的补偿标准，由省、自治区、直辖市规定。

（3）安置补助费。安置补助费应支付给被征地单位和安置劳动力的单位，作为劳动力安置与培训的支出，以及作为不能就业人员的生活补助。征收耕地的安置补助费，按照需要安置的农业人口数计算。需要安置的农业人口数，按照被征收的耕地数量除以征地前被征收单位平均每人占有耕地的数量计算。每一个需要安置的农业人口的安置补助费标准，为该耕地被征收前三年平均年产值的 4～6 倍。但是，每公顷被征收耕地的安置补助费，最高不得超过被征收前三年平均年产值的 15 倍。土地补偿费和安置补助费，尚不能使需要安置的农民保持原有生活水平的，经省、自治区、直辖市人民政府批准，可以增加安置补助费。但是，土地补偿费和安置补助费的总和不得超过土地被征收前三年平均年产值的 30 倍。

(4)新菜地开发建设基金。新菜地开发建设基金是指征用城市郊区商品菜地时支付的费用。这项费用交给地方财政,作为开发建设新菜地的投资。菜地是指城市郊区为供应城市居民蔬菜,连续3年以上常年种菜地或养殖鱼、虾等的商品菜地和精养鱼塘。一年只种一茬或因调整茬口安排种植蔬菜的,均不作为需要收取开发基金的菜地。征用尚未开发的规划菜地,不缴纳新菜地开发建设基金。在蔬菜产销放开后,能够满足供应,不再需要开发新菜地的城市,不收取新菜地开发基金。

(5)耕地占用税。耕地占用税是对占用耕地建房或从事其他非农业建设的单位和个人征收的一种税收,目的是合理利用土地资源、节约用地,保护农用耕地。耕地占用税征收范围,不仅包括占用耕地,还包括占用鱼塘、园地、菜地及其农业用地建房或从事其他非农业建设,均按实际占用的面积和规定的税额一次性征收。其中,耕地是指用于种植农作物的土地。占用前三年曾用于种植农作物的土地也视为耕地。

(6)土地管理费。土地管理费主要作为征地工作中所发生的办公、会议、培训、宣传、差旅、借用人员工资等必要的费用。土地管理费的收取标准,一般是在土地补偿费、青苗费、地上附着物补偿费、安置补助费四项费用之和的基础上提取2%~4%。如果是征地包干,还应在四项费用之和后再加上粮食价差、副食补贴、不可预见费等费用,在此基础上提取2%~4%作为土地管理费。

2. 拆迁补偿费用

在城市规划区内国有土地上实施房屋拆迁,拆迁人应当对被拆迁人给予补偿、安置。

(1)拆迁补偿金。拆迁补偿金的方式可以实行货币补偿,也可以实行房屋产权调换。

1)货币补偿的金额,根据被拆迁房屋的区位、用途、建筑面积等因素,以房地产市场评估价格确定。具体办法由省、自治区、直辖市人民政府制定。

2)实行房屋产权调换,拆迁人与被拆迁人按照计算得到的被拆迁房屋的补偿金额和所调换房屋的价格,结清产权调换的差价。

(2)搬迁、安置补助费。拆迁人应当对被拆迁人或房屋承租人支付搬迁补助费,对于在规定的搬迁期限届满前搬迁的,拆迁人可以付给提前搬家奖励费;在过渡期限内,被拆迁人或房屋承租人自行安排住处的,拆迁人应当支付临时安置补助费;被拆迁人或房屋承租人使用拆迁人提供的周转房的,拆迁人不支付临时安置补助费。

搬迁补助费和临时安置补助费的标准,由省、自治区、直辖市人民政府规定。有些地区规定,拆除非住宅房屋,造成停产、停业引起经济损失的,拆迁人可以根据被拆除房屋的区位和使用性质,按照一定标准给予一次性停产停业综合补助费。

3. 出让金、土地转让金

土地使用权出让金为用地单位向国家支付的土地所有权收益,出让金标准一般参考城市基准地价并结合其他因素制定。基准地价由市土地管理局会同市物价局、市国有资产管理局、市房地产管理局等部门综合平衡后报市级人民政府审核通过,它以城市土地综合定级为基础,用某一地价或地价幅度表示某一类别用地在某一土地级别范围的地价,以此作为土地使用权出让价格的基础。

在有偿出让和转让土地时,政府对地价不做统一规定,但应坚持以下原则:即地价对目前的投资环境不产生大的影响;地价与当地的社会经济承受能力相适应;地价要考虑已投入的土地开发费用、土地市场供求关系、土地用途、所在区内、容积率和使用年限等。有偿出让和转让使用权，要向土地受让者征收契税；转让土地如有增值，要向转让者征收土地增值税；土地使用者每年应按规定的标准缴纳土地使用费。土地使用权出让或转让，应先由地价评估机构进行价格评估后，再签订土地使用权出让和转让合同。

　　土地使用权出让合同约定的使用年限届满，土地使用者需要继续使用土地的，应当最迟于届满前一年申请续期，除根据社会公共利益需要收回该幅土地的，应当予以批准。经批准准予续期的，应当重新签订土地使用权出让合同，依照规定支付土地使用权出让金。

4. 土地租用费

　　土地租用费是指土地租用方向土地出租方支付的费用。以租用方式取得土地使用权可以减少项目开发的初期投资，但在房地产项目开发中较为少见。

5. 土地投资折价

　　房地产项目土地使用权可以来自房地产项目的一个或多个投资者的直接投资。在这种情况下，不需要筹集现金用于支付土地使用权的获取费用，但一般需要对土地使用权评估作价。

(二)前期工程费

　　前期工程费主要包括开发项目的前期规划、设计、可行性研究、水文地质勘测和"三通一平"等土地开发工程费。前期工程费一般可按建筑安装工程费的3%～6%进行估算，具体包括以下几个方面：

　　(1)项目的规划、设计、可行性研究所需的费用一般可按项目总投资的一个百分比估算。一般规划、设计费用为建筑安装工程费的3%左右，可行性研究费占项目总投资的0.2%～1%。

　　(2)水文、地质、勘探所需的费用可根据所需工作量结合有关收费标准估算，一般为设计概算的0.5%左右。

　　(3)"三通一平"等土地开发费用，主要包括地上原有建筑物、构筑物拆除费用，场地平整费用和通水、电、路的费用。这些费用的估算可根据实际工作量，参照有关计费标准估算。

　　前期工程费估算表格形式见表4-2。

表4-2　前期工程费估算表　　　　　　　　　　　　万元

序号	项目	金额	估算说明
1	规划、设计、可行性研究费		
2	水文、地质勘察费		
3	道路费		
4	供水费		
5	供电费		
6	土地平整费		
7	其他费用		
合计			

（三）基础设施建设费

基础设施建设费是指建筑红线内供水、供电、道路、绿化、供气、排污、排洪、电信、环卫等工程费。基础设施建设费一般按实际工程量估算。做粗略估算时，基础设施建设费总额一般按建筑安装工程费的 15％左右估算。基础设施估算表格形式见表 4-3。

表 4-3　基础设施费估算表　　　　　　　　　　　　　　　万元

序号	项　目	建设费用	接口费用	估算说明
1	供电工程			
2	供水工程			
3	供气工程			
4	排污工程			
5	小区道路工程			
6	路灯工程			
7	小区绿化工程			
8	环卫设施			
	合计			

（四）建筑安装工程费

建筑安装工程费是指直接用于工程建设的总成本费用。其主要包括建筑工程费、设备及安装工程费与室内装修工程费等。在可行性研究阶段，建筑安装工程费用估算可以采用单元估算法、单位指标估算法、工程量近似匡算法、概算指标估算法，也可以根据类似工程经验进行估算。具体估算方法的选择应视资料的可取性和费用支出的情况而定。当房地产项目包括多个单项工程时，应对各个单项工程分别估算建筑安装工程费用。建筑安装工程费用估算表格形式见表 4-4。

表 4-4　建筑安装工程费用估算表　　　　　　　　　　　　万元

项目	建筑面积	建筑安装工程费		装饰工程费		合计金额
		单价	金额	单价	金额	
单项工程 1						
单项工程 2						
…						
合计						

1. 单元估算法

单元估算法是指以基本建设单元的综合投资乘以单元数得到项目或单项工程总投资的估算方法。例如，以每间客房的综合投资乘以客房数估算一座酒店的总投资，以每张病床的综合投资乘以病床数估算一座医院的总投资等。

2. 单位指标估算法

单位指标估算法是指以单位工程量投资乘以工程量得到单项工程投资的估算方法。一般来说,土建工程、给水排水工程、照明工程可按建筑平方米造价计算,采暖工程按耗热量(kcal/h)指标计算,变配电安装按设备容量(kV·A)指标计算,集中空调安装按冷负荷量(kcal/h)指标计算,供热锅炉安装按每小时产生蒸汽量(m^3/h)指标计算,各类围墙、室外管线工程按长度(m)指标计算,室外道路按道路面积(m^2)指标计算等。

3. 工程量近似匡算法

工程量近似匡算法采用与工程概预算类似的方法,先近似匡算工程量,配上相应的概预算定额单价和取费,近似计算项目投资。

4. 概算指标法

概算指标法采用综合的单位建筑面积和建筑体积等建筑工程概算指标计算整个工程费用。常使用的估算公式如下:

$$直接费=每平方米适价指标×建筑面积$$
$$主要材料消耗量=每平方米材料消耗量指标×建筑面积$$

5. 类似工程经验估算法

每一建设项目都有其自身个别的特点,因此,难以就建筑安装工程费用中各项目所占的比例定出一个绝对适用的标准。但在一定时期和相对稳定的市场状况下,运用客观的估算方法,加上对实际个案的经验总结,可以测算出各类有代表性物业的建筑安装工程各项费用的大致标准。

(五)公共配套设施建设费

公共配套设施建设费是指开发项目内发生的、独立的、非营利性的,且产权属于全体业主的,或无偿赠予地方政府、政府公用事业单位的公共配套设施支出。其主要包括城市规划要求配套的教育(如幼儿园)、医疗卫生(如医院)、文化体育(如文化活动中心)、社区服务(如居委会)、市政公用(如公共厕所)等非营业性设施的建设费用。

公共设施投资费用估算可以参考建筑安装工程费用估算方法,按规划指标和实际工程量估算。公共配套设施建设费用估算表的格式见表4-5。

表4-5　公共配套设施建设费用估算表　　　　　　　万元

序号	项　目	建设费用	估算说明
1	居委会		
2	派出所		
3	托儿所		
4	幼儿园		
5	公共厕所		
6	停车场		
7	其他		
	合计		

(六)开发间接费

开发间接费是指房地产开发企业所属独立核算单位在开发现场组织管理所发生的各项费用。其包括工资、福利费、折旧费、修理费、办公费、水电费、劳动保护费、周转房摊销和其他费用等。

(七)其他费用

其他费用主要包括临时用地费和临时建设费、工程造价咨询费、总承包管理费、合同公证费、施工执照费、工程质量监督费、工程监理费、竣工图编制费、工程保险费等。这些费用按当地有关部门规定的费率估算，一般占投资额的 2%～3%。

(八)不可预见费

不可预见费是根据项目的复杂程度和前述各项费用估算的准确程度，以上述各项之和的 3%～7%进行估算。

当开发项目竣工后采用出租或自营方式经营时，还应该估算项目经营期间的运营费用。需要指出的是，经营期运营费用并非总投资的组成部分，是核算经营期利润时需要核算的经济要素。

(九)开发期间税费

房地产项目投资估算中应考虑项目所负担的与房地产投资有关的各种税金和地方政府或有关部门征收的费用。其主要包括固定投资资产调节税、土地使用税、市政支管线分摊税、供电贴费、用电权费、绿化建设费、分散建设市政公用设施建设费等。在一些大中型城市，这部分费用已经成为房地产项目投资中占较大比重的费用。各项税费应根据当地有关法规标准估算。房地产开发期间税费估算表格形式见表 4-6。

表 4-6　房地产开发期间税费　　　　　　　　　　　万元

序号	项目	金额	估算说明
1	固定投资资产调节税		
2	土地使用税		
3	市政支管线分摊税		
4	供电贴费		
5	用电权费		
6	分散建设市政公用设施费		
7	绿化建设费		
8	分散建设市政公用设施建设费		
合计			

二、开发费用估算

（一）管理费用

管理费用是指企业行政管理部门为管理和组织经营活动而发生的各种费用。其主要包括管理人员工资、职工福利费、办公费、差旅费、折旧费、修理费、工会经费、职工教育经费、劳动保险费、待业保险费、咨询费、审计费、诉讼费、排污费、绿化费、房地产税、车船使用税、土地使用税、技术转让费、技术开发费、无形资产摊销、坏账损失、存货盘亏、毁损和报废损失等管理费用。管理费用一般按照开发成本的 3%～5% 进行估算。

（二）销售费用

销售费用是指开发建设项目在销售产品过程中发生的各项费用及专设销售机构或委托销售代理的各项费用。其包括广告费、销售资料制作费、售楼处建设费、样板房或样板间建设费、销售人员工资或销售代理费等。销售费用通常按照开发完成后的房地产价值的一定比例来测算，广告宣传及市场推广费为销售收入的 2%～3%（住宅销售物业较高，写字楼物业较低）；销售代理费为销售收入的 1.5%～2%；其他销售费用为销售收入的 0.5%～1%；三项合计，销售费用占到销售收入的 4%～6%。

（三）财务费用

财务费用是指为筹集资金而发生的各项费用，主要为借款利息和其他财务费用（汇兑损失等）。在项目实际估算过程中，财务费用主要涉及贷款期利息。利息可参考同期银行一年期贷款利率，并采用复利计算，而利息之外的其他融资费用则一般按照利息支出的 10% 来进行估算。

单元三　房地产项目收入与税金估算

一、房地产项目收入估算

要想估算房地产项目的收入，首先要制订切实可行的租售方案（包括销售、出租、自营等计划）。然后根据租售方案中拟租售物业的类型、时间和相应的数量及租售价格，估算出租售收入。

（一）拟租售类型

对房地产开发项目是出租还是出售进行选择，包括出售面积、出租面积数量及其在建筑物中的具体位置。一般住宅项目多选择出售，商用房地产项目可选择出租或租售并举。

(二)租售进度

租售进度的安排，要考虑与工程建设进度、融资需求、营销策略、宣传策略及预测的市场吸纳速度协调。开发商可编制租售进度计划控制表，以利于租售工作按预定的计划进行。租售进度计划应根据市场租售时间状况，进行定期调整。

(三)租售价格的确定

租售价格应在房地产市场分析的基础上确定，一般可选择在位置、规模、功能和档次等方面可比的交易实例，通过对其成交价格的分析与修正，最终得到房地产项目的租售价格。也可参照房地产开发项目产品定价的技术和方法，确定租售价格。租售价格的确定要与开发商市场营销策略相一致，在考虑政治、经济、社会等宏观环境对物业租售价格影响的同时，还应对房地产市场供求关系进行分析，考虑已建成的、正在建设的及潜在的竞争项目对拟开发项目租售价格的影响。

(四)租售收入估算

房地产开发项目的租售收入等于可租售面积的数量乘以单位租售价格。对于出租情况，还应考虑空置期(项目竣工后暂时找不到租户的时间)和空置率(为租出建筑面积占可出租建筑面积的百分比)对年租金收入的影响。租住收入估算要计算出每期(年、半年、季度、月)所能获得的租售收入，并形成租售收入计划。租售收入的估算可借助表 4-7 和表 4-8 的格式进行。

表 4-7　销售收入与经营税金及附加估算表　　　　万元

序号	项目	合计	1	2	3	…	N
1	销售收入						
1.1	可销售建筑面积/m²						
1.2	销售单价/(元·m⁻²)						
1.3	销售比例/%						
2	经营税金及附加						
2.1	增值税						
2.2	城市维护建设税						
2.3	教育费附加						
…							

表 4-8　出租收入与经营税金及附加估算表　　　　万元

序号	项目	合计	1	2	3	…	N
租金收入							
1.1	可出租建筑面积/m²						
1.2	出租单价/(元·m⁻²)						
1.3	出租比例/%						

续表

序号	项目	合计	1	2	3	...	N
2	经营税金及附加						
2.1	增值税						
2.2	城市维护建设税						
2.3	教育费附加						
3	净转售收入						
3.1	转售价格						
3.2	转售成本						
3.3	转售税金						
...							

（五）自营收入

自营收入是指开发企业以开发完成后的房地产为其进行商业和服务业等经营活动的载体，通过综合性的自营方式得到的收入。在进行自营收入估算时，应充分考虑目前已有的商业和服务业设施对房地产项目建成后产生的影响，以及未来商业、服务业市场可能发生的变化对房地产项目的影响。自营收入与经营税金及附加估算表见表 4-9。

表 4-9　自营收入与经营税金及附加估算表 万元

序号	项目	合计	1	2	3	...	N
1	自营收入						
1.1	商业						
1.2	服务业						
1.3	其他						
2	经营税金及附加						
2.1	增值税						
2.2	城市维护建设税						
2.3	教育费附加						
...							

二、房地产项目税金估算

房地产开发企业主要涉及的税种有增值税、城市维护建设税、教育费附加、土地增值税、房产税、土地使用税等。

（一）增值税

增值税是对销售货物或提供加工、修理修配劳务及进口货物的单位和个人就其实现的增值额征收的一个税种。增值税是以商品（含应税劳务）在流转过程中产生的增值额作为计

税依据而征收的一种流转税。其计税公式为

$$应纳税额＝当期销项税－当期进项税额$$
$$当期销项税＝不含增值税销售额×适用的增值税税率$$

房地产开发企业中的一般纳税人销售自行开发的房地产项目，适用一般计税方法计税，按照取得的全部价款和价外费用，扣除当期销售房地产项目对应的土地价款后的余额计算销售额。销售额的计算公式如下：

$$销售额＝(全部价款和价外费用－当期允许扣除的土地价款)÷(1＋增值税税率)$$
$$当期允许扣除的土地价款＝(当期销售房地产项目建筑面积÷房地产项目可供销售建筑面积)×支付的土地价款$$

当期销售房地产项目建筑面积，是指当期进行纳税申报的增值税销售额对应的建筑面积。

房地产项目可供销售建筑面积，是指房地产项目可以出售的总建筑面积，不包括销售房地产项目时未单独作价结算的配套公共设施的建筑面积。

(二)城市维护建设税

城市维护建设税是以纳税人实际缴纳的流转税额为计税依据征收的一种税。城市维护建设税按纳税人所在地区实行差别税率：项目所在地为市区的，税率为7%；项目所在地为县城、镇的，税率为5%；项目所在地为乡村的，税率为1%。

城市维护建设税以纳税人实际缴纳的增值税、消费税税额为计税依据。对房地产开发企业而言，城市维护建设税的计税依据是其实际缴纳的增值税。其应纳税额计算公式为

$$应纳税额＝增值税的实纳税额×适用税税率$$

(三)教育费附加

教育费附加是指为了发展地方教育事业，扩大地方教育经费来源而征收的一种附加税。其计费依据与城建税相同。对房地产开发投资企业而言，计费依据是实际缴纳的增值税。教育费附加的税率一般为3%。

(四)土地增值税

土地增值税是对转让国有土地使用权、地上建筑物及其附着物并取得收益的单位和个人，就其转让房地产所得的增值额为征税对象征收的一种税。其本质上是对土地增值收益课税。

计算土地增值税应纳税额，并不是直接对转让房地产所取得的收入征税，而是先计算增值额，根据增值率采用累进税率的方法计算应纳税额。

增值额即转让土地使用权、地上建筑物及附着物取得收入与扣除项目金额之间的差额。扣除项目包括以下几项：

(1)取得土地使用权所支付的金额，包括支付地价款和有关登记、过户手续费。

(2)房地产开发成本，包括土地征用拆迁补偿费、前期工程费、基础设施建设费、建筑安装工程费、公共配套设施建设费、开发间接费等。

（3）房地产开发费用，包括管理费用、财务费用、销售费用。但三项费用在计算土地增值税时，并不按纳税人房地产开发项目实际发生的费用进行扣除。具体扣除时，要看财务费用中的利息支出是否能够按转让房地产项目计算分摊并提供金融机构的证明。如果是，则财务费用中的利息支出允许据实扣除，但最高不能超过商业银行同期贷款利率计算的金额，而其他房地产开发费用则按照第（1）和（2）项合计金额的5％以内计算扣除；如果否，则凡不能按转让房地产项目计算分摊利息支出或不能提供金融机构证明的，则整个房地产开发费用按上面第（1）和（2）项合计金额的10％以内计算扣除。

（4）旧房或建筑物的评估价格。转让旧有房地产时，应按旧房或建筑物的评估价格计算扣除项目金额。

（5）与转让房地产有关的税金，包括城乡维护建设税、教育费附加、印花税等。

（6）财政部规定的其他扣除项目。对从事房地产开发的纳税人可按第（1）和（2）项合计的20％扣除。

土地增值税实行四级超率（额）累进税率，为30％～60％。

（1）增值额未超过扣除项目金额的50％（包括本比例数，下同）的部分，税率为30％；

（2）增值额超过扣除项目金额的50％，但未超过扣除项目金额的100％的部分，税率为40％；

（3）增值额超过扣除项目金额的100％，但未超过扣除项目金额的200％的部分，税率为50％；

（4）增值额超过扣除项目金额的200％的部分，税率为60％。

为简化计算，应纳税额可按增值额乘以适用税税率减去扣除项目金额乘以速算扣除系数的简便方法计算，速算公式如下：

土地增值额未超过扣除项目金额50％的，应纳税额＝土地增值额×30％；

土地增值额超过扣除项目金额50％，未超过100％的，应纳税额＝土地增值额×40％－扣除项目×5％；

土地增值额超过扣除项目金额100％，未超过200％的，应纳税额＝土地增值额×50％－扣除项目×15％；

土地增值额超过扣除项目金额200％的，应纳税额＝土地增值额×60％－扣除项目×35％。

有下列情形之一的，免征土地增值税：

（1）纳税人建造普通标准住宅出售，增值额未超过扣除项目金额20％的。这里所述普通标准住宅，是指一般居住用住宅。高级别墅、公寓、小洋楼、度假村等，以及超面积、超标准、豪华装修的住宅，均不属于普通标准住宅。

（2）因国家建设需要征用的房地产。因国家建设需要而被政府征用的房地产，是指因城市市政规划、国家重点项目建设的需要，而被政府征用的房地产。

符合上述免税规定的单位和个人，需向房地产所在地税务机关提出免税申请，经税务机关审核后，免征土地增值税。

【例 4-1】　某房地产开发公司出售房地产得到收入 1 200 万元，其扣除项目金额为380 万元，试计算其应缴纳的土地增值的税额。

【解】　（1）计算增值额

$$1\ 200-380=820（万元）$$

(2)计算增值税与扣除金额之比

$$820 \div 380 = 216\%$$

(3)计算土地增值税

$$土地增值税 = 增值额 \times 税率 - 扣除项目 \times 速算扣除系数$$
$$= 820 \times 60\% - 380 \times 35\%$$
$$= 359(万元)$$

(五)房产税

房产税是以房屋为征税对象，按房屋的计税余值或租金收入为计税依据，向产权所有人征收的一种财产税。房产税暂行条例规定，房产税在城市、县城、建制镇和工矿区征收。

城市、县城、建制镇、工矿区的具体征税范围，由各省、自治区、直辖市人民政府确定。

房产税征收标准有从价或从租两种情况。

(1)从价计征的，其计税依据为房产原值一次减去 10%～30% 后的余值；

(2)从租计征的(即房产出租的)，以房产租金收入为其计税依据。从价计征 10%～30%，具体减除幅度由省、自治区、直辖市人民政府确定。

房产税税率采用比例税率。按照房产原值计征的，年税率为 1.2%；按房产租金收入计征的，年税率为 12%。

房产税应纳税额的计算分为以下两种情况，其计算公式为

(1)以房产原值为计税依据的：

$$应纳税额 = 房产原值 \times (1 - 10\% 或 30\%) \times 税率(1.2\%)$$

(2)以房产租金收入为计税依据的：

$$应纳税额 = 房产租金收入 \times 税率(12\%)$$

(六)土地使用税

土地使用税是指在城市、县城、建制镇、工矿区范围内使用土地的单位和个人，以实际占用的土地面积为计税依据，依照规定由土地所在地的税务机关征收的一种税赋。由于土地使用税只在县城以上城市征收，因此也称为城镇土地使用税。

城镇土地使用税根据实际使用土地的面积，按税法规定的单位税额交纳。其计算公式如下：

$$应纳城镇土地使用税额 = 应税土地的实际占用面积 \times 适用单位税额$$

一般规定每平方米的年税额，大城市 1.5～30 元；中等城市 1.2～24 元；小城市 0.9～18 元；县城、建制镇、工矿区 0.6～12 元。房产税、车船使用税和城镇土地使用税均采取按年征收，分期交纳的方法。

模块小结

投资估算是指在整个投资决策过程中，依据现有的资料和一定的方法，对建设项目

投资数额进行估算。建设项目总投资一般由建设投资、建设期利息和流动资金三部分组成。对于一般房地产开发项目而言，其投资与成本费用由开发成本和开发费用两大部分构成。其中开发成本包括土地费用、前期工程费、基础设施建设费、建筑安装工程费、公共配套设施建设费、开发间接费、其他费用、开发期间税费、不可预见费；开发费用包括管理费用、财务费用、销售费用。要想估算房地产项目的收入，首先要制订切实可行的租售方案(包括销售、出租、自营等计划)。然后根据租售方案中拟租售物业的类型、时间和相应的数量及租售价格，估算出租售收入。房地产开发企业主要涉及的税种有增值税、城市维护建设税、教育费附加、土地增值税、房产税、土地使用税等。

课后习题

一、填空题

1. 建设项目总投资一般由＿＿＿＿＿、＿＿＿＿＿和＿＿＿＿＿三部分组成。

2. ＿＿＿＿＿是对农村集体经济组织因土地被征用而造成的经济损失的一种补偿。

3. 销售费用通常按照开发完成后的房地产价值的一定比例来测算，广告宣传及市场推广费为销售收入的＿＿＿＿＿；销售代理费为销售收入的＿＿＿＿＿；其他销售费用为销售收入的＿＿＿＿＿；三项合计，销售费用占到销售收入的＿＿＿＿＿。

4. 房地产开发企业主要涉及的税种有＿＿＿＿＿、＿＿＿＿＿、＿＿＿＿＿、＿＿＿＿＿、＿＿＿＿＿、＿＿＿＿＿等。

5. 增值额未超过扣除项目金额的50％的部分，税率为＿＿＿＿＿；增值额超过扣除项目金额的50％，但未超过扣除项目金额的100％的部分，税率为＿＿＿＿＿。

6. 房产税税率采用比例税率，按照房产原值计征的，年税率为＿＿＿＿＿；按房产租金收入计征的，年税率为＿＿＿＿＿。

二、单项选择题

1. 做粗略估算时，基础设施建设费总额一般按建筑安装工程费的(　　)左右估算。

    A. 10％　　　　　　B. 12％　　　　　　C. 15％　　　　　　D. 20％

2. 下列不属于房地产开发项目管理费用的是(　　)。

    A. 差旅费　　　　B. 劳动保险费　　　　C. 坏账损失　　　　D. 广告费

三、多项选择题

1. 下列属于房地产开发项目开发费用的是(　　)。

    A. 土地费用　　　B. 开发间接费　　　C. 管理费用　　　D. 财务费用

    E. 销售费用

2. 下列属于房地产项目土地费用的是(　　)。

    A. 土地补偿费　　B. 安置补助费　　　C. 耕地占用税　　　D. 土地管理费

    E. 前期工程费

3. 房地产项目前期工程费主要包括(　　)。

    A. 前期规划设计费　　　　　　　　　　B. 可行性研究费

C. 地质勘测费   D. 基础设施建设费

    E. 土地租用费

4. 下列属于房地产项目开发间接费用的是（　　　）。

    A. 周转房摊销费   B. 劳动保护费   C. 技术开发费   D. 技术转让费

    E. 福利费

四、简答题

1. 简述在房地产开发项目所要进行的投资分析中投资及成本费的组成。

2. 什么是公共配套设施建设费？其主要包括哪些费用？

模块五　房地产筹资与融资

知识目标

通过本模块的学习，了解筹资的含义、分类，资金筹集的原则，房地产项目融资的概念；熟悉房地产项目融资方案，金融机构对项目贷款的审查；掌握房地产项目资金筹集的渠道，房地产金融风险及管理。

能力目标

能够对房地产开发项目资金运作和财务状况做出合理的分析及预测，在此基础上找到符合项目本身特点的、高效使用资金的融资方案。

单元一　房地产筹资

一、筹资的含义与分类

筹资是指企业根据其生产经营、对外投资及调整资本结构等需要，通过一定渠道，采取适当方式筹措资金的一种行为。资金是经济运行的血液，是经济活动赖以维持及发展壮大的重要资源。积极地筹措资金，制订切实可行的筹资方案，取得低成本、低风险的资金，是房地产项目成败的关键。

资金筹集可按以下方式分类。

1. 按企业所取得资金的权益特性不同分类

按企业所取得资金的权益特性不同，企业筹资可分为权益筹资、债务筹资及衍生工具筹资三类。

（1）权益筹资。权益筹资是指资金占有者以所有者身份向筹资者投入非负债性资金，形成企业的资本金或股东权益。权益筹资可以吸收国家财政资金、企业内部形成资金、民间资金、境外资金等渠道的资金，也可以采用吸收直接投资、发行股票、企业内部积累等方式进行筹集。权益筹资一般不用偿还本金，形成企业的永久性资本，因而财务风险小，但付出的成本相对较高。

（2）债务筹资。债务筹资是指筹资者以负债方式向投资者融通各种债务资金。债务筹资来源渠道主要有银行信贷资金、非银行金融机构资金、民间资金、境外资金等，也可以采用银行借款、发行债券、商业信用、融资租赁等方式进行筹集。债务筹资具有较大的风险，但付出的资本成本相对较低。

（3）衍生工具筹资包括兼具权益与债务性质的混合融资和其他衍生工具融资。我国上市公司目前最常见的混合融资方式是可转换债券融资，最常见的其他衍生工具融资方式是认股权证融资。

权益筹资、债务筹资和衍生工具筹资的财务风险程序从低到高依次为：权益筹资、衍生工具筹资、债务筹资。

2. 按是否借助金融机构为媒介来获取社会资金分类

按是否借助于金融机构为媒介来获取社会资金，企业筹资可分为直接筹资和间接筹资。

（1）直接筹资。直接筹资不需要通过金融机构来筹措资金，是企业直接从社会取得资金的方式，具体包括发行股票、发行债券、吸收直接投资等。其筹资手续比较复杂，费用较高，但筹资领域广阔。

（2）间接筹资。间接筹资是企业借助于银行和非银行金融机构而筹集资金，包括银行贷款和融资租赁等。其筹资手续相对比较简单，筹资效率高，筹资费用较低。

3. 按资金的来源范围不同分类

按资金的来源范围不同，企业筹资可分为内部筹资和外部筹资。

（1）内部筹资。内部筹资是指企业通过利润留存而形成的筹资来源。内部筹资数额大小主要取决于企业可分配利润的多少和利润分配政策，筹资成本较低。

（2）外部筹资。外部筹资是指企业向外部筹措资金而形成的筹资来源。外部筹资大多需要花费一定的费用，筹资成本较高。

4. 按所筹集资金的使用期限分类

按所筹集资金的使用期限是否超过1年，企业筹资可分为长期筹资和短期筹资。

（1）长期筹资。长期筹资是指需要期限在1年以上的资金，它是企业长期、持续、稳定地进行生产经营的前提和保证。长期资金主要通过吸收直接投资、发行股票、发行公司债券、取得长期借款、融资租赁和内部积累等方式来筹集。

（2）短期筹资。短期筹资是指需要期限在1年以内的资金，它是企业在生产经营过程中因短期性的资金周转需要而引起的。它主要投资于现金、应收账款、存货等。短期资金主要通过短期借款、商业信用等方式来筹集。

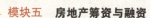 二、资金筹集的原则

（1）合理性原则。筹集资金是为了保证生产经营所需的资金需要。资金不足，自然会影响生产经营发展；而资金过剩，则可能导致资金使用效益的降低。因此，企业在筹集资金前，就要合理确定资金的需要量，在此基础上拟订筹集资金计划，"以需定筹"。即按企业投资项目必不可少

的资金需要量和为保证生产经营正常、高效运行的最低需要量，来确定资金筹集量。

（2）及时性原则。企业在不同时点上资金的需求量不尽相同，因此，企业的财务人员在筹集资金时，既要考虑数量因素，又要熟知资金时间价值的原理和计算方法，要合理安排资金的筹集时间，适时获取所需资金；既要避免过早筹集资金形成资金投放前的闲置，又要防止取得资金时间滞后，错过资金投放的最佳时机。

（3）经济性原则。在确定了筹资数量、筹资时间、资金来源的基础上，企业在筹资时还必须认真研究各种筹资方式。企业筹集资金必然要付出一定的代价，不同筹资方式条件下的资金成本有所不同，因此，要对各种筹资方式进行研究、分析、对比，选择既经济又可行的最佳筹资方式，以降低综合资金成本，最大限度地避免和分散财务风险。

（4）合法性原则。我国法律规定，企业发行股票和债券必须符合《股票发行与交易管理暂行条例》及《中华人民共和国公司法》中的有关规定。企业筹集资金必须遵守国家法律、财政经济法规，维护各方的经济权益。

三、房地产项目资金筹措渠道

筹资渠道是指筹措资金来源的方向与通道。目前，房地产开发商的资金筹集渠道主要有自有资金、房地产信贷、证券融资、房地产投资信托、商品房预售、融资租赁、房地产抵押贷款证券化、房地产投资基金等。

（一）自有资金

自有资金是指企业有权支配使用按国家财务制度和会计准则可用于固定资产投资和流动资金的资金，即在建设项目资金总额中投资者缴付的出资额，包括资本金、企业提留资金和股票发行。

1. 资本金

房地产开发企业设立时必须拥有一定数量的资本金。资本金是指以新建投资项目设立企业时在工商行政管理部门登记的注册资金，也就是在项目总投资中，由投资者认缴的出资额，对投资项目来说是非债务性资金，项目法人不承担这部分资金的任何利息和债务。

根据投资主体的不同，资本金可分为国家资本金、法人资本金、个人资本金和外商资本金。国家资本金为有权代表国家投资的政府部门或机构，以国有资产投入企业或建设项目形成的资本金；法人资本金为其他法人单位以其依法可以支配的资产投入企业或建设项目形成的资本金；个人资本金为社会个人或企业内部职工以个人合法财产投入企业或建设项目形成的资本金；外商资本金为国外投资者及我国香港、澳门和台湾地区投资者投入企业或建设项目形成的资本金。

房地产开发项目的资本金比例应不少于总投资的：保障性住房和普通商品住房项目为20%，其他项目为25%。

2. 企业提留资金

企业提留资金是指企业内部形成的资金，主要是计提折旧、资本公积金及提取盈余公积金、未分配利润而形成的资金，还包括一些经常性的延期支付款项如应付工资、应交税金、应付股利等而形成的资金来源。这一渠道的资金除资本公积金外都由企业内部生成或转移，它一般并不增加企业资金总量，但能增加可供周转的营运资金；它可以长期留用，无须偿还，也不需支付筹资费用，无须承担财务风险；它无须通过任何筹资活动，取得最为便利。

3. 股票发行

发行股票，是房地产公司有效融资的重要渠道之一。其发行主体限于房地产股份有限公司，包括已经成立的房地产股份有限公司和经批准拟成立的房地产股份有限公司。

(二)房地产信贷

房地产信贷是指以商业银行为主体的房地产金融机构针对房地产的开发、经营、消费活动开展的信贷业务。

与房地产开发项目相关的债务融资，主要包括房地产开发贷款，与房地产消费相关的主要是房地产抵押贷款。依据贷款的用途，房地产开发贷款又包括土地开发贷款、商品房开发贷款和持有经营型物业贷款三种类型。这三种类型对应着房地产开发、经营的不同阶段。

(1)土地开发贷款。土地开发贷款是指商业银行向政府所属土地储备机构或受政府委托进行土地整理的房地产开发企业发放的，用于土地一级开发(包括土地收购及土地前期开发)的贷款。

(2)商品房开发贷款。商品房开发贷款是指商业银行向房地产开发企业发放的，用于开发、建造向市场销售出租等用途的商品房项目，包括住宅项目、商业用房项目及经济适用房项目的贷款。建设贷款的还款资金来源，通常是销售收入或长期抵押贷款。

(3)持有经营性物业贷款。经营性物业是指已取得房地产产权证并投入商业运营、地段合理、物业管理规范有一定升值空间的商业或工业用房，包括商务办公楼、星级宾馆酒店、酒店式公寓、商铺、工业厂房、仓库等。经营性物业贷款是指商业银行向借款人(物业所有权人)发放的，用于偿还或支付与物业相关的合理、合法负债或费用，以其所拥有的物业作为抵押物，并以该物业的经营收入进行还本付息的贷款。借款人必须是经有权部门批准成立并依法持有企(事)业单位法人营业执照，实行独立核算、具有法人资格，其拥有或购置的经营性物业已经投入商业运营，并对其拥有或购置的商业房产有独立的处置权。

(4)房地产抵押贷款。房地产抵押贷款是指借款人(抵押人)以其合法拥有的房地产，在不转移占有方式的前提下，向贷款人(抵押权人)提供债务履行担保，获得贷款的行为。债务人不履行债务时，债权人有权依法以抵押的房地产拍卖所得的价款优先受偿。房地产抵押贷款，包括个人住房抵押贷款和在建工程抵押贷款。

1)个人住房抵押贷款。个人住房抵押贷款，是指个人购买住房时，以所购买住房作为抵押担保，向金融机构申请贷款的行为。个人住房抵押贷款包括商业性住房抵押贷款和政策性(住房公积金)住房抵押贷款两种类型。

2)在建工程抵押贷款。在建工程抵押贷款是指抵押人为取得在建工程后续建造资金的贷款，以其合法方式取得的土地使用权连同在建工程的投入资产，以不转移占有的方式抵押给贷款银行作为偿还贷款履行担保的行为。

(三)证券融资

证券融资是指通过房地产债券、股票等证券的发行和流通来融通房地产资金的有关金融活动。随着现代市场经济的发展，在发达国家，证券融资已经成为房地产融资的主要方法。

通过发行股票和债券融资，可有效利用房地产投资所产生高额利润的吸引力。

运用这一有价证券方式向社会广泛筹集资金，具有筹资对象广泛、筹资速度快捷、债权债务明确的特点。虽然筹资成本较其他方式高，但它对房地产业发展所起的作用是极为显著的。

（四）房地产投资信托

房地产投资信托是一种以发行收益凭证的方式汇集特定多数投资者的资金，由专门投资机构进行投资经营管理，并将投资综合收益按比例分配给投资者的一种信托制度。这一定义包括两个方面的含义：一方面，房地产投资信托是一种依照专门的法律程序从事房地产物业运作的投资机构；另一方面，房地产投资信托是指由政府批准成立基金，公开募集社会大众的房地产投资资金投资于房地产，获得的收益按基金份额分配给基金持有人的投资组织。具体地讲，就是项目机构将持有的土地、建筑物分售给投资者，投资者将其购得的共有股份委托给信托机构，由信托机构将房地产全部出租给房地产公司，取得租赁费后向投资者发放股利，或者信托机构直接在市场上将房地产出售，将所得价款分配给投资者。房地产投资信托的实质是投资代理。

房地产投资信托一般以股份公司或信托基金的形式出现，资金来源于发行股票和从金融市场融资（如银行信贷、发行债券或商业票据）。

按投资业务的不同，房地产投资信托可分为权益型投资信托、抵押型投资信托及混合型投资信托。

（1）权益型投资信托（EREITs）。权益型房地产投资信托指投资者拥有房地产的股权并对其进行运用以获得收入，每个投资者都是股东，依其所持有的股份分享投资收益。权益型房地产投资信托业务涉及房地产的租赁、物业开发及客户服务等。

（2）抵押型投资信托（MREITs）。抵押型房地产投资信托主要以金融中介的角色将所募集资金用于发放各种抵押贷款，收入主要来源于发放抵押贷款所收取的手续费、抵押贷款利息收入，以及通过发放参与型抵押贷款所获抵押房地产的部分租金和增值收益。

（3）混合型投资信托（REITs）。顾名思义，混合房地产投资信托即兼有上述两种房地产投资信托业务特点的房地产投资信托。换而言之，混合型房地产投资信托不仅进行房地产权益投资，还可从事房地产抵押贷款业务，所以，可以说混合房地产投资信托是权益型及抵押型房地产投资信托的综合体。混合型房地产投资信托的收益比抵押房地产投资信托要稳定，但不如权益型房地产投资信托的收益高，另外，房地产本身及抵押贷款债权上的投资比例，一般由信托经理人依据市场景气及利率变动情况进行调整。

（五）商品房预售

商品房预售实质上是预收货款，它是一种商业信用行为，是指开发商按照合同规定预先收取购房者的定金，以及委托开发单位开发建设项目，按照双方合同规定预售委托单位的开发建设资金。通过预售商品房，可以获得后续开发建设所需要的资金，是开发商融资的重要途径。

（六）融资租赁

融资租赁就是出租人根据承租人对出卖人、租赁物的选择，向出卖人购买租赁物后提供给承租人使用，由承租人向出卖人支付租金的交易方式。房地产融资租赁就是租赁物为房地产的融资租赁，房地产商品的需求者作为承租方向出租方（充实房地产融资租赁业务的公司)融资租入房地产商品的一种租赁方式,是一种较特殊的融资租赁。

(七)房地产抵押贷款证券化

房地产抵押贷款证券化是指银行等金融机构为了实现信贷资产的可流动性,以一级市场(发行市场)上抵押贷款组合为基础,发行抵押货款证券的结构性融资行为。

抵押贷款二级市场上交易的抵押贷款支持证券,主要有抵押贷款支持债券、抵押贷款传递证券、抵押贷款直付债券和抵押贷款担保债券四种类型。在传递证券中,抵押贷款组合的所有权随着证券的出售而从发行人转移给证券投资者。证券的投资者对抵押贷款组合拥有"不可分割的"权益,将收到借款人偿付的全部金额,包括按约定的本金和利息及提前偿付的本金。在抵押贷款担保债券中,抵押货款组合产生的现金流重新分配给不同类别的债券。在传递证券和房地产抵押贷款投资渠道中,抵押贷款组合都不再属于原来的二级市场机构或企业,不属于其资产负债表内的资产。在抵押贷款支持债券和抵押贷款直付债券中,发行人仍持有抵押货款组合,所发行的债券则属于发行人的债务。抵押贷款组合和所发行的债券同时出现于发行人的资产负债表中,因而,这属于资产负债表内证券化。抵押贷款支持债券的现金流和公司债券相同。抵押贷款直付债券的现金流类似于传递证券,摊销和提前偿付的本金会直接转移给债券的投资者。

(八)房地产投资基金

房地产投资基金是从事房地产的收购、开发、管理、经营和营销获取收入的集合投资制度。它可以被看成是为投资者从事其自身的资金和管理能力所不能及的房地产经营活动的一种融资形式。房地产投资基金通过发行基金证券的方式,募集投资者的资金,委托给专业人员专门从事房地产或房地产抵押贷款的投资,投资期限较长,追求稳定连续性的收益。基金投资者的收益主要是房地产基金拥有的投资权益的收益和服务费用。基金管理者收取代理费用。基金的收入来源包括资产增值、房租等,可分为私募和公开发行两种。

单元二　房地产项目融资

一、房地产项目融资的概念和意义

1. 房地产项目融资的概念

房地产项目融资是指房地产投资者为确保投资项目的顺利进行而进行的融通资金的活动。充分发挥房地产的财产功能,为房地产投资融通资金,以达到尽快开发、提高投资效益的目的。在融资过程中的存储、信贷关系,都以房地产项目为核心。房地产项目融资主要包括资金筹措与资金供应两个方面。

2. 房地产项目融资的意义

房地产项目融资有助于房地产投资者在竞争激烈的房地产市场中获得成功,对于金融机构而言,房地产开发商和投资商是金融机构最大的客户群之一,房地产业是吸纳信贷资金最多的行业。金融机构融出资金时，要遵循流动性、安全性、盈利性原则。

二、房地产项目融资方案

房地产项目融资方案由开发过程中所利用的各种资金融通渠道和方式组成，涵盖了整个开发项目投资资金的筹集及运用。

1. 房地产投资项目融资主体

研究融资方案，首先应该明确融资主体。房地产投资项目融资主体是指进行融资活动，并承担融资责任和风险的项目法人单位。正确确定融资主体，有利于顺利筹措资金、降低债务偿还风险。

按照是否依托于项目组建的经济实体划分，融资主体可分为既有项目法人融资和新设项目法人融资两类。

(1)既有项目法人融资。既有项目法人融资是以既有法人为主体的融资方式。采用既有法人融资方式的建设项目，可以是改扩建项目，也可以是非独立法人的新建项目。既有法人融资方式具有以下特点：

1)由既有法人发起项目、组织融资活动并且承担融资责任及风险。

2)建设项目需要的资金来源于既有法人内部融资、新增资本金及新增债务资金。新增债务资金由既有法人整体资产和信用承担债务担保，由既有法人整体的盈利来偿还。

采用既有法人融资方式，必须充分考虑既有法人的盈利能力、信用状况及既有法人整体未来的净现金流量。

一般情况下，满足以下情况，都应以既有法人为融资主体：

1)房地产投资项目与既有法人的资产及经营活动联系非常密切。

2)既有法人具有为项目进行融资并承担全部责任的经济实力。

3)房地产投资项目盈利能力比较差，但是该项目对整个企业的发展至关重要，此时需要利用既有法人的整体资产及信用担保获得债务资金。

(2)新设项目法人融资。新设项目法人融资是以新组建的具有独立法人资格的项目公司为融资主体的融资方式。采用新设法人融资方式的建设项目，项目法人多数是企业法人。某些基础设施项目也可以组建新的事业法人实施。采用新设法人融资方式的建设项目，一般情况下是新建项目，也可以是将既有法人的一部分资产剥离出去后重新组建新的项目法人的改扩建项目。新设项目法人融资方式具有以下特点：

1)由项目发起人发起组建新的具有独立法人资格的项目公司，由新组建的项目公司承担融资责任和风险。

2)建设项目需要的资金来源包括项目公司股东投入资本金和项目公司承担的债务资金。

3)一般情况下，以项目投资形成的资产、未来收益作为融资担保的基础，依靠项目自身的盈利能力来偿还债务。

采用新设项目法人融资，项目发起人与新组建的项目公司分属不同的实体，债务风险由新组建的项目公司承担。项目自身的盈利能力决定了是否有能力还贷，所以必须认真分析项目的现金流量及盈利能力。

一般情况下，满足以下情况，都应以新设法人为融资主体：

1)房地产投资项目与既有法人的经营活动联系不是非常密切。既有法人财务状况比较差，很难获得债务资金。

2)项目具有较好的盈利能力，依靠房地产投资项目未来的现金流量可以按期偿还债务。

3)投资项目规模比较大，既有法人没有为房地产投资项目进行融资并承担融资责任的经济实力。

2. 资金来源选择

常用的融资渠道包括自有资金、信贷资金、证券市场资金、非银行金融机构的资金、其他机构和个人的资金、预售或预租收入等。

3. 房地产投资项目资本金筹措

(1)股东直接投资。股东直接投资包括政府授权投资机构入股资金、国内外企业入股资金、社会团体和个人入股资金及资金投资公司入股的资金，即构成国家资本金、法人资本金、个人资本金及外商资本金。

对既有法人融资项目来说，股东直接投资表现为扩充了既有企业的资本金，包括原有股东增资扩股和吸收新股东投资。

对新设法人融资项目来说，股东直接投资表现为项目投资者为项目投资资本金。合作经营公司资本金由合作投资方按照预先约定的金额投入，合资经营公司的资本金由企业的股东按照股权比例认缴。

(2)政府投资。政府投资主要用于关系国家安全及市场不能有效配置资源的经济和社会领域。一般情况下，对于政府投资资金，国家根据资金来源、项目性质及调控的需要，分别采取直接投资、资本金注入、投资补助、转贷及贷款贴息等方式，并按照项目安排使用。全部使用政府投资的项目，一般为非经营性项目，不需要进行融资方案分析；以资本金方式投入的投资资金，应视其为权益资金；以投资补贴、贷款贴息等方式投入的资金，应视其为现金流入，根据不同情况分别处理；以转贷方式投入的资金，应视其为债务资金。

(3)股票融资。股票是股份公司发给股东作为已投资入股的证书和索取股息的凭证，其是可以作为买卖或担保的有价证券。

无论是既有法人融资项目还是新设项目法人融资项目都可以通过发行股票在资本金市场募集股本资金。

股票融资有公募与私募两种。公募也称为公开发行，在证券市场上向不特定的社会公众公开发行股票；私募也称为不公开发行或内部发行，是指将股票直接出售给少数特定的投资者。

4. 债务资金筹措

债务资金是项目投资中以负债方式从金融机构、证券市场等资本市场取得的资金。一般情况下，债务资金成本比权益资金低，而且不会分散投资者对企业的控制权。但是在使用时，具有时间限制，到期必须偿还，而且无论融资主体经营好坏，都需要按期还本付息，形成企业的财务负担。

项目债务资金的来源渠道及筹措方式如下：

(1)信贷融资。信贷融资是利用信贷资金经营，实际上就是"借钱赚钱""借鸡生蛋"，充分利用财务杠杆的作用。提供贷款的机构及其贷款条件，包括支付方式、贷款期限、贷款利率、还本付息方式和附加条件。

（2）债券融资。债券融资通常为 3～5 年。依据筹集资金的目的、金融市场的规律、有关法规、房地产开发经营周期而定。债券融资偿付方式可以分为三种，一是偿还；二是转期，即"以旧换新"；三是转换，即"债转股"。

5. 融资方案分析

（1）资金来源可靠性分析。对资金来源的可靠性进行分析主要是分析项目所需总投资和分年度投资能否得到足够的、持续的资金供应，即资本金和债务资金供应是否落实。

（2）融资结构分析。对融资结构进行分析主要是分析项目融资方案中的资本金与债务资金比例（根据项目的特点和开发经营方案，合理确定比例）、股本结构比例（根据项目特点和主要股东方的参股意愿，合理确定比例）和债务结构比例（根据债权人提供债务资金的方式、附加条件及利率汇率、还款方式的不同，合理确定内债与外债、政策性银行和商业性银行、信贷资金与债券资金的比例），并分析其实现条件。

（3）融资成本分析。融资成本分析包括对承诺费、手续费、担保费、代理费、利息等的分析。

（4）融资风险分析。通常需要分析的风险因素包括资金供应风险、利率风险和汇率风险。

三、金融机构对项目贷款的审查

金融机构进行项目贷款审查时，要进行客户评价、项目评估、担保方式评价和贷款综合评价四个方面的工作。

1. 企业资信等级评价

金融机构主要根据企业素质、企业信誉、资金实力、企业获利能力、企业偿债能力、企业经营管理能力、企业在贷款银行的资金流量及其他辅助指标，确定房地产开发企业的资信等级。其被划分为 6 级，即 AAA、AA、A、BBB、BB、B。通常情况下，BBB 及以上资信等级的企业才能获得银行贷款。

2. 贷款项目评估

金融机构对项目的审查主要包括项目基本情况、市场分析指标和财务评价指标三个大的方面。具体见表 5-1。

表 5-1　房地产开发项目评价的指标体系

序号	指标名称		内容及计算公式
1	项目基本情况指标	四证落实情况	国有土地使用权证、建设用地规划许可证、建设工程规划许可证和建设工程施工许可证
		自有资金占总投资的比率	自有资金/总投资
		资金落实情况	自有资金和其他资金落实情况
		地理与交通位置	项目所处位置的区域条件和交通条件
		基础设施落实情况	项目的上下水、电力、煤气、热力、通信、交通等配套条件的落实情况
		项目品质	指项目自身产品品质，如规划和设计风格、容积率、小区环境、户型设计等是否合理等

续表

序号	指标名称		内容及计算公式
2	市场分析指标	市场定位	项目是否有明确的市场定位，是否面向明确的细分市场及这种定位的合理性
		供需形势分析	项目所在地区的供应量与有效需求量之间的关系、市场吸纳率、市场交易的活跃程度
		竞争形势分析	项目所在地区人口聚集度、项目所处细分市场的饱和程度、项目与竞争楼盘的优势比较次序等内容
		市场营销能力	项目的营销推广计划是否合理有效、销售策划人员能力、是否有中介顾问公司的配合等
		认购或预售/预租能力	项目是否已有认购或已经开始预售、预租及认购或预售/预租的比例如何
3	财务评价指标	财务内部收益率	略
		销售利润率	利润总额/销售收入
		贷款偿还期	项目规定的还款资金(利润及其他还款来源)偿还贷款本息所需的时间
		敏感性评价	分析和预测指标(如收益率、净现值、贷款偿还期等)对由于通货膨胀、市场竞争等客观原因所引起的成本、利润率等因素变化而发生变动的敏感程度

3. 房地产贷款担保方式评价

担保不能取代借款人的信用状况，仅仅是一个额外的安全保障。银行在发放贷款时，首先应考查借款人的第一还款源是否充足；贷款的担保并不一定能确保贷款能够得以足额偿还。

房地产贷款担保通常有以下三种形式：

(1)保证。保证即由贷款银行、借款人与第三方签订一个保证协议，当借款人违约或无力归还贷款时，由第三方保证人按照约定履行债务或承担相应责任。

(2)抵押。抵押是指借款人或第三人在不转移财产占有权的情况下，将财产作为贷款的担保。

(3)质押。质押是指借款人或第三人以其动产或权力(包括商标权、专利权)移交银行占有，将该动产或权力作为债权的担保。

4. 贷款综合评价

贷款综合评价的主要工作是计算贷款综合风险度。贷款综合风险度公式如下：

某笔贷款的综合风险度＝(某笔贷款风险额/某笔贷款额)×100％＝
信用等级系数×贷款方式系数×期限系数×项目风险等级系数

某笔贷款风险额＝某笔贷款额×信用等级系数×贷款方式系数×期限系数×项目风险等级系数

(1)信用等级系数见表5-2。

表 5-2　信用等级系数

信用等级	AAA	AA	A	BBB
系数	30％	50％	70％	90％

（2）贷款方式系数（银行机构担保为 10％～20％，后面两部分都为 50％和 100％）
见表 5-3。

表 5-3　贷款方式系数

保证	银行金融机构担保	省级非银行机构担保	信用贷款（无担保）、AA 级以下企业担保	
系数	10％～20％	50％	100％	
抵押	商品房	参加保险且保险期长于贷款到期日的其他房屋		其他房屋
系数		50％		100％

（3）贷款期限系数见表 5-4。

表 5-4　贷款期限系数

期限	中短期，半年内	中短期半年～1 年	中长期1～3 年	3～5 年	5 年以上
系数	100％	120％		130％	140％

（4）项目风险等级系数和信用等级划分标准相同，但系数取值大小则由大到小，见表 5-5。

表 5-5　项目风险等级系数

信用等级	AAA	AA	A	BBB
系数	80％	70％	60％	50％

单元三　房地产金融风险及管理

一、房地产开发贷款风险与风险管理

1. 房地产开发贷款风险

房地产开发贷款风险主要包括市场风险、政策风险、经营风险、财务风险、抵押物估价风险、完工风险及贷款保证风险。

2. 金融机构对房地产开发贷款风险管理

（1）对未取得"四证"的项目，不得发放任何形式贷款。

（2）对申请贷款的房地产开发企业，自有资金不低于开发项目总投资的 30％。

（3）对申请贷款的房地产开发企业进行深入调查审核。对成立不满 3 年的，应重点审查。

（4）项目应符合国家房地产业发展总体方向，有效满足城市规划和房地产市场的需求。

（5）可根据项目的进度和进展状况，分期发放贷款，并对其资金使用情况进行监控。

（6）对房地产销售款进行监控。

（7）密切关注房地产开发企业的开发情况。

二、土地储备贷款风险与风险管理

1. 土地储备贷款风险因素

土地储备贷款风险因素主要包括以下几个方面：

（1）土地储备中心自有运作资金严重不足，主要依靠银行贷款。

（2）土地出让计划不明确，还贷资金来源的时间不能与贷款期限相匹配。

（3）土地储备中心贷款抵押中的法律问题带来的风险。

2. 土地储备贷款风险管理

（1）对资本金没有到位或资本金严重不足、经营管理不规范的借款人，审慎发放土地储备贷款。

（2）以抵押贷款方式向土地储备机构发放，贷款额度不得超过所收购土地评估价值的70%，贷款期限最长不得超过两年。

（3）对包括该土地的性质、权属关系、测绘情况、土地契约限制、在城市整体综合规划中的用途与预计开发计划是否相符等土地整体情况，进行认真的调查分析。

（4）实时掌握土地价值状况，避免由于土地价值虚增或其他情况而导致的贷款风险。

三、个人住房贷款风险与风险管理

1. 个人住房贷款风险因素

个人住房贷款风险见表5-6。

表5-6　个人住房贷款风险

序号	主要风险	内容
1	操作风险	没有进行深入调查、重营销轻管理、规章制度不到位
2	信用风险	（1）开发商：开发商欺诈、项目拖期、质量纠纷、违法预售。 （2）个人：自然原因、社会原因（导致失去还款能力）、主观原因、信用意识差（导致拖延还款或赖账不还）
3	市场风险	（1）主要依赖未来预期收益支撑的高房价的商业用房及期房按揭，面临巨大的市场风险。 （2）市场风险主要来自市场供求风险、市场周期风险、政策性风险、变现风险及利率风险等
4	管理风险	（1）资金来源和资金运用期限结构不匹配导致的流动性风险。 （2）抵押物保管不善和贷后管理工作薄弱带来的风险
5	法律风险	商品房买卖合同被确认为无效，银行原本享有的优先受偿权沦为一般的返还请求权

2. 个人住房抵押贷款风险管理

(1)遵照个人住房借款的相关规定，严格遵守借款年限、贷款价值比率等方面的规定。

(2)详细审查借款人的相关信息。

(3)对借款人的收入、财务状况等进行分析。

(4)考核借款人还款能力。月房产支出与收入比控制在50%以下，月所有债务支出与收入比控制在55%以下。

(5)对新建房进行整体性评价。

四、房地产投资信托风险与风险管理

1. 房地产投资信托风险

(1)赔偿责任风险。由于我国房地产市场与资本市场均存在着比较严重的信息不对称的现象，另外，信托公司信息披露不够透明，导致很多投资者的投资带有一定盲目性。无论是房地产投资信托公司还是投资者都有出现逆向选择的可能，甚至有一些购买房地产信托的投资者认为购买房地产投资信托产品与在银行存款或购买国债没有什么区别，而且收益更好。这些投资者忽视了房地产投资信托蕴含的赔偿责任风险。

《信托投资公司资金信托管理暂行办法》规定，信托投资公司依据信托文件的约定管理、运用信托资金导致信托资金受到损失的，其损失部分由信托财产承担。信托公司不得承诺信托资金不受损失，也不得承诺信托资金的最低收益。根据规定，只有当信托公司违背信托合同擅自操作时，投资者所遭受的损失才由信托公司负责赔偿。也就是说，信托公司只负责赔偿因自己违背信托合同擅自操作而招致的损失，而在运营过程中发生的风险，则完全要由投资人自身承担。

(2)自身运行模式风险。我国的房地产投资信托是在中央银行提高房地产开发商银行贷款门槛，房地产开发商出现融资困难的背景下应运而生的。我国大部分房地产投资信托采用直接债务融资模式，即在房地产开发商以自身项目作为抵押的前提下，直接贷款给房地产开发商。在这种模式中，我国绝大部分房地产投资信托计划只是针对特定的一个项目募集资金，单笔规模多在2亿元以下，并且多以贷款的形式操作，运作模式较为单一。一旦这个特定的房地产项目出现问题，房地产投资信托公司就面临着损失的风险。而国外成熟房地产投资信托是通过将募集的资金分散投资于不同地区、不同规模、不同类型的房地产项目及业务中，来有效地降低投资风险，也取得了较高的投资回报。因此，相对于国外成熟房地产投资信托，我国的房地产投资信托没有发挥专家理财、多元化投资来实现分散风险、最大化收益的优势。较为单一的运行模式潜伏着极大的风险。

(3)项目风险。房地产投资信托的风险主要来自项目本身的风险，虽然房地产公司在推销自己的信托产品时，都会给出较高的预期收益率，但这些只是参考并不是承诺。房地产投资信托的收益来源于房地产项目，项目进行得是否顺利将直接影响房地产投资信托的收益率。当房地产项目遇到资金困难时，在融资对象是银行的情况下，可以申请追加贷款以保证项目顺利销售后还本付息。但是在融资对象是信托投资机构和分散的投资者的情况下，开发商不可能得到追加融资，一旦陷入困境，很容易产生恶性循环。

所以，房地产信托的首要工作是项目的选择，如果项目本身存在市场销售前景、内部法律纠纷、建设资金短缺等方面的问题，则信托产品无论怎么设计控制风险，项目本身的先天缺陷是无法避免的。信托公司在进行项目选择的时候，可以聘请有市场公信力的房地产专业机构对项目进行可行性分析及评估，对项目的市场定位及前景有一个独立、真实的认识；深入调查了解开发商实力、财务及资信情况，选择与开发经验丰富、实力雄厚、资信状况良好的开发商进行合作等。通过这一系列的手段，信托公司能将项目风险控制在最小范围之内，最大限度地保证信托资金的安全，保护委托人和受益人的利益。

（4）操作风险和道德风险。房地产投资信托的操作风险是指由于受托人在管理信托资产过程中没有按信托计划所拟定的投资策略进行资产管理，或在执行投资策略过程中因其他违法违规行为而给投资人带来的损失。在房地产投资信托的实际操作中，如果受托人为了盲目追求高额回报率，在缺乏有效的风险监控情况下，资金使用不当使投资的实际收益低于投资成本或没达到预期收益率，就会形成操作风险。

由于存在信息不对称现象，房地产投资信托公司在经营管理过程中往往会利用各种机会牺牲投资者的利益为自己谋取好处，由此产生的各种风险为房地产投资信托的道德风险。房地产投资信托在我国还没有形成完善的运作模式，对受托人的有效约束和激励机制尚未形成。另外，我国相当多的企业还没有真正建立现代企业制度，多数企业面临着所有者缺位、法人治理结构低效运作等问题。所以，房地产投资信托通过股权投资于房地产企业很有可能会发生被投资企业的道德风险。我国目前有2万多家房地产开发企业，多数都是运作极为不规范的小型企业，该类问题就更为突出。在房地产投资信托投资该种房地产企业后，利益很有可能受到原有股东的侵占。

在发达国家房地产投资信托模式中，往往会聘用专业房地产公司对投资、管理、业务扩展等方面进行专业管理，在很多国家的房地产投资信托中还引入了保管银行的概念，对房地产资金的投向、运用进行监督管理。对房地产投资信托本身的操作风险和道德风险起到一定的监控作用。

为了进一步加强我国房地产投资信托模式中对操作风险的控制，《中华人民共和国信托法》规定，受托人违背信托目的处分信托财产或因违背管理职责、处理信托事务不当致使信托财产遭受损失的，承担赔偿责任。尽管如此，在足够利益的驱使下，房地产投资信托的操作风险和道德风险依旧存在，并且不容忽视。

（5）流动性风险。在房地产投资信托中，信托机构对投资者发行的是一种信托收益凭证。根据"荷威检验"，美国将房地产投资信托中的信托收益凭证归于证券的范畴，可以在交易所上市交易且受到证券法律的监管。而目前我国房地产投资信托的资金和产品仅限于信托凭证转让，且投资信托合同只能在信托公司提供的交易平台上进行转让。由于信托产品的信用评级体系和定价体系都没有建立起来，银行质押业务也难以开展。因此，投资者必然面临着流动性风险。

（6）房地产行业风险。由于房地产投资信托募集资金的绝大部分都投资于房地产项目，房地产行业的风险很容易通过房地产投资机构扩散到其投资者身上，所以，房地产投资信托还面临着房地产行业的风险。房地产行业是一个资金密集型行业，时间周期较长、资金占用量大，利润回报较高。房地产本身既是耐用消费品，又是投资品，在一定市场环境下，还可能滋生投机风险，如果房地产价格上涨幅度超过了居民消费承受能力，就可能存在房地产泡沫。另外，由于我国房地产市场发展规模扩张比较快，市场不规范的地方很多，导致房地产行业纠纷多、诚信差。房地产投资信托的投资者在分享房地产行业高速增长的利润同时，也不可避免地要分享房地产行业蕴含的高风险。

2. 房地产投资信托风险管理

（1）提升专业化经营水平，如专门从事某一类型物业。

（2）提升规模经营水平。如提高经营效率，提高经营资金流动性；实现规模经济，降低资本费用；金融分析师日益关注，增加对资本的吸引力；提高股份流动性，吸引机构投资者的关注。

（3）吸引机构投资者参与。如果机构参与，市场表现就越来越好，主要表现在以下几个方面：

1）促进了股票价格的形成。

2）提高了管理决策的质量。

3）提高了社会知名度和认可程度。

4）提高了股票的绩效，减少了反常的波动。

5）提高了市场透明度和效率。

（4）制定稳妥的经营战略。主要体现在以下几个方面：

1）积极调整资产结构，注重资产的流动性。

2）积极调整债务结构，使用较低的财务杠杆。

3）规避风险，实施稳妥的投资策略。

（5）建立优秀的管理队伍。

模块小结

　　筹资是指企业根据其生产经营、对外投资及调整资本结构等需要，通过一定渠道，采取适当方式筹措资金的一种行为。资金筹集的原则有合理性原则、及时性原则、经济性原则和合法性原则。筹资渠道是指筹措资金来源的方向与通道。目前，房地产开发商的资金筹集渠道主要有自有资金、房地产信贷、证券融资、房地产投资信托、商品房预售、融资租赁、房地产抵押贷款证券化、房地产投资基金等。房地产项目融资是指房地产投资者为确保投资项目的顺利进行而进行的融通资金的活动。房地产融资方案由开发过程中所利用的各种资金融通渠道和方式组成，涵盖了整个开发项目投资资金的筹集及运用。金融机构进行项目贷款审查时，要进行客户评价、项目评估、担保方式评价和贷款综合评价四个方面的工作。房地产开发贷款风险主要包括市场风险、政策风险、经营风险、财务风险、抵押物估价风险、完工风险及贷款保证风险。土地储备贷款风险因素包括土地储备中心自有运作资金严重不足，主要依靠银行贷款；土地出让计划不明确，还贷资金来源的时间不能与贷款期限相匹配；土地储备中心贷款抵押中的法律问题带来的风险。个人住房贷款风险包括操作风险、信用风险、市场风险、管理风险、法律风险。房地产投资信托风险包括赔偿责任风险、自身运行模式风险、项目风险、操作风险和道德风险、流动性风险、房地产行业风险。

课后习题

一、填空题

1. 按企业所取得资金的权益特性不同，企业筹资可分为_____、_____及_____三类。

2. 按是否借助于金融机构为媒介来获取社会资金，企业筹资可分为_____和_____。

3. 房地产开发项目的资本金比例应不少于总投资的：保障性住房和普通商品住房项目为_____，其他项目为_____。

4. _____是一种以发行收益凭证的方式汇集特定多数投资者的资金，由专门投资机构进行投资经营管理，并将投资综合收益按比例分配给投资者的一种信托制度。

5. _____是指房地产投资者为确保投资项目的顺利进行而进行的融通资金的活动。

6. 金融机构进行项目贷款审查时，要进行_____、_____、_____和_____四个方面的工作。

二、多项选择题

1. 下列属于资金筹集原则的是（　　）。
   A. 合理性原则　　　B. 及时性原则　　　C. 流动性原则　　　D. 经济性原则
   E. 合法性原则

2. 下列属于房地产抵押贷款的是（　　）。
   A. 持有经营性物业贷款　　　　　　　B. 土地开发贷款
   C. 商市品房开发贷款　　　　　　　　D. 个人住房抵押贷款
   E. 在建工程抵押贷款

3. 下列属于债务资金筹措方式的是（　　）。
   A. 信贷融资　　　B. 政府投资　　　C. 债券融资　　　D. 股票融资
   E. 股东直接投资

三、简答题

1. 简述融资方案分析的内容。
2. 简述房地产贷款担保的形式。
3. 简述土地储备贷款风险因素和管理。
4. 简述房地产投资信托风险管理。

模块六

房地产开发投资财务分析

知识目标

通过本项目的学习，了解房地产财务分析的含义、作用、目标；熟悉房地产财务分析的方法、程序；掌握项目财务评价基本报表与辅助报表的编制，房地产财务分析指标，净现值和财务内部收益率的 Excel 操作。

能力目标

能够对某房地产投资进行正确、合理的经济分析，为投资者做出准确的投资决策；能够编制出需要的财务报表，计算出相应的技术指标，与相关标准进行比较，从而判断项目是否可行，选择最佳方案；能够应用 Excel 辅助进行财务分析的计算。

单元一 财务分析概述

一、财务分析的含义

财务分析也称财务评价，是指投资分析人员在房地产市场调查与预测，项目策划，投资、成本与费用估算，收入估算与资金筹措等基本资料和数据的基础上，通过编制基本财务报表，计算财务分析指标，对房地产项目的盈利能力、清偿能力和资金平衡情况所进行的分析，据此评价和判断投资项目在财务上的可行性。财务分析也是房地产投资分析的核心内容。

二、房地产开发投资财务分析的作用

(1)项目财务评价是项目决策分析与评价的重要组成部分。在项目决策分析与评价的各个阶段中，无论是机会研究、项目建议书、初步可行性研究报告，还是可行性研究报告，财务评价都是其中的重要组成部分。

(2)项目财务评价是投资决策的重要依据。虽然财务评价结论不是唯一的决策依据，但是通过财务评价可以衡量盈利能力和考察清偿能力，故而是作出投资决策和初步的融资决策的主要的决策依据。

(3)项目财务评价在方案比选中起着重要的作用。项目决策分析与评价的关键是方案比选。在规模、技术、工程等方面都必须通过方案比选予以优化，而项目财务数据和指标正是重要的比选依据。

(4)项目财务评价是项目投资各方谈判签约与平等合作的重要依据。随着投资形式多样化、投资主体多元化的进程，中外合资合作项目、国内合资合作项目越来越多，财务评价结果可以体现出各方收益分配，也就是各方的利益。因此，财务评价在配合投资各方协议、合同、章程的谈判，促使各方在平等互利的基础上进行经济合作的作用正在加强。

三、房地产投资财务分析目标

1. 测算盈利能力

考察投资项目上市后是否盈利，盈利能力有多大，能否满足项目可行的要求条件。盈利主要是指项目能够实现的利润和税金。这种衡量主要是靠计算财务内部收益率、财务净现值、投资利润率及资本金利润率等指标来进行的。

2. 测算清偿能力

一是财务清偿能力，即项目收回全部投资的能力；二是债务清偿能力，主要是指项目偿还借款和清偿债务的能力。这种衡量主要是通过计算投资回收期、借款偿还期及资产负债率和偿债保障比率等指标来进行的。

3. 衡量项目的资金平衡能力

资金平衡主要是指投资项目的各期盈余资金不应出现负值，它是投资开发经营的必要条件。这种衡量是通过资金来源与运用表进行的。

四、房地产投资财务分析方法

1. 比较分析法

比较分析法运用的前提是指标之间是否具备可比性。

如内容与结构上是否可比，只有在内容和结构上均相似（同）的指标，才具有可比性；时间上是否可比。此处指时间长度与时间点上是否具有一致性；基础条件是否可比。在进行项目间经济指标的比较分析时，还要注意基础条件是否具有可比性，如项目类型、装修标准、配套设施等；计算方法及计量单位是否具有可比性。

通过比较不同的数据从而发现规律性的东西或找出差异。

(1)分析实现目标的程度：通过实际指标与计划指标和定额指标的比较，来分析目标的实现程度。

(2)分析经济活动的发展状况：通过指标间的纵向比较分析项目的经济指标发展趋势。

(3)分析经济活动的实际水平：通过实际经济指标和国际先进水平、国内同业先进水平、平均水平比较，分析项目相对实际水平，揭示其存在的差距。

2. 比率分析法

比率分析法是利用会计报表中两项相关数值的比率来反映和揭示企业财务状况和经营成果的一种方法。

(1)相关比率分析法。相关比率分析法是指同一项目相关但又不同的指标对比，求其比率，进而进行分析的方法。如成本利润率。

(2)趋势比率分析法。趋势比率分析法是指用同类项目不同时期的同类指标相对比，求其比率。

(3)结构比率分析法。结构比率分析法是指某经济指标占总体指标的比率。

比率分析法是在项目财务分析中常用的方法，在研究项目偿债能力、获利能力、经营能力等方面均有广泛应用。

3. 因素替换分析法

因素替换分析法可简称为因素替换法，是用于测定由多种相互关联的因素构成的经济指标中，各组成因素的变动对指标差异总额影响程度的一种重要财务分析方法。

因素替换分析法的分析过程是，先假定其他因素值不变，只改变其中某一个因素值，检查指标值的变化。按此法，以一定顺序，逐个使各因素变动，从而检验出各因素对指标值的影响程度及影响方向。

运用因素替代法应注意以下问题：

(1)该方法只能用于被分析对象的因果关系具有严格的函数关系的情况；

(2)各因素被从理论上证明确是引起指标变动的真正原因；

(3)应用因素替换法时，须从指标的经济意义及其组成因素的相互依存的关系出发，确定客观合理的替代顺序；

(4)各因素对指标差异总额影响的程度之代数和，等于该指标差异总额。

五、房地产投资财务分析程序

房地产投资财务分析是一个规范化的体系，其基本程序如下：

(1)分析和估算项目的财务数据，房地产项目财务分析涉及基础数据很多，主要包括对项目总投资、资金筹措方案、成本费用、销售收入、税金和利润，以及其他与项目有关的财务数据进行分析、鉴定和评估。要保证各种数据与辅助报表的准确性，以及各类财务数据的协调性。

(2)分析财务基本报表。财务基本报表是根据财务数据填列的，也是计算反映项目盈利能力、清偿能力的技术经济指标的基础。在该过程中，要审查各报表是否符合规范要求以及所填数据是否准确有效。

(3)分析财务效益指标。财务效益指标包括反映项目盈利能力的指标和反映项目清偿能力的指标。在该过程中，要审核计算方法以及计算结果是否正确。

(4)提出财务分析结论。将计算出来的有关指标运用前述分析方法进行分析，并从财务角度提出项目可行与否的结论。

(5)进行不确定分析。在该过程主要分析项目适应市场变化的能力等。

单元二　房地产开发项目财务报表的编制

在完成房地产投资环境分析与市场分析、房地产项目投资与成本费用估算和房地产筹资及融资分析等基础工作后，就可以通过编制财务报表、计算财务评价指标，进而进行盈利能力分析、偿债能力分析和财务生存能力分析，据以判断项目在财务上的可行性。房地产开发项目财务评价报表包括基本报表和辅助报表。

一、项目财务评价基本报表

财务分析基本报表主要有现金流量表、资金来源与运用表、利润表、资产负债表等。

(一)现金流量表

1. 现金流量表的概念与作用

现金流量表是指反映项目在计算期内各年的现金流入、现金流出和净现金流量的计算表格。编制现金流量表的主要作用是计算财务内部收益率、财务净现值和投资回收期等技术经济指标。

根据计算基础不同，可分为全部现金流量表和自有现金流量表。

2. 现金流量表的结构与填列方法

(1)全部投资现金流量表。全部投资现金流量表不分资金来源，以全部投资作为计算基础(即假定全部投资均为自有资金)，用以计算全部投资的税前及税后财务内部收益率、财务净现值等分析指标的表格。

编制该表格的目的是考察项目全部投资的盈利能力，为各个投资方案进行比较建立共同的基础。

全部投资中不含建设期利息，同时，也不考虑全部投资的本金和利息的偿还问题。

全部投资现金流量表的形式及内容见表6-1。

表 6-1　全部投资财务现金流量表　　　　　　万元

序号	年份＼项目	1	2	3	4	…	N	合计
1	现金流入							
1.1	销售收入							
1.2	出租收入							
1.3	自营收入							
1.4	净转售收入							
1.5	回收固定资产余值							
1.6	回收经营资金							
2	现金流出							

续表

序号	年份＼项目	1	2	3	4	…	N	合计
2.1	建设投资							
2.2	经营资金							
2.3	运营费用							
2.4	修理费用							
2.5	经营税金及附加							
2.6	土地增值税							
2.7	所得税							
3	净现金流量							
4	累计净现金流量							

计算指标：1. 财务内部收益率（％）

　　　　　2. 财务净现值（i_c＝％）

　　　　　3. 投资回收期（年）

　　　　　4. 基准收益率（％）

（2）自有资金现金流量表。自有资金现金流量表是从投资者角度出发，以投资者的出资额作为计算基础，将借款本金偿还和利息支付作为现金流出，用以计算自有资金的财务内部收益率、财务净现值等分析指标的表格。编制该表的目的是考察项目自有资金的盈利能力。其形式及内容见表6-2。

表6-2　资本金现金流量表　　　　　　　　　　　万元

序号	年份＼项目	1	2	3	4	…	N	合计
1	现金流入							
1.1	销售收入							
1.2	出租收入							
1.3	自营收入							
1.4	净转售收入							
1.5	其他收入							
1.6	回收固定资产余值							
1.7	回收经营资金							
2	现金流出							
2.1	自有资本金							
2.2	经营资金							
2.3	运营费用							
2.4	修理费用							
2.5	经营税金及附加							
2.6	土地增值税							
2.7	所得税							
2.8	借款本金偿还							
2.9	借款利息支付							

续表

序号	项目　　　　　　　年份	1	2	3	4	…	N	合计
3	净现金流量							
4	累计净现金流量							

计算指标：1. 资本金财务内部收益率(%)：
　　　　　2. 财务净现值(i_c=%)

在自有资金现金流量表中，现金流出项目增加了借款本金偿还和借款利息支出两个项目。

另外，不将全部投资作为流出，只留自有资金投资作为流出。

(3)针对两表的相关说明。

1)净现金流量(项目的未来收益)是项目当年现金流入与现金流出的代数和。根据需要，可以计算税前净现金流量，也可以计算税后现金流量。

2)两表的区别。

①由于全部投资现金流量假定拟投资项目所需的全部投资(包括建设投资和经营资金)均为投资者的自有资金，因此全部投资中不含建设期利息，也不考虑全部投资的本金和利息的偿还问题；而在资本金现金流量表中，由于假定了全部投资中除资本金外的投资都是通过债务资金来解决的，所以现金流出项目中增加了"借款本金偿还"和"借款利息支付"。

②在现金流出栏目中，资本金现金流量表可能会发生"预售收入再投入"项目，而全部投资现金流量表中却可能没有这一项。因此，虽然上述"资本金现金流量表"中没有体现这一项，但在实际中，如果项目发生了预售收入回投，则要加填这一栏。这是房地产投资项目与一般建设项目不同的地方。

3)房地产投资项目往往有开发后出售项目、开发后出租项目和置业投资项目的区分。因此，在填报现金流量表时，不仅有全部和资本金的区别，还有出售项目与出租项目、自营项目的区别，这是房地产投资项目与一般建设项目不同的地方。

(4)投资者各方现金流量表。投资者各方现金流量表是以投资者各方的出资额作为计算基础，用以计算投资者各方财务内部收益率、财务净现值等评价指标，反映投资者各方投入资本的盈利能力。如果一个房地产项目有几个投资者进行投资时，就应编制投资者各方现金流量表。

投资各方现金流量表格形式见表 6-3。

表 6-3　投资各方现金流量表　　　　　　　　　　　万元

序号	项目　　　　　　　年份	1	2	3	4	…	N	合计
1	现金流入							

续表

序号	项目＼年份	1	2	3	4	…	N	合计
1.1	应得利润							
1.2	资产清理分配							
(1)	回收固定资产余值							
(2)	回收经营资金							
(3)	净转售收入							
(4)	其他收入							
2	现金流出							
2.1	开发建设投资出资额							
2.2	经营资金出资额							
3	净现金流量							
4	累计净现金流量							

(二)资金来源与运用表

1. 资金来源与运用表的含义

资金来源与运用表是反映房地产投资项目在计算期内各年的资金盈余或短缺情况，以及项目的资金筹措方案和贷款偿还计划的财务报表。显然，当资金来源多余资金运用的数额时，即盈余；当资金来源少于资金运用的数额时，即短缺。资金来源与运用表为项目资产负债表的编制及资金平衡分析提供了重要的财务信息。

资金来源与运用表和现金流量表有着本质的不同。其表格形式见表6-4。

表6-4　资金来源与运用表　　　　　　　　万元

序号	项目＼年份	1	2	3	4	…	N	合计
1	资金来源							
1.1	销售收入							
1.2	出租收入							
1.3	自营收入							
1.4	资本金							
1.5	长期借款							
1.6	短期借款							
1.7	回收固定资产余值							
1.8	回收经营资金							
1.9	净转售收入							
2	资金运用							

续表

序号	项目 \ 年份	1	2	3	4	…	N	合计
2.1	开发建设投资							
2.2	经营资金							
2.3	运营费用							
2.4	修理费用							
2.5	经营税金及附加							
2.6	土地增值税							
2.7	所得税							
2.8	应付利润							
2.9	借款本金偿还							
2.10	借款利息支付							
3	盈余资金 1—2							
4	累计盈余资金							

2. 资金平衡分析

资金来源与运用表给出的盈余资金表示当年资金来源(现金流入)多于资金运用(现金流出)的数额。当盈余资金为负值时,表示该年的资金短缺数。作为资金的平衡,并不要求每年的盈余资金不出现负值,而要求从投资开始至各年累计的盈余资金大于零或等于零。

作为项目投资实施的必要条件,每期的盈余资金应不小于零。因而,房地产投资项目资金平衡分析关注的重点是资金来源与运用表的累计盈余栏目。

3. 与一般建设项目的不同

在填列资金来源与运用表时,与现金流量表相同,出售项目和出租项目也会有所不同,这是与一般建设项目不同的地方。

(1)出售项目资金来源与运用表格形式见表 6-5。

(2)出租和自营项目的资金来源与运用表格形式见表 6-6。

表 6-5 出售项目资金来源与运用表 万元

序号	项目 \ 年份	1	2	3	4	…	N	合计	合计
1	资金来源								
1.1	销售收入								
1.2	资本金								
1.3	长期借款								
1.4	短期借款								
2	资金运用								

续表

序号	项目＼年份	1	2	3	4	…	N	合计	合计
2.1	开发建设投资								
2.2	经营税金及附加								
2.3	土地增值税								
2.4	所得税								
2.5	应付利润								
2.6	借款本金偿还								
2.7	借款利息支付								
3	盈余资金 1－2								
4	累计盈余资金								

表 6-6　出租与自营项目资金来源与运用表　　　　　　　　　万元

序号	项目＼年份	1	2	3	4	…	N	合计
1	资金来源							
1.1	出租收入(或自营收入)							
1.2	资本金							
1.3	折旧费							
1.4	摊销费							
1.5	长期借款							
1.6	短期借款							
1.7	回收固定资产余值							
1.8	回收经营资金							
1.9	净转售收入							
2	资金运用							
2.1	开发建设投资							
2.2	经营资金							
2.3	运营费用							
2.4	修理费用							
2.5	经营税金及附加							
2.6	土地增值税							
2.7	所得税							
2.8	应付利润							
2.9	借款本金偿还							
2.10	借款利息支付							
3	盈余资金 1－2							
4	累计盈余资金							

(三)利润表

1. 利润表表格形式

利润表是反映项目计算期内各年的利润总额、所得税及税后利润的分配情况，用以计算投资利润率、投资利税率、资本金利润率和资本金净利润率等静态指标的表格。其表格形式见表 6-7。

表 6-7　利润表　　　　　　　　　　　　万元

序号	项目　　　　年份	1	2	3	4	⋯	N	合计
1	经营收入							
1.1	销售收入							
1.2	出租收入							
1.3	自营收入							
2	经营成本							
2.1	商品房经营成本							
2.2	出租房经营成本							
3	运营费用							
4	修理费用							
5	经营税金及附加							
6	土地增值税							
7	利润总额							
8	所得税							
9	税后利润							
9.1	盈余公积金							
9.2	应付利润							
9.3	未分配利润							

计算指标：1. 投资利润率(%)
　　　　　2. 投资利税率(%)
　　　　　3. 资本金利润率(%)
　　　　　4. 资本金净利润率(%)

2. 利润表的数据来源与填列

(1)利润总额。利润表中的利润总额计算公式一般为

利润总额＝经营收入－经营成本－运营费用－修理费用－经营税金与附加－土地增值税

1)以出售为主的房地产项目的利润总额。出售型房地产项目，其投资过程就是房地产产品的生产过程，建设期与经营期无法截然分开，所以有

$$总投资＝总成本费用＝经营成本$$

因此，利润总额＝销售收入－总成本费用－经营税金与附加－土地增值税。

出售型房地产项目利润表格形式见表6-8。

表 6-8　出售型房地产项目的利润表　　　　　　　　　　　万元

序号	年份 项目	合计	1	2	3	…	N	合计
1	销售收入							
2	总成本费用							
3	经营税金及附加							
4	土地增值税							
5	利润总额							
6	所得税							
7	税后利润							
7.1	盈余公积金							
7.2	应付利润							
7.3	未分配利润							
计算指标:	1. 投资利润率(%)　2. 投资利税率(%)　3. 资本金利润率(%)　4. 资本金净利润率(%)							

2)以出租为主的房地产项目利润总额。以出租为主的房地产项目利润总额计算公式为

利润总额＝出租收入－经营成本－经营税金与附加

其中,出租收入、经营成本、经营税金与附加的数据可以通过财务数据和辅助报表得到。其表格形式见表6-9。

表 6-9　出租型房地产项目的利润表　　　　　　　　　　　万元

序号	年份 项目	合计	1	2	3	…	N	合计
1	出租收入							
2	经营成本							
3	经营税金及附加							
4	利润总额							
5	所得税							
6	税后利润							
6.1	盈余公积金							
6.2	应付利润							
6.3	未分配利润							

（2）税后利润。税后利润计算公式为

$$税后利润＝利润总额－所得税$$

其中：所得税＝应纳税所得额×所得税税率。

一般情况下，应纳税所得额（或应纳税收入）就是前面计算出来的利润总额。

房地产开发企业的所得税税率一般为33%。

（3）利润分配。房地产企业交纳所得税后的利润为税后利润，税后利润等于可供分配利润，一般按照下列顺序进行分配：

1）弥补企业以前年度亏损。

2）提取盈余公积金。

3）向投资者分配利润，即表中的应付利润。

考虑了这三项因素后（大部分情况下只有后两项因素），余额即表中的未分配利润，未分配利润主要是用于归还借款。当借款还清后，一般应将这部分利润补分给投资者。

（四）资产负债表

资产负债表综合反映项目计算期内各年年末资产、负债和所有者权益的增减变化及对应关系，以考察项目资产、负债、所有者权益的结构是否合理，用以计算资产负债率、流动比率、速动比率等指标，进行清偿能力分析。

平衡关系用会计等式表示为

$$资产＝负债＋所有者权益$$

资产负债表具体内容及形式见表6-10。

表 6-10　资产负债表　　　　　　　　　万元

序号	项目	金额	备注
1	资产		
1.1	流动资产总额		
1.1.1	应收账款		
1.1.2	存货		
1.1.3	现金		
1.1.4	累计盈余资金		
1.2	在建工程		
1.3	固定资产净值		
1.4	无形资产净值		
2	负债及所有者权益		
2.1	流动负债总额		
2.1.1	应付账款		
2.1.2	流动资金借款		
2.1.3	其他短期借款		
2.2	长期借款		
2.3	所有者权益		

续表

序号	项目	金额	备注
2.3.1	资本金		
2.3.2	资本公积金		
2.3.3	累计盈余公积金		
2.3.4	累计未分配利润		

(五)基本报表的相互关系

基本报表是财务分析体系中重要的组成部分。各种基本报表之间有着密切的联系。

(1)"利润表"与"现金流量表"都是为进行项目盈利能力分析提供基础数据的报表,不同的是:通过"利润表"计算的是盈利能力的静态指标;通过"现金流量表"计算的是盈利能力的动态指标。"利润表"也为"现金流量表"的填列提供了一些基础数据。

(2)"资金来源与运用表"和"资产负债表"都是为进行项目清偿能力分析提供基础数据的报表。通过"资金来源与运用表"可以进行项目的资金平衡能力的分析。

二、项目财务评价辅助报表

辅助报表包括项目总投资估算表、开发建设投资估算表、经营成本估算表、土地费用估算表、前期工程费估算表、基础设施建设费估算表、建筑安装工程费用估算表、公共配套设施建设费估算表、开发期税费估算表、其他费用估算表、销售收入与经营税金及附加估算表、出租收入与经营税金及附加估算表、自营收入与经营税金及附加估算表和投资计划与资金筹措表。在辅助报表中,项目总投资估算表、开发建设投资估算表、经营成本估算表、借款还本付息估算表和投资计划与资金筹措表为最主要的辅助报表。其中,部分表格已在项目四有详细阐述,此处不再赘述。主要辅助报表表格形式见表 6-11~表 6-15。

表 6-11　项目总投资估算表　　　万元

序号	项目	总投资	估算说明
1	开发建设投资		
1.1	土地费用		
1.2	前期工程费		
1.3	基础设施建设费		
1.4	建筑安装工程费		
1.5	公共配套设施建设费		
1.6	开发间接费		
1.7	管理费用		
1.8	财务费用		
1.9	销售费用		
1.10	开发期税费		

续表

序号	项目	总投资	估算说明
1.11	其他费用		
1.12	不可预见费		
2	经营资金		
3	项目总投资		
3.1	开发产品成本		
3.2	固定资产投资		
3.3	经营资金		

表 6-12　开发建设投资估算表　　　　　　　　万元

序号	项目	开发产品成本	固定资产投资	合计
1	土地费用			
2	前期工程费			
3	基础设施建设费			
4	建筑安装工程费			
5	公共配套设施建设费			
6	开发间接费			
7	管理费用			
8	财务费用			
9	销售费用			
10	开发期税费			
11	其他费用			
12	不可预见费			
	合计			

表 6-13　经营成本估算表　　　　　　　　　　万元

序号	产品名称	开发产品成本	1		2		…	n	
			结转比例	经营成本	结转比例	经营成本		结转比例	经营成本
1									
2									
3									
4									
5									
6									
7									
8									
	合计								

表 6-14　借款还本付息估算表　　　　　　　　　　　万元

序号	项目	合计	1	2	3	…	n
1	借款及还本付息						
1.1	期初借款本息累计						
1.2	本金						
1.3	利息						
1.4	本期借款						
1.5	本期应计利息						
1.6	本期还本						
1.7	本期付息						
2	借款偿还资金来源						
2.1	利润						
2.2	折旧费						
2.3	摊消费						
2.4	其他还款资金						

表 6-15　投资计划与资金筹措表　　　　　　　　　　万元

序号	项目	合计	1	2	3	…	n
1	项目总投资						
1.1	开发建设投资						
1.2	经营资金						
2	资金筹措						
2.1	资本金						
2.2	借贷资金						
2.3	预售收入						
2.4	预租收入						
2.5	其他收入						

单元三　房地产投资项目财务分析指标

一、房地产财务分析指标简介

(一)传统财务分析指标

1. 基本指标

(1)收益乘数。收益乘数表示物业的市场价值(价格)与总收入或净收入之间的比率关系。它虽然不能充当独立分析的工具,但可以很容易地将那些明显不能接受的项目加以剔除。

收益乘数按计算基数的不同,可分为总收益乘数和净收益乘数。

$$总收益乘数 = \frac{市场价格}{总收入}$$

$$净收益乘数 = \frac{市场价格}{净经营收益}$$

比较而言,总收益乘数分析更为常用。因为净收益乘数需要事先确定净经营收益,稍微麻烦一些。

(2)财务比率。财务比率一般用于所投资物业相互之间的比较。较为常用的财务比率有营业比率、损益平衡比率和偿债保障比率。

1)营业比率。营业比率是项目的经营支出占实际总收入的百分比。其计算公式为

$$营业比率 = \frac{经营支出}{实际总收入} \times 100\%$$

一般来说,营业比率越高代表营运的效率越差;反之则代表效率越高。

2)损益平衡比率。损益平衡比率是项目的经营支出与还本付息额之和占潜在总收入的百分比(也可以看成是物业的盈亏平衡比率)。这个比率越小,则潜在总收入越大,项目现金流量出现负数之前的项目总收入水平可以越低。所以,损益平衡比率越低越好。损益平衡比率的计算公式为

$$损益平衡比率 = \frac{经营支出 + 还本付息额}{潜在总收入} \times 100\%$$

3)偿债保障比率。偿债保障比率有时也称为偿债能力比率、还本付息比率。表示项目净经营收益与年债息总额(年还本付息额)之间的关系。这是项目净经营收入在降到不足以清偿所欠的债务本息之前的下降程度。偿债保障比率的计算公式为

$$偿债保障比率 = \frac{净经营收益}{年债息额(年还本付息额)}$$

偿债保障比率越大,则周转不灵的可能性越小,因而,所面临的财务风险越小,其表明了贷款的安全程度,所以该指标越大越好。

(3)盈利能力指标。所有盈利分析方法的一个共同特点是将投资与收益有机地联系起来。

1)全面资本化率。表示预期净经营收益占市场价格的百分比。其计算公式为

$$全面资本化率=\frac{净经营收益}{市场价格}\times100\%$$

从上述收益乘数分析可知，全面资本化率是净收益乘数的倒数。因为没有反映融资状况对投资项目的影响，所以全面资本化率这个指标的适用性受到一定的限制。

2）股本化率（也称权益资本化率）。股本化率表示税前现金流量占初始股本投资的百分比。其计算公式为

$$股本化率=\frac{税后现金流量}{初始股本投资}\times100\%$$

股本化率考虑了不同融资条件对物业的影响，但是其未考虑所得税对投资项目的影响。

3）现金回报率（也称资本金净利润率）。现金回报率是指税后现金流量与股本投资之比。其计算公式为

$$现金回报率=\frac{税后现金流量}{初始股本投资}\times100\%$$

现金回报率虽然考虑了所得税后的指标，但是其未考虑物业价值的变动和税后现金流量随时间的变化对投资绩效的影响。

4）经纪人收益率。经纪人收益率指标解决了现金回报率指标的缺点。它调整了分子，用税后现金流量再加上递增的权益投资额，使之既考虑了所得税结果，也考虑了由于抵押贷款分期偿还后相应的权益增加（即物业价值的变动）情况，从而使所投资的物业看起来更富有吸引力。经济人收益率计算公式为

$$经纪人收益率=\frac{税后现金流量+权益增加额}{初始股本投资}\times100\%$$

（4）回收期指标。回收期是计算各投资项目的预期现金收益等于初始投资时的年数。收回初始投资所需时间越短的项目越好。

回收期与收益率之间也存在着倒数关系。从前面的介绍中，知道有几种不同的收益指标，所以回收期相应也有几种计算方法。其计算公式如下：

回收期=市场价格/净经营收益（全面资本化率的倒数）

回收期=初始股本投资/税前现金流量（股本化率的倒数）

回收期=初始股本投资/税后现金流量（现金回报率的倒数）

若每年预期现金流量相同，回收期=初始股本投资/预期现金流量。

若每年预期现金流量不同，则回收期是将每年预期现金流量求和直到等于初始投资额为止的时间。

2. 投资分析的合理化趋势

（1）传统财务分析方法的不足。

1）忽略了整个持有期内所有的预期的现金流量，而仅仅集中在经营期的第1年，最多也是前面几年的经营情况。

2）未考虑投资期末处理（即销售）物业所带来的现金流量。对于有些物业投资来说，期末转让或销售物业的收益或许在整个物业投资收益中占有更大的比重。

3）忽略了净现金流量的时间问题。

（2）发展趋势。投资分析的合理化的趋势就是项目的投资收益要做数量、质量和时间三个方面的修正。

一般情况下，投资者会综合考虑各种经验分析值及项目的净现值和内部收益率等指标之后，再做决策。

(二)现在财务分析指标

1. 财务分析指标分类

(1)根据是否考虑了资金的时间价值因素划分，可分为静态分析指标和动态分析指标两大类，如图 6-1 所示。

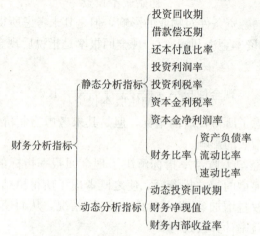

图 6-1　按资金的时间价值因素分类

(2)根据分析的目标划分，可分为盈利能力指标、资金平衡能力指标和清偿能力指标三大类，如图 6-2 所示。

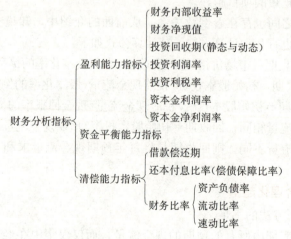

图 6-2　按分析的目标分类

(3)根据指标的性质划分，可分为时间性指标、价值性指标和比率性指标三大类，如图 6-3 所示。

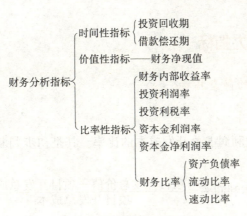

图 6-3 按指标性质分类

2. 各财务分析指标与报表的关系

从上述有关财务分析的内容与财务分析指标体系可以看出，财务分析指标与财务基本报表之间的对应关系，具体见表 6-16。

表 6-16 财务分析指标与基本报表的关系

分析内容	基本报表	静态指标	动态指标
盈利能力分析	现金流量表（全部投资）	静态投资回收期	财务内部收益率 财务净现值 动态投资回收期
	现金流量表（自有资金）	静态投资回收期	财务内部收益率 财务净现值 动态投资回收期
	利润表	投资利润率 投资利税率 资本金利润率 资本金净利润率	
清偿能力分析	借款还本付息表 资金来源与运用表 资产负债表	借款偿还期 还本付息比 资产负债率 流动比率 速动比率	
资金平衡能力分析	资金来源与运用表		
其他		价值指标、实物指标 或比率指标	

二、反映盈利能力指标

(一)反映盈利能力的静态指标

1. 成本利润率(RPC)

成本利润率是指开发利润占总开发成本的比率。其是初步判断房地产开发项目财务可行性的经济评价指标。

$$成本利润率 = \frac{项目开发总价值 - 项目开发总成本}{项目开发总成本}$$

用公式表示：

$$RPC = \frac{GDV - TDC}{TDC} \times 100\% = \frac{DP}{TDC} \times 100\%$$

式中　GDV——项目开发总价值；

TDC——项目开发总成本；

DP——开发商利润。

成本利润率反映的是开发经营期内的利润率，而不是年利润率。成本利润率一般与目标利润率相比较：超过目标利润率，则该项目在经济上可行；反之则不可行。一般来说，对于一个开发周期为 2 年的商品住宅开发项目，其目标成本利润率大体应为 35%～45%。

【例 6-1】 某房地产开发商以 5 000 万元的价格购买了一宗占地面积为 4 000 平方米的土地 50 年的使用权，建筑容积率为 5.3，建筑覆盖率为 65%，楼高为 14 层，1 至 4 层建筑面积均相等，5 至 14 层为塔楼(均为标准层)，建造成本为 3 600 元/m²，专业人员费用为建造成本预算的 8%，行政性收费等其他费用为 450 万元，管理费为土地成本、建造成本、专业人员费用和其他费用之和的 3.5%，市场推广费、销售代理费和销售税费分别为销售收入的 0.5%、3.0% 和 6.5%，预计建成后售价为 12 000 元/m²。项目开发周期为 3 年，建设期为 2 年，地价于开始一次投入，建造成本、专业人员费用、其他费用和管理费在建设期内均匀投入；年贷款利率为 12%，按季度计息，融资费用为贷款利息的 10%。问项目总建筑面积、标准层每层建筑面积和开发商可获得的成本利润率分别是多少？

【解】 (1)项目总开发价值。

1)项目建筑面积：4 000×5.3＝21 200(m²)

2)标准层每层建筑面积：(21 200－4 000×65%×4)/10＝1 080(m²)

3)项目总销售收入：21 200×12 000＝25 440(万元)

4)销售税费：25 440×6.5%＝1654(万元)

5)项目总开发价值：25 440－1 654＝23 786(万元)

(2)项目总开发成本。

1)土地成本：5 000 万元。

2)建造成本：21 200×3 600＝7 632(万元)

3)专业人员费用：7 632×8%＝611(万元)

4)其他费用：450 万元。

5)管理费：(5 000＋7 632＋611＋450)×3.5%＝479.26(万元)

6)财务费用:

①土地费用利息:

$5\,000\times[(1+12\%/4)^{3\times4}-1]=2\,128.80(万元)$

②建造费用/专业人员费用/其他费用/管理费用利息:

$(7\,632+611+450+479.26)\times[(1+12\%/4)^{(2/2)\times4}-1)]=1151.19(万元)$

③融资费用:$(2\,128.80+1\,151.19)\times10\%=328(万元)$

④财务费用总计:$2\,128.80+1\,151.19+328=3\,607.99(万元)$

7)市场推广及销售代理费用:

$25\,440\times(0.5\%+3.0\%)=890.40(万元)$

8)项目总开发成本:

$5\,000+7\,632+611+450+479.26+3\,607.99+890.40=18\,670.65(万元)$

(3)开发商利润:

$23\,786-18\,670.65=5\,115.35(万元)$

(4)成本利润率:

$5\,115.35/18\,670.65\times100\%=27.40\%$

【例6-2】　某开发商以450万元的价格购买了一块写字楼用地50年的使用权。该地块规划允许建筑面积为4 500 m²。通过市场研究,开发商了解到当前该地区中档写字楼的年净租金收入为450元/m²,银行同意提供的贷款利率为15%的基础利率上浮2个百分点,融资费用为贷款利息的10%。开发商的造价工程师估算的中档写字楼的建造成本为1 000元/m²,专业人员费用为建造成本的12.5%,行政性收费等其他费用为50万元,管理费为土地成本、建造成本、专业人员费用和其他费用之和的3.0%,市场推广及出租代理费为年净租金收入的20%,当前房地产的长期投资收益率为9.5%。项目开发周期为18个月,建设期为12个月,可出租面积系数为0.85,试通过计算开发商成本利润率对该项目进行初步评估。

【解】　(1)项目总开发价值。

1)项目可出租建筑面积:$4\,500\times0.85=3\,825(m^2)$

2)项目每年净租金收入:$3\,825\times450=172.125(万元)$

3)项目总开发价值:$P=172.125\times(P/A,9.5\%,48.5)=1\,789.63(万元)$

(2)项目总开发成本。

1)土地成本:450万元。

2)建造成本:$4\,500\times1\,000=450(万元)$

3)专业人员费用:$450\times12.5\%=56.25(万元)$

4)其他费用:50万元。

5)管理费:$(450+450+56.25+50)\times3.0\%=30.19(万元)$

6)财务费用

①土地费用利息:$450\times[(1+17\%/4)^{1.5\times4}-1]=127.66(万元)$

②建造费用/专业人员费用/其他费用/管理费用利息:

$(450+56.25+50+30.19)\times[(1+17\%/4)^{0.5\times4}-1]=50.91(万元)$

③融资费用:$(127.66+50.91)\times10\%=17.86(万元)$

④财务费用总计：127.66＋50.91＋17.86＝196.43（万元）

7）市场推广及出租代理费：172.125×20％＝34.43（万元）

8）项目开发成本总计：

450＋450＋56.25＋50＋30.19＋196.43＋34.43＝1 267.3（万元）

（3）开发商利润：

1 789.63－1 267.3＝522.33（万元）

（4）开发商成本利润率：

522.33/1267.3×100％＝41.22％

2. 投资利润率

投资利润率又称投资收益率，是指房地产投资项目开发建设完成后，项目经营期内正常年度的年利润总额（或年平均利润总额）与项目总投资的比率。其计算公式如下：

投资利润率＝年利润总额（年平均利润额）/项目总投资额×100％

利润总额＝经营收入（含销售、出租、自营）－经营成本－运营费用－销售税金

销售税金＝增值税＋城市维护建设税＋教育费附加

项目总投资＝开发建设投资＋经营资金

在对房地产投资经济进行分析时，只要将投资利润率与行业平均利润率或可以接受的投资利润率基准进行比较，就可以得出该项目投资经济效益或盈利能力是否达到预期水平。如果预期的投资利润率小于基准投资利润率，那么该项目的经济效益没有达到平均水平，不能接受此种情况的发生，但是可以对投资计划进行修正，然后再重新计算投资利润率；如果预期的投资利润率高于基准投资利润率，那么说明该项目投资经济效益高于或相当于行业平均水平，可以接受这种状态，进行投资。

【例 6-3】　某项目的总投资为 500 万元，其年平均销售利润为 150 万元，则该项目的投资利润率是多少？

【解】　该项目的投资利润率为

$$\frac{150}{500}\times100\%＝30\%$$

如果确定的投资利润率标准为 25％，则可接受该投资方案。

投资利润率对于快速评估一个寿命期较短项目方案的投资经济效果是有用的指标；当项目不具备综合分析所需的详细资料时，或在建设项目制定的早期阶段或研究过程对其进行初步评估也是一个有实用意义的指标。

投资利润率法主要具有以下优点：

（1）使用简单、计算方便；

（2）容易理解其经济意义，净利润是会计人员较为熟悉的概念；

（3）考虑了投资寿命期内所有年份的收益情况。

投资利润率法主要具有以下缺点：

（1）没有考虑资金的时间价值；

（2）净利润只是会计上通用的概念，与现金流量有较大差异，因此，投资利润率并不能真正反映投资报酬率的高低。

一般情况下，都是按照历年来的平均值作为年利润总额来计算房地产投资项目的投资

利润率。投资利润率用来对各年收益不同的多个方案进行比较做方案选择不是很合适，其一般适用于投资额小、相对比较简单的房地产投资经济分析。

3. 投资利税率

投资利税率是指房地产投资项目建设完成以后正常年度的年利税总额与项目总投资的比率。利税额为实现的净利润加上上缴的所有税金之和。其计算公式如下：

$$投资利税率＝年利税总额或年平均利税总额/项目总投资额×100\%$$

投资利税率指标越大，说明项目盈利能力越大，为国家所作贡献越大。其优缺点同投资利润率。

4. 资本金利润率

资本金利润率是指项目的年正常税前利润额或年平均利润总额与项目资本金的比例。此处的利润额为税前利润，资本金为项目全部注册资本。资本金利润率计算公式如下：

$$资本金利润率＝年税前利润额/资本金×100\%$$

投资项目资本金是指在投资项目总投资中，由投资者认缴的出资额，对投资项目来说是非债务性资金，项目法人不承担这部分资金的任何利息和债务；投资者可按其出资的比例依法享有所有者权益，也可转让其出资，但不得以任何方式抽回。

另外，国务院决定自 2009 年 5 月 25 日起对固定资产投资项目资本金比例进行适当调整：调整前商品房最低资本金比例为 35%；调整后保障性住房和普通商品住房项目的最低资本金比例为 20%，其他房地产开发项目的最低资本金比例为 30%。

5. 资本金净利润率

资本金净利润率是指投资项目的税后利润额与项目资本金的比例。资本金净利润率计算公式如下：

$$资本金净利润率＝税后利润额/资本金×100\%$$

【例 6-4】　某房地产投资项目的投资总额为 5 000 万元。如果投资者投入的权益资本为 2 500 万元，经营期内年平均利润率总额为 1 000 万元，年平均税后利润为 800 万元。试计算该投资项目的投资利润率、资本金利润率、资本金净利润率。

【解】　投资利润率＝年平均利润总额/项目总投资×100%＝1 000/5 000×100%＝20%

资本金利润率＝年平均利润总额/资本金×100%＝1 000/2 500×100%＝40%

资本金净利润率＝年平均税后利润总额/资本金×100%＝800/2 500×100%＝32%

【例 6-5】　某房地产投资项目的购买投资为 4 400 万元，流动资金为 600 万元。投资者为房地产开发投资项目投入的资本金或权益资本为 1 500 万元。经营期内年平均利润总额为 750 万元，年平均税后利润为 600 万元。试计算该投资项目的投资利润率、资本金利润率、资本金净利润率。

【解】　投资利润率＝年平均利润总额/项目总投资额×100%＝750/(4 400＋600)×100%＝15%

资本金利润率＝年平均利润总额/资本金×100%＝750/1 500×100%＝50%

资本金净利润率＝年平均税后利润总额/资本金×100%＝600/1 500×100%＝40%

6. 静态投资回收期

静态投资回收期是指在不考虑资金的时间价值的基础上，以项目的净收益来抵偿全部投资所需要的时间。其反映房地产投资项目在静态情况下回收投入资金的能力。

静态投资回收期的计算方法主要有以下两种：

(1)按平均收益额计算静态投资回收期。其适用于每年的收益额比较平均时。其计算公式如下：

$$投资回收期＝项目总投资/项目年平均收益额$$

其中，项目总投资应该考虑贷款利息。项目年平均收益额由项目的年平均营业收入扣除年平均经营成本及各种税金后的余额。

(2)按累计收益额计算静态投资回收期。其适用于年收益额不均衡、相差较大的情况下。其计算公式如下：

$$静态投资回收期＝累计净现金流量出现正值的期数－1+\frac{上期累计净现金流量绝对值}{当期净现金流量}$$

其中的净现金流量和累计净现金流量可以直接从现金流量表中查到。当累计净现金流量等于零或出现正值时，就是项目静态投资回收期的年份。

如果计算出的投资回收期小于或等于投资者所能够承受的投资回收期，则说明该项目能够在预期的时间内收回投资。

静态投资回收期指标计算比较简单、直观，但是其并没有考虑投资的时间价值因素，也没有考虑项目回收资金后的情况，不能够分析计算期内总收益及盈利能力，对于报酬率的估计忽略了整个持有期间内的现金流入，没有考虑其他投资机会所带来的收益，没有考虑投资所面临的风险。所以，一般情况下，为了避免错误结论的出现，常将投资回收期和其他指标结合使用。

【例 6-6】 某房地产投资项目的现金流量表见表 6-17，试计算项目的静态回收期。

表 6-17　某房地产投资项目现金流量表

年份现金流	土地开发		房屋建设		销 售	
	0	1	2	3	4	5
现金流出	500	60	1 400	1 500	100	100
现金流入	0	0	0	50	3 500	3 900
净现金流量	−500	−60	−1 400	−1 450	3 400	3 800
累计净现金流量	−500	−560	−1 960	−3 410	−10	3 790

【解】　静态投资回收期＝$5-1+\frac{|-10|}{3\ 800}=4.002$（年）

投资回收期越短，说明投资成本回收越快。因此，利用这个指标筛选投资项目时，应选择数值最小的项目。

【例 6-7】 甲、乙两方案前 5 年的净现金流量见表 6-18，求这两个方案的投资回收期，并利用投资回收期指标对这两个方案进行分析。

表6-18　甲、乙两方案各年净现金流量　　　　　　　　　　　万元

年份		0	1	2	3	4	5
甲方案	净现金流量	−1 000	400	400	400	500	400
	累计净现金流量	−1 000	−600	−200	200	700	1 100
乙方案	净现金流量	−1 000	200	300	300	500	600
	累计净现金流量	−1 000	−800	−500	−200	300	900

【解】　从甲方案计算所得为

$$静态投资回收期 = 3 - 1 + \frac{200}{400} = 2.5（年）$$

从乙方案计算所得为

$$静态投资回收期 = 4 - 1 + \frac{200}{500} = 3.4（年）$$

如果行业的基准投资回收期为4年，则甲、乙两方案都可以接受。如甲、乙两方案互斥，由于甲方案的投资回收期短于乙方案，故应选择甲方案。如果行业基准投资回收期为3年，那么应该选择甲方案。

【例6-8】　某投资项目各年的净现金流量见表6-19，试计算项目的静态投资回收期。

表6-19　某投资项目各年净现金流量表　　　　　　　　　　　万元

年份	0	1	2	3	4	5	6
净现金流量	−100	−80	40	60	60	60	60
累计净现金流量							

【解】　依据表6-19中的净现金流量数据，计算各期累计净现金流量，见表6-20。

表6-20　某投资项目现金流量表　　　　　　　　　　　万元

年份	0	1	2	3	4	5	6
净现金流量	−100	−80	40	60	60	60	60
累计净现金流量	−100	−180	−140	−80	−20	40	100

所以，静态投资回收期 = 5 − 1 + 20/60 = 4.3（年）

（二）反映盈利能力的动态指标

1. 财务净现值(NPV)

财务净现值是指将投资期内不同时间所发生的净现金流量（现金流入与流出之差），以一定的贴现率贴现到投资期初，并将各期净现金流量现值相加求和。用净现值评估开发项目投资效益的方法，称为净现值法。

财务净现值计算公式如下：

$$NPV = \sum_{t=0}^{n} (CI - CO)_t (1+i_c)^{-t} = \sum_{t=0}^{n} CI_t \cdot (1+i_c)^{-t} - \sum_{t=0}^{n} CO_t \cdot (1+i_c)^{-t}$$

式中　NPV——表示项目在起始时间点的财务净现值；

i_c——表示基准收益率或设定的目标收益率；

CI——表示现金流入量；

CO——表示现金流出量；

$(CI-CO)_t$——表示项目第 t 年的净现金流量；

导致投资行为发生所要求的最低投资回报率，称为最低要求收益率（MARR）。决定基准收益率大小的因素主要是资金成本和项目风险。

在利用净现值评估项目时，当 $NPV>0$ 时，说明投资项目的资金产出大于项目的资金投入，或者说，该投资项目可实现的投资收益率会超过用作贴现率的最低投资期望收益率，项目可盈利；当 $NPV=0$ 时，表示投资项目资金的产出等于资金的投入，或者说，该项目可以实现的投资收益率正好等于用作贴现率的最低投资期望收益率；当 $NPV<0$ 时，表示投资项目资金的产出小于资金的投入，或者说，该项目可以实现的投资收益率低于用作贴现率的最低投资期望收益率，该项目亏本。

净现值法主要具有以下优点：

(1)净现值的计算考虑了资金的时间价值。

(2)净现值能明确反映出从事一项房地产投资会使企业获利（或亏本）数额大小。正由于此，人们通常认为净现值法是投资评估方法中最好的一个，并被广泛使用。

另外，净现值法也有以下不足之处：

(1)净现值的计算依赖于贴现率数值的大小，贴现率越大则所计算出来的净现值越小，而贴现率的大小主要由筹资成本所决定。也就是说，一项投资机会的获利能力大小并不能由净现值指标直接反映出来，一项获利很高的投资机会可能由于筹资成本较高而使得该项目的净现值较低。

(2)净现值指标是一个绝对指标，只能反映项目是否盈利，不能反映投资效率的高低，一项投资规模大、投资利润率低的项目可能具有较大的净现值；而一项投资规模较小、投资利润率较高的项目可能具有较小的净现值。

【例6-9】　已知某投资项目的净现金流量见表6-21。如果投资者目标收益率为10%，求该项目的财务净现值。

表 6-21　某项目净现金流量　　　　　　　　　　　　万元

年份	0	1	2	3	4	5
现金流入	0	300	400	400	500	500
现金流出	1 000	100	50	50	50	50
净现金流量	−1 000	200	350	350	450	450

【解】　已知 $i_c=10\%$，利用公式求 NPV 如下：

$$NPV = \sum_{t=0}^{n}(CI-CO)_t(1+i_c)^{-t}$$

$$=-1\ 000+200/(1+10\%)+350/(1+10\%)^2+350/(1+10\%)^3+450/(1+10\%)^4+450/(1+10\%)^5$$

$$=320.81（万元）$$

【例6-10】　甲、乙两个互斥投资方案各年净现金流量见表6-22，已知基准收益率为10%。

表6-22　甲、乙两个方案各年净现金流量　　　　　　　　　万元

年份	0	1	2	3	4	5
甲方案净现金流量	−1 000	300	300	300	300	300
乙方案净现金流量	−1 000	100	200	300	400	600

试利用净现值法判断甲、乙两方案的可行性。

【解】　甲方案的财务净现值为

$$NPV_{甲}=-1\,000+\frac{300}{(1+10\%)}+\frac{300}{(1+10\%)^2}+\frac{300}{(1+10\%)^3}+\frac{300}{(1+10\%)^4}+\frac{300}{(1+10\%)^5}$$

$$=137.24(万元)$$

乙方案的财务净现值为

$$NPV_{乙}=-1\,000+\frac{100}{(1+10\%)}+\frac{200}{(1+10\%)^2}+\frac{300}{(1+10\%)^3}+\frac{400}{(1+10\%)^4}+\frac{600}{(1+10\%)^5}$$

$$=127.35(万元)$$

由于甲、乙两方案的财务净现值都大于零，因此这两个方案都可以接受。但甲方案的净现值大于乙方案的净现值，根据净现值法知甲方案优于乙方案，应该选择甲方案。

由此可以看出，财务净现值法的基本思想是投入与产出相对比，只有当后者大于前者时，投资才是有益的。为了便于考虑资金的时间价值，将不同时点上发生的现金流量统一折算为同一时点（项目实施的开始时点），未来各年净现金流量的现值之和就是进行投资的"产出"，而初始投资就是"投入"。

【例6-11】　甲、乙两个投资方案所需初始投资都是1 000万元，若基准收益率为10%，甲、乙两个投资方案各年净现金流量见表6-23。试利用净现值法判断甲、乙两方案的可行性。

表6-23　甲、乙两个方案各年净现金流量　　　　　　　　　万元

年份	0	1	2	3
甲方案净现金流量	−1 000	400	400	420
乙方案净现金流量	−1 000	300	300	300

【解】　甲方案的财务净现值为

$$NPV_{甲}=\frac{400}{(1+10\%)}+\frac{400}{(1+10\%)^2}+\frac{420}{(1+10\%)^3}-1\,000=9.77(万元)$$

乙方案的财务净现值为：

$$NPV_{乙}=300\times(P/A,10\%,3)-1\,000=300\times2.486\,9-1\,000=-253.93(万元)$$

甲方案的净现值大于零，满足所预期的投资收益水平，可以接受该方案。乙方案的财务净现值出现负值，说明投资该项目不能获得预期的投资效益，反而导致亏本，所以不能接受该方案。

2. 内部收益率(IRR)

内部收益率指的是项目投资期中各年净现金流量现值的累计值为零时的贴现率。其可

以反映拟投资项目的实际投资收益水平。根据等值的概念，也可以认为内部收益率是指在方案寿命期内使现金流量的净将来值或净年值为零的贴现率。故内部收益率可定义为：使得投资方案各年现金流入量的总现值与各年现金流出量的总现值相等的贴现率。它反映了项目所占用资金的盈利率，是考察项目盈利能力的主要动态指标。内部收益率计算公式如下：

$$NPV = \sum_{t=0}^{n} (CI-CO)_t (1+IRR)^t = 0$$

应用财务净现值等于零求内部收益率时，可以将净现值 NPV 看作是关于 IRR 的一元高次幂函数。先假定一个值，如果求得的 NPV 为正，则说明 r 值假定得太小；再假定一个较大的值计算财务净现值，如果求得的财务净现值为负，则应减小 IRR 值以使财务净现值接近于零。当两次假定的值使财务净现值由正变负或由负变正时，则在两者之间必定存在着使财务净现值等于零的 IRR 值，该值即欲求的该方案的内部收益率。其几何意义如图 6-4 所示。

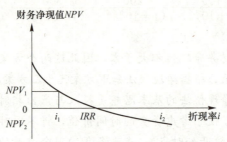

图 6-4　财务净现值与折现率的关系图

在评估时，将求出的全部投资或自有资金（投资者的实际出资）的内部收益率（IRR）与行业的基准收益率或设定的贴现率（i_c）比较，当 $IRR \geqslant i_c$ 时，即认为其盈利能力已满足最低要求，则该方案是可以接受的。假设项目全部用贷款筹资，项目内部收益率高于筹资成本（即贷款利率），说明项目的投资收益除偿还利息外还有剩余，这部分剩余额归股东所有，可增加股东的财富。若内部收益率小于贷款利息，则项目的收益不足以支付利息，股东还要为此付出代价，所以该项目不可行，应予以拒绝。

下面介绍几种计算 IRR 的方法：

（1）试算法。由图 6-4 可以看出，随着贴现率的不断增加，净现值越来越小，当贴现率增加到某一数值时，净现值为零。此时的贴现率即内部收益率 IRR。此后随着贴现率的继续增加，财务净现值变为负值。利用这个特点即可以通过试算，计算出内部收益率。

【例 6-12】　某投资项目各年净现金流量见表 6-24，计算该投资项目的内部收益率。

表 6-24　某项目各年净现金流量　　　　　　　　　　　　　　　　　万元

年份	0	1	2	3	4	5
净现金流量	−100	20	30	30	40	50

【解】　首先适当选择一个贴现率 i_c 值，计算相应的净现值。若取 $i_c = 10\%$，其相应的净现值为

$$NPV = \frac{20}{(1+10\%)} + \frac{30}{(1+10\%)^2} + \frac{30}{(1+10\%)^3} + \frac{40}{(1+10\%)^4} + \frac{50}{(1+10\%)^5} - 100$$

$$= 23.88(万元)$$

试算结果表明，净现值大于零，所以所取贴现率偏小，应进一步增加，如果取 $i_c = 15\%$，试算得相应净现值 $NPV = 7.53$，仍然大于零，说明还要进一步再增大贴现率 i_c 值，再取 $i_c = 20\%$ 进行试算，结果相应净现值 $NPV = -5.75$，财务净现值小于零表明所取的贴现率过大。重复这种试算过程便可以得到内部收益率。

（2）插值法。插值法是利用两个直角三角形相似，对应边成比例的特点，求投资项目的内部收益率的近似解。其计算步骤如下：

1）通过试算得两个贴现率 i_{c1} 和 i_{c2}，使之满足：

$$NPV_1 = \sum_{t=0}^{n} \frac{CF_t}{(1+i_{c1})^t} > 0$$

$$NPV_2 = \sum_{t=0}^{n} \frac{CF_t}{(1+i_{c2})^t} < 0$$

2）利用下述公式求近似的内部收益率。

$$IRR \approx i_{c1} + (i_{c2} - i_{c1}) \times \frac{NPV_1}{|NPV_1| + |NPV_2|}$$

仍以上例所述的投资项目为例，现利用插值法求近似的 IRR。

由上例的前四步试算可知，当贴现率为 17% 时，相应 NPV 为 1.89，当贴现值为 18% 时，相应 NPV 为 -0.76，于是取 $i_{c1} = 17\%$，$NPV_1 = 1.89$；$i_{c2} = 18\%$，$NPV_2 = -0.76$，利用上述公式得

$$IRR \approx 17\% + (18\% - 17\%) \times \frac{1.89}{|1.89| + |-0.76|}$$

$$= 17.71\%$$

此结果与上述试算结果相同。

（3）查表法。可以直接查阅相关经济类书籍附录的因素表中所列系数，求出内部收益率。

内部收益率法具有以下主要优点：

（1）内部收益率的计算考虑了资金的时间价值；

（2）内部收益率的计算不需要首先确定所要求的报酬率；

（3）与基准收益率相比较，能够评判独立项目的取舍；

（4）内部收益率表示投资项目内在收益率，所以能在一定程度上反映投资效率高低。

（5）可以指出投资者能够承受的贷款利率上限；

（6）能够比较互斥项目的单位投资回报的优劣。

另外，内部收益率还有以下缺点：

（1）内部收益率不能直观地显示项目投资获利数额的大小；

（2）内部收益率的计算较为复杂；

（3）当投资项目各年净现金流量不是常规模式时，一个投资项目的内部收益率可能存在多个解或无解，此时内部收益率无明确的经济意义。

净现值法与内部收益率法两种方法的区别主要表现在以下几个方面：

（1）经济意义不同，财务净现值表示从事一项投资会使资金增加或减少的现值，而内部收益率则表示投资项目的内在利润率；

（2）计算财务净现值需要首先确定贴现率大小，而内部收益率的计算则不需要；

（3）在对多个互斥项目排序时，有时会得出不同的结论。

【例6-13】 甲、乙两个互斥投资方案各年净现金流量见表6-25，则甲、乙两个方案净现值与贴现率的关系见表6-26。试问采用净现值法与采用内部收益率法会得出相同结论吗？

表 6-25　甲乙两项目各年净现金流量　　　　　　　　　　　　　万元

年份	0	1	2	3	4	5
甲项目净现金流量	−1 000	300	300	300	300	300
乙项目净现金流量	−2 200	550	600	700	650	600

表 6-26　净现值与贴现率的关系

贴现率 i/%	甲方案	乙方案
5	298.84	477.59
8	197.81	265.46
10	137.25	138.30
12	81.43	21.18
15	5.65	−137.85
17	−40.20	−234.01

【解】 从表6-26中可以看出，当贴现率大于10%时，采用净现值法与采用内部收益率法会得出相同结论——甲项目优于乙项目；但当贴现率小于10%时，采用净现值法与采用内部收益率法会得出相反的结论——乙项目优于甲项目。

出现上述不一致的主要原因在于：两个投资项目的投资规模不同；上述两种计算方法对再投资利润率的假定不同。其中，净现值法假定了再投资利润率等于计算净现值所用的贴现率，而内部收益率法假定再投资利润率等于 IRR。下面通过例子分别说明。

【例6-14】 甲、乙两项目各年净现金流量见表6-27。试计算当 $i_c=10\%$ 时甲、乙两项目的净现值。

表 6-27　甲乙两项目各年净现金流量　　　　　　　　　　　　　万元

年份	0	1	2	3	4
甲项目	−600	300	300	300	300
乙项目	−1 200	600	600	600	600

【解】 $NPV_甲=-600+300/(1+10\%)+300/(1+10\%)^2+300/(1+10\%)^3+300/(1+10\%)^4=350.96$（万元）

$NPV_乙=-1\,200+600/(1+10\%)+600/(1+10\%)^2+600/(1+10\%)^3+600/(1+10\%)^4=701.92$（万元）

经计算得甲、乙两项目的净现值分别为 350.96 万元和 701.92 万元，乙项目的净现值恰为甲项目净现值的两倍，产生这种结果的原因在于乙项目的初始投资是甲项目初始投资的两倍，同时，各年净现金流量也是甲项目相应年份净现金流量的两倍。

【例 6-15】 甲、乙两项目各年净现金流量见表 6-28。试用内部收益率法比较甲、乙两项目优劣。

表 6-28　甲乙两项目各年净现金流量　　　　　　　　　　　　　　万元

年份	0	1	2	3	4	5
甲项目	−1 243.6	1 400	100	100	100	100
乙项目	−1 243.6	100	100	100	100	3 813

【解】 经计算得 $IRR_甲 = IRR_乙 = 30\%$。按内部收益率法，甲乙两项目优劣程度完全相同，由于甲、乙两项目的初始投资相同，所以无论是投资于甲项目还是乙项目，所收到的现金净收入在第 5 年年末的终值应该相同。因此有：

甲项目 1～5 年净现金流量终值＝乙项目 1～5 年净现金流量终值

若以 i 表示再投资利润率，则有：

甲项目 1～5 年净现金流量终值 $= 1\,400(1+i)^4 + 100[(1+i)^3 + (1+i)^2 + (1+i) + 1]$

乙项目 1～5 年净现金流量终值 $= 100[(1+i)^4 + (1+i)^3 + (1+i)^2 + (1+i)] + 3\,813$

所以：

$$1\,400(1+i)^4 + 100[(1+i)^3 + (1+i)^2 + (1+i) + 1]$$
$$= 100[(1+i)^4 + (1+i)^3 + (1+i)^2 + (1+i)] + 3\,813$$

上式经化简得

$$1\,300(1+i)^4 = 3\,713$$

$$i = \sqrt[4]{3\,713/1\,300} - 1 = 30\% = IRR_甲 = IRR_乙$$

这就是说，在用内部收益率法对甲乙两项目优劣比较时，实际上假定了两个投资项目再投资利润率等于其内部收益率。

【例 6-16】 甲、乙两项目各年净现金流量见表 6-29，且贴现率为 10%。试用净现值法比较甲、乙两项目优劣。

表 6-29　甲乙两项目各年净现金流量　　　　　　　　　　　　　　万元

年份	0	1	2	3	4	5
甲项目	−500	1 100	100	100	100	100
乙项目	−500	100	100	100	100	1 564

【解】 经计算得 $NPV_甲 = NPV_乙 = 788$ 万元。由于甲、乙两项目的初始投资相同，所以无论是投资甲项目还是乙项目，所收到的现金净收入在第 5 年年末的终值应该相同。因此有

$$1\ 100(1+i)^4+100[(1+i)^3+(1+i)^2+(1+i)+1]$$
$$=100[(1+i)^4+(1+i)^3+(1+i)^2+(1+i)]+1\ 564$$

上式经化简得

$$100(1+i)^4=1\ 464$$
$$i=\sqrt[4]{1\ 464/100}-1=10\%=贴现率$$

由此可以看出，用净现值法对甲、乙两项目优劣比较时，实际上假定了两个投资项目的再投资利润率等于在计算净现值时所使用的贴现率。

3. 动态投资回收期

动态投资回收期是在考虑了资金时间价值的基础上，以项目所得到的净现金流量现值抵偿项目全部投资的现值所需要的时间。累计净现金流量现值等于零的时间，即动态投资回收期。

动态投资回收期表达式：$\sum\limits_{t=0}^{P_b}(CI-CO)_t(1+i_c)^{-t}=0$

动态投资回收期以年表示，其详细计算公式为

$$投资回收期=\frac{累计净现金流量现值}{开始出现正值期数}-1+\frac{上期累计净现金流量现值}{当期净现金流量现值}$$

将动态投资回收期 P_b 和基准回收期 P_c 相比较，如果 $P_b \leqslant P_c$，开发项目可以接受；反之则不可接受。动态投资回收期反映自投资起始点算起，累计净现值等于零或出现正值的年份即投资回收终止年份。

【例 6-17】 某房地产投资方案现金流量表见表 6-30。如果投资者的目标收益率为 15%，求该投资项目动态投资回收期。

表 6-30　某房地产投资方案现金流量表　　　　　　　　万元

阶段 现金流	土地开发		房屋建设		销售					
年份	0	1	2	3	4	5	6	7	8	9
现金流入	0	0	0	500	1 000	4 000	5 000	5 000	4 000	500
现金流出	500	300	4 000	5 000	50	0	0	0	50	50
累计净 现金流	−500	−800	−4 800	−9 300	−8 350	−4 350	650	5 650	9 600	10 050
净现金 流量现值	−500	−261	−3 025	−2 959	543	1 989	2 162	1 880	1 291	128
累计	−500	−761	−3 786	−6 745	−6 202	−4 213	−2 051	−171	1 120	1 248

动态投资回收期 $=8-1+171/1\ 291=7.13$（年）

【例 6-18】 已知某投资项目的净现金流量见表 6-31。

(1)求该投资项目的财务内部收益率。

(2)如果投资者目标收益率为 12%，求该项目的动态投资回收期。

表 6-31　某投资项目净现金流量　　　　　　　　万元

年份	0	1	2	3	4	5	6
现金流入		300	300	350	400	400	600
现金流出	1 200						
净现金流量	−1 200	300	300	350	400	400	600

【解】　某投资项目净现值试算见表 6-32。

表 6-32　某投资项目净现值计算

年份		0	1	2	3	4	5	6
现金流入			300	300	350	400	400	600
现金流出		1 200						
净现金流量		−1 200	300	300	350	400	400	600
NPV_1 ($i_1=20\%$)	净现值	−1 200	250.00	208.32	202.55	192.92	160.76	200.94
	累计净现值	−1 200	−950.00	−741.68	−539.13	−346.21	−185.45	15.49
NPV_2 ($i_2=21\%$)	净现值	−1 200	247.92	204.90	197.58	186.60	154.20	191.16
	累计净现值	−1 200	−952.08	−747.18	−549.60	−363.0	−208.80	−17.64
NPV_3 ($i_c=12\%$)	净现值	−1 200	267.87	239.16	249.13	254.20	226.96	303.96
	累计净现值	−1 200	−932.13	−692.97	−443.84	−189.64	37.32	341.28

(1)当 $i_1=20\%$ 时，$NPV_1=15.49$ 万元。

(2)当 $i_2=21\%$ 时，$NPV_2=-17.64$ 万元。

$$IRR=i_1+\frac{|NPV_1|\times(i_2-i_1)}{|NPV_1|+|NPV_2|}=20\%+\frac{15.49\times1\%}{15.49+17.64}=20.47\%$$

(3)因为项目在第 5 年累计净现金流量出现正值，所以

$$P_b=\left[累计净现金流量现值开始出现正值期数-1\right]+\left[\frac{上期累计净现金流量现值的绝对值}{当期净现金流量现值}\right]$$

$$=(5-1)+\frac{189.64}{226.96}=4.84(年)$$

由此计算出来的投资回收期通过与行业建议的标准投资回收期或行业平均投资回收期进行比较，如果计算出来的投资回收期小于或等于标准投资回收期或行业平均投资回收期，可以认为项目是可以接受的，否则项目不可行。动态投资回收期的长短受所选择贴现率的影响，因而贴现率较难确定。

4. 财务净现值率(NPVR)

财务净现值与财务内部收益率虽然考虑了资金的时间价值，并较好地反映了项目投资收益能力和水平。但是上述指标属于绝对性指标，没能考虑到投资资金大小的影响，即单位投资的盈利能力。为了能够考虑投资总额对项目的影响，采用了财务净现值率指标(NPVR)。

净现值率(NPVR)是财务净现值和项目总投资现值的比率。其计算公式如下：

$$NPVR=\frac{NPV}{PVI}$$

式中，$NPVR$ 为财务净现值率，NPV 为项目财务净现值，PVI 为项目投资总额现值。在用 $NPVR$ 进行项目财务评价时，数值越大说明其经济效益越好。采用 $NPVR$ 对不同投资方案进行比选时，所使用的折现率和计算期数应该相同，否则不可比。

三、反映清偿能力的指标

(一)投资回收期(静态、动态)

投资回收期既是反映盈利能力的指标，又是反映清偿能力的指标。

1. 利息计算方法

假定借款发生当年均在年中支用，按半年计息，其后年份按全年计息；还款当年按年末偿还，按全年计息。

近似计算公式：

$$第\ n\ 年应计利息=(年初借款本息累计+\frac{本年借款额}{2})\times 贷款利率$$

2. 还本付息的方式

(1)一次还本利息照付：借款期间每期仅支付当期利息而不还本金，最后一期归还全部本金并支付当期利息。

(2)等额还本利息照付：规定期限内分别归还等额的本金和相应的利息。

(3)等额还本付息：在规定期限内分期等额摊还本金和利息。

(4)一次性偿付：借款期末一次偿付全部本金和利息。

(5)气球法：借款期内任意偿还本息，到期末全部还清。

(二)借款偿还期

借款偿还期是指在国家规定及房地产投资项目具体财务条件下，项目开发经营期内使用可用作还款的利润、折旧、摊销及其他还款资金偿还项目借款本息所需要的时间。其计算公式如下：

$$I_d = \sum_{t=1}^{P_d} R_t$$

式中　I_d——项目借款还本付息数额（不含已用资本金支付的建设期利息）；

　　　P_d——借款偿还期（从借款开始期计算）；

　　　R_t——第 t 期可用于还款的资金。

借款偿还期可用资金来源与运用表或借款还本付息表直接计算。其计算公式如下：

$$借款偿还期 = \frac{借款偿还后开始}{出现盈余的年份} - 开始借款年份 - 1 + \frac{当年偿还借款数/当年}{可用于还款的收益额}$$

需要注意的是，以上计算结果是以期为单位，要将其转换为以年为单位。

对于出租经营为主的房地产项目，偿还借款的资金来源包括折旧、未分配利润等。对于以销售为主的房地产项目，通常不计算其借款偿还期。

房地产置业投资项目和房地产开发之后进行出租经营或自营的项目，需要计算借款偿还期；房地产开发项目用于销售时，不计算借款偿还期。

（三）利息备付率

利息备付率（ICR）是指项目在借款偿还期内各年用于支付利息的税息前利润，与当期应付利息费用的比率。其计算公式如下：

$$利息备付率 = \frac{税息前利润}{当期应付利息费用}$$

税息前利润是指利润总额与计入总成本费用的利息费用之和；当期应付利息是指当期计入总成本费用的全部利息。

偿债备付率表示使用项目利润偿付利息的保障倍数。一般房地产投资项目的该指标值应该大于 2。

（四）偿债备付率

偿债备付率（DCR）是指项目在借款偿还期内各年用于还本付息的资金，与当期应付还本付息金额的比率。其计算公式如下：

$$偿债备付率 = \frac{可用于还本付息资金}{当期应还本付息资金}$$

偿债备付率表示项目可用于还本付息的资金偿还借款本息的保障倍数。一般房地产投资项目的该指标值应该大于 1.2。

（五）资产负债率

资产负债率是项目负债总额与资产总额之比，表明在整个项目资金构成中，债权人提供资金所占的比率。资产负债率揭示了项目投资人对债权人债务的保障程度，是分析项目长期债务清偿能力的重要指标。资产负债率计算公式如下：

$$资产负债率 = 负债总额/资产总额 \times 100\%$$

资产负债率究竟多高才算合理，没有统一规定。它取决于项目（企业）的盈利水平、银行贷款利率、通货膨胀率、国民经济的积累率和国民经济发展水平。一般来说，项目

盈利率较高，其可承受负债率也比较高；贷款利率提高，会使企业债务减少；国民经济景气时，企业会提高负债率。另外，规模较大、期限较长、投资额较大的项目，其资产负债率也高。

资产负债率增加，说明项目债务压力增大，破产风险增大。一般来说，当自有资金利润率上升，且大于银行贷款利率时，说明负债经营是正确的，举债扩大了经营规模，新增利润在支付了贷款利息后增加了项目的净收益；反之则说明给项目带来了风险，风险偏高，应适当调整。

(六)流动比率

流动比率是项目流动资产与流动负债之比。它是反映项目资金变现为现金以偿还流动负债的能力指标。其计算公式如下：

$$流动比率＝流动资产/流动负债$$

流动资产是指可以在一年内或超过一年的一个营业期内变现或运用的资产。其包括现金、各种存款、短期投资、应收款项、存货、预付款项等。

流动负债是指将在 1 年(含 1 年)或超过 1 年的一个营业周期内偿还的债务。其包括短期借款、应付票据、应付账款、预收账款、应付工资、应付福利费、应付股利、应交税金、其他暂收应付款项、预提费用和一年内到期的长期借款等。

流动比率描述的是项目流动资产变现为现金以偿还流动负债的能力。流动比率的高低反映了项目承受流动资产贬值的能力和偿还中、短期债务能力的强弱。流动比率越高，说明该项目偿还能力越强，企业因无法偿还到期的流动负债而产生的财务风险越小。一般情况下，房地产企业的流动比率在 1.2 左右比较合适。

(七)速动比率

速动比率是指项目速动资产与流动负债之比。它是反映项目快速偿付流动负债能力的指标。其计算公式如下：

$$速动比率＝\frac{速动资产}{流动负债}\times100\%$$

速动比率指标属于短期偿债能力指标。其反映项目流动资产总体变现或近期偿债的能力。速动资产是指能迅速转变为货币资金的流动资产，如货币资金、应收账款等。其是对流动比率的补充，流动比率仅仅反映了企业流动资产与流动资产负债之间的关系，不能完全表明企业偿债能力。如果流动比率比较高，但是资产的流动性差，那么企业的偿债能力仍旧不高。由于流动负债一般需要用货币资金支付，而流动资产中有的变现能力强，有的则很弱，一般情况下，认为流动资产中存货能力比较差，影响用流动比率评价短期偿债能力的准确性，所以，用速动比率反映项目的短期偿债能力指标更为精准。

一般情况下，速动比率越高；企业偿还负债能力越高；反之负债能力则弱。其值一般以 1 最为恰当，但在实际房地产市场开发中，0.65 是比较合适的。

【例6-19】 从某房地产投资项目的资产负债表上，可以得到以下项目信息：负债合计为 3 000 万元，资产合计为 5 000 万元，流动资产和流动负债分别为 2 500 万元和 1 500 万元，存货为 1 800 万元。试计算该房地产投资项目的资产负债率、流动比率和速动比率。

【解】

$$资产负债率 = \frac{负债合计}{资产合计} \times 100\% = \frac{3\ 000}{5\ 000} \times 100\% = 60\%$$

$$流动比率 = \frac{流动资产总额}{流动负债总额} = \frac{2\ 500}{1\ 500} = 1.67$$

$$速动比率 = \frac{流动资产总额 - 存货}{流动负债总额} \times 100\% = \frac{2\ 500 - 1\ 800}{1\ 500} \times 100\% = 47\%$$

单元四　Excel 在房地产项目财务评价中的应用

在房地产投资经济评价中往往需要编制一些财务报表，在编制这些表格时，通常要采用电子表格的形式，否则会造成不必要的错误。尤其是当对某张表格中的数据进行调整时，如果某一个数据发生变化，会使表格中的其他数据发生变化，此时采用电子表格的形式进行编制可以节省很多时间及精力。因此，作为房地产分析人员，需要掌握 Excel 电子表格等软件。下面以 Excel 2010 为例，探讨在房地产投资项目财务分析中如何应用的问题。

一、净现值的 Excel 操作

Excel 提供了净现值函数 NPV，可以用它计算项目现金流量的净现值。NPV 函数用于通过使用贴现率及一系列未来支出（负值）和收入（正值），返回一项投资的净现值。NPV 函数的语法是：NPV(rate，value1，value2，…)。

（1）rate：表示折现率。

（2）value1，value2，…：表示现金流量值，其中 value1 是必需的，后续值是可选的。特别需要注意 value1，value2，…在时间上必须具有相等间隔，并且都发生在期末。如果第一笔现金流发生在第一期期初，也就是 0 时刻，则这笔现金不应包含在值参数中。

以例 6-9 为例，在 Excel 中输入相关数据，如图 6-5 所示。

	A	B	C	D	E	F	G
1	年份	0	1	2	3	4	5
2	净现金流量	-1000	200	350	350	450	450
3	折现率	10%					
4	净现值						

图 6-5　净现值计算数据输入

选中 B4 单元格，在公式编辑栏中输入公式"＝NPV(B3，C2：G2)＋B2"，按 Enter 键，则计算结果如图 6-6 所示。需要注意的是，第一期期初的净现金流量－1 000 不能计算入 NPV 函数。

	A	B	C	D	E	F	G
1	年份	0	1	2	3	4	5
2	净现金流量	-1000	200	350	350	450	450
3	折现率	10%					
4	净现值	¥320.81					

图 6-6　净现值计算结果

二、财务内部收益率的 Excel 操作

Excel 提供了内部收益率函数 IRR 计算项目现金流的内部收益率。IRR 函数用于返回由数值代表的一组现金流的内部收益率。IRR 函数的语法：IRR(values，guess)。

（1）values：表示现金流量值；

（2）guess：表示猜测的内部收益率，可不填。

以例 6-12 为例，在 Excel 中输入相关数据，如图 6-7 所示。

	A	B	C	D	E	F	G
1	年份	0	1	2	3	4	5
2	净现金流量	−100	20	30	30	40	50
3	内部收益率						

图 6-7　财务内部收益率计算数据输入

选中 B3 单元格，在公式编辑栏中输入公式"＝IRR(B2：G2)"，按 Enter 键，并设置 B3 单元格百分比格式为取小数位数为 2，则计算结果如图 6-8 所示。

	A	B	C	D	E	F	G
1	年份	0	1	2	3	4	5
2	净现金流量	−100	20	30	30	40	50
3	内部收益率	17.71%					

图 6-8　财务内部收益率计算结果

模块小结

财务分析也称财务评价，是指投资分析人员在房地产市场调查与预测，项目策划，投资、成本与费用估算，收入估算与资金筹措等基本资料和数据的基础上，通过编制基本财务报表，计算财务分析指标，对房地产项目的盈利能力、清偿能力和资金平衡情况所进行的分析，据此评价和判断投资项目在财务上的可行性。房地产投资财务分析目标主要是测算盈利能力、测算清偿能力、衡量项目的资金平衡能力。在完成房地产投资环境分析与市场分析、房地产项目投资与成本费用估算和房地产筹资与融资分析等基础工作后，就可以通过编制财务报表、计算财务评价指标，进而进行盈利能力分析、偿债能力分析和财务生存能力分析，据以判断项目在财务上的可行性。反映盈利能力的指标主要有成本利润率(RPC)、投资利润率、投资利税率、资本金利润率、资本金净利润率、静态投资回收期、财务净现值(NPV)、内部收益率(IRR)、动态投资回收期、财务净现值率(NPVR)。反应清偿能力的指标主要有投资回收期(静态、动态)、借款偿还期、利息备付率、偿债备付率、资产负债率、流动比率、速动比率。Excel 提供了净现值函数 NPV，可以用它计算项目现金流量的净现值。Excel 提供了内部收益率函数 IRR 计算项目现金流的内部收益率。

课后习题

一、填空题

1. 财务分析基本报表主要有_____、_____、_____、_____等。

2. _____是反映房地产投资项目在计算期内各年的资金盈余或短缺情况，以及项目的资金筹措方案和贷款偿还计划的财务报表。

3. 一般房地产投资项目的偿债备付率应该大于_____。

4. _____函数用于返回由数值代表的一组现金流的内部收益率。

二、单项选择题

1. ( )综合反映项目计算期内各年年末资产、负债和所有者权益的增减变化及对应关系，以考察项目资产、负债、所有者权益的结构是否合理，用以计算资产负债率、流动比率、速动比率等指标，进行清偿能力分析。

　　A. 利润表　　　　　B. 资产负债表　　　　C. 资金来源与运用表　D. 现金流量表

2. 下列不属于静态分析指标的是( )。

　　A. 借款偿还期　　　B. 投资利税率　　　　C. 财务比率　　　　　D. 财务净现值

3. 下列不属于盈利能力指标的是( )。

　　A. 投资利润率　　　　　　　　　　　　B. 财务比率

　　C. 财务净现值　　　　　　　　　　　　D. 财务内部收益率

三、简答题

1. 简述房地产开发投资财务分析的作用。

2. 房地产投资财务分析的目标是什么?

3. 简述房地产投资财务分析程序。

4. 还本付息的方式有哪些?

四、计算题

1. 开发某商品住宅楼，第一年的现金流出为 787 万元，现金流入为 520 万元；第二年现金流出为 2 326 万元，现金流入为 1 212.5 万元。若贴现率为 10%，求该商品住宅楼项目的净现值。

2. 某项目预计净现金流量见表 6-33，贴现率 $i=15\%$，试计算该项目动态投资回收期。

表 6-33　项目净现金流量　　　　　　　　　　　　　　　　　　　　万元

年份	0	1	2	3	4	5	6	7	8	9	10
净现金流量	−2 300	−3 000	−490	815	1 826	2 626	2 626	2 626	2 626	2 626	2 626

3. 某房地产开发项目总投资支出为 120 000 万元，从开发第二年起，开始有建成房屋可售，每年可实现利润总额为 23 000 万元，销售税金为 7 800 万元，年所得税税率为 33%，资本金为 40 000 万元。如果基准收益率为 15%，试计算项目的投资利润率、投资利税率、

资本金利润率，并判断该项目是否可行。

4. 设某一房地产项目的开发建设有表 6-34 所示三个投资方案，试计算这三个方案的净现值率，并比较其大小。

表 6-34 三个投资方案   万元

方案	净现值	总投资现值
方案一	1 500	8 000
方案二	1 000	5 000
方案三	900	4 000

5. 某房地产投资项目的净现金流量见表 6-35。试求该项目的内部收益率。

表 6-35 某房地产投资项目的净现金流量   万元

年度	0	1	2	3	4	5
净现金流量	−100 000	25 000	30 000	35 000	40 000	45 000

6. 应用 Excel 软件对计算题 5 进行求解。

模块七

房地产投资不确定性与风险分析

通过本模块的学习，了解房地产投资项目不确定的含义、原因、主要因素，风险含义，房地产投资风险与回报，房地产投资风险主要类型；掌握房地产投资盈亏平衡分析、敏感性分析，房地产投资风险度量方法，房地产投资风险概率分析。

能够对某房地产开发项目，根据具体情况，在完成环境分析、市场分析、融资及财务分析等前提下，对其进行不确定性分析。

单元一　房地产投资不确定性分析概述

一、房地产投资项目不确定性的含义

本书前几章所论述的项目投资评价是在确定性情况下对项目所做的财务效益分析和经济效益分析。这里提到的"确定性"是相对的，表示在项目分析评价中对一些基础数据和基本指标在调查研究的基础上，根据评估者及决策者历来的经验与收集的历史资料，所做的特定假设、估计和预测，在评价当时具有一定的把握性。但由于环境、条件及有关因素的变动和主观预测能力的局限，所确定的基础数据、基本指标和项目的经济效益结论，有时不符合评估者和决策者所做的某种确定的假设、估计和预测，这种现象就称为不确定性。

不确定分析是指决策方案受到各种事前无法控制的外部因素变化与影响所进行的研究和估计。其是决策分析中常用的一种方法。通过不确定分析，可以尽量弄清楚和减少不确定性因素对经济效益的影响，预测项目投资对某些不可预见的政治与经济风险的抗冲击能力。

对投资项目进行不确定性分析就是对未来将要发生的情况加以掌握，分析这些不确定性因素在什么范围内变化，这些因素的变化对项目经济效益的影响程度如何。通过综合分析，就可以对提出的投资建议是否接受做出判断，或提出具体的论证和建议，对原投资方案进行修改，以便作出更切合实际的投资决策。

二、房地产投资项目产生不确定性的原因

房地产投资项目产生不确定性的原因有很多，主要体现在以下几个方面：

（1）房地产项目是一个获益于未来的投资计划，未来总是不确定的。在技术进步、资源开发及社会发展的未来过程，特别是房地产项目的社会经济环境，总是给予开发、经营各种多变的影响，国家宏观调控政策、各种改革措施对投资项目也有着重要的影响，尤其是对投资项目的收益。这些未来发生的事件几乎无法准确地加以预测，增加了投资的不确定性。

（2）许多非物质的成本和效益的分析评价，要靠分析者个人价值判断。人类的判断能力受到多方面因素的影响，所以，人们不可能准确无误地预测未来的一切。人的能力等主观因素、预测工具及工作条件的限制，使预测结果与实际情况有或大或小的差别。另外，不同的人对同一事物的判断也是不同的。

（3）分析者掌握的信息是有限的。有时所需资料缺乏，没有充分的时间去收集必要的资料，所以，分析者获得充分的信息需要耗费大量的时间及金钱，从而导致分析者掌握的信息是十分有限的，在这个基础上进行推断、预测并得出结论，需要做出大量的假设，不利于及时、准确地作出决策，增加了投资项目的不确定性。

总之，不确定性存在于房地产投资构成及对它的分析之中。房地产投资的不确定性可以出自它的内部，也可以出自它的外部。它的内部结构和组织成分可以与预期的不同；其外部环境则随着房地产投资的进展而发生变化。

在任何情况下，不确定性都要在房地产投资分析过程中加以处理。无论采用哪种投资方法和程序，不确定分析都是房地产投资分析中一个必不可少的组成部分。

三、房地产投资项目的主要不确定性因素

（一）土地费用

土地费用是房地产开发项目评估中一个重要的计算参数。在进行项目评估时，如果开发商还没有获取土地使用权，土地费用往往是参照近期土地成交的案例，通过市场比较或其他方法来估算土地费用。而土地费用由于由土地出让金、土地征用费、城市建设配套费和拆迁安置补偿费等组成，在地块现状条件比较复杂和土地交易市场不很健全的情况下，很难准确估算。

房地产市场的变化也会导致土地费用的迅速变化。有关统计分析表明，在大城市中心区，土地费用已占到总开发成本的$50\%\sim60\%$；在城市郊区，该项费用也占到总开发成本的30%左右。随着城市发展和城市可利用土地资源的减少，土地费用在城市房地产开发项目总开发成本中所占的比例日益增大。显然，在土地价格波动剧烈的情况下，土地费用的

变化对房地产开发项目财务评价结果的影响非常巨大。如果土地费用一旦超过项目开发成本的底线，则该项目将变得无利可图甚至亏损。

(二)建筑安装工程费用

在房地产开发项目评估过程中，建筑安装工程费用的估算比租金售价的估算要容易一些，但即使这样，评估时所使用的估算值与实际值也很难相符。导致建筑安装工程费用发生变化的原因主要有以下两种：

(1)开发商在决定购置某块土地之前，通常要进行费用估算，并测算能承受的最高地价。当开发商获得土地使用权后，会选择承包商签订建设工程承发包合同。由于建筑安装工程费用的估算时间与承包商签订合同之间经历了购置土地使用权等一系列前期准备工作，两者的时间往往相隔比较久，这期间可能会由于建筑材料或劳动力价格水平的变化导致建筑安装工程费用出现上涨或下跌的情况，使进行项目评估时估计的建筑安装工程费用与签订承包合同时的标价不一致。如果合同价高于原估算值，则开发商利润就会减少；反之，如果合同价低于原估算值，则开发商利润就会增加。

(2)当建筑工程开工后，由于建筑材料价格和人工费用发生变化，也会导致建筑安装工程费用改变。这种改变对开发商是否有影响，要看工程承包合同具体签订的形式。如果承包合同是固定总价合同，则建筑安装工程费用的变动风险由承包商负担，对开发商基本无影响。否则，开发商要承担项目建设阶段由于建筑材料价格和人工费用上涨所引起的建筑安装工程费用的增加额。

(三)租售价格

项目楼盘的租售收入是项目收益的主要来源。因此，房地产开发商从项目启动以来，就一直致力于项目楼盘的宣传、推广等营销工作。然而准确地估算租金和售价又非易事。在房地产可行性研究阶段，租金或售价的确定是通过与市场上近期成交的类似物业的租金或售价进行比较、修正后得出的。但同类型物业市场上供求关系的变化，开发过程中社会、经济、政治和环境等因素的变化，都会对物业租售价格水平产生影响，而这些影响是很难事先定量描述的。

(四)开发周期

我国房地产项目开发周期包括土地获取、规划设计、施工准备、工程建设、预售、竣工验收、交房等阶段，每一个阶段又包括一些子阶段，其中有许多具体的工作需要完成。

整个开发阶段的持续时间较长，任何一个环节的拖延都有可能导致整个开发周期的延长。例如，在保送规划设计方案阶段，若开发商报送的方案不能马上得到政府有关部门的批准或批准的方案开发商不满意，这不仅会使项目的规模、布局发生变化，还会拖延宝贵的时间。在施工中，某些建筑材料或设备短缺、恶劣气候，或者基础开挖中发现重要文物或未预料到的特殊地质条件等都可能会导致工程停工，使施工工期延长。开发周期的延长意味着房地产开发商的前期投入成本将不断增加，包括贷款利息、施工成本、项目管理的人力成本、固定资产折旧的增加，进而提高工程造价，同时，推迟销售资金的回笼，降低现金流入的净现值，并伴随有更多的市场变化风险，这一切都将影响项目投资效果。

（五）容积率及有关设计参数

容积率是指一个小区的地上总建筑面积与净用地面积的比率，又称建筑面积毛密度。对于住户来说，容积率直接涉及居住的舒适度。容积率越低，居民的居住舒适度越高，同时每平方米售价也越高；反之，容积率越高，居住舒适度越低，则每平方米售价也越低。

当开发项目用地面积一定时，容积率的大小就决定了项目可建设建筑面积的数量，而建筑面积直接关系项目的租售收入和建筑安装工程费用。然而在项目评估阶段，开发商不一定能拿到政府有关部门的规划批文，因此，容积率和建筑面积是不确定的。即使有关部门批准了开发项目的容积率或建筑面积，项目可供出租或出售的面积仍然不能完全肯定。因为出售时公共面积的可分摊和不可分摊部分、出租时可出租面积占总建筑面积的比例等参数，在项目评估阶段只能根据经验大致估算。

（六）融资成本

房地产业开发资金需求量大，仅仅依靠企业自有资金不可能完成项目开发，因而开发商必须通过各种手段进行外源性融资。房地产项目融资成本的影响因素包括贷款利率、筹资费用、杠杆比率，如果贷款利率、筹资费用、杠杆比率都比较高，则说明房地产开发商的建设资金主要来自贷款，融资成本整体较高。这时，一旦项目的毛利润率不高甚至处于微利水平，则扣除融资成本以后，项目难以实现盈利。另外，在建设期间，一旦政府宏观调控政策出现变化，如收缩投资、减少基建计划，或者提高市场利率，都会给房地产开发商的后期资金筹措带来困难，极大提高了融资成本。

单元二　房地产投资不确定性分析

房地产投资不确定性分析一般根据项目的类型、特点、复杂程度分为盈亏平衡分析、敏感性分析和概率分析。由于进行全面的不确定性分析工作量很大，特别是概率分析，所以，除非是对于重大关键骨干项目或不确定性较大的项目，一般只需进行盈亏平衡分析和敏感性分析。

一、房地产投资盈亏平衡分析

盈亏平衡分析又称损益平衡分析或量-本-利分析，是对项目的生产规模、成本和销售收入进行综合分析的一种技术经济分析方法。有时盈亏平衡也用于分析达到目标收益水平时项目的销售价格或租金、成本、销售率或出租率所处的状态。其广泛应用于经营分析、成本管理和方案选择等领域。

对于一个投资项目而言，随着产销量的变化，盈利和亏损之间一般至少有一个转折点，称之为盈亏平衡点（Break Even Point，BEP）。在这一点上，项目的收入与支出持平，净收入等于零。它是开发企业的销售收入扣除销售税金后与成本相等的经营状态，即边际利润等于固定成本时企业所处的既不盈利又不亏损的状态。

进行房地产投资盈亏平衡分析就是确定投资活动的盈亏平衡点。根据这个平衡点，投资者可以判断投资项目对市场需求变化的适应能力、盈利能力和抗风险能力。它特别适用于先开发后出售的投资项目的经济评价。

1. 盈亏平衡点分析数学模型

（1）成本与业务量。房地产项目的开发经营成本与其他商品经营成本相同，按成本额与业务量的关系可分为固定成本与变动成本两类。固定成本是指在一定范围内不随业务数量的变化而变化的相对稳定的成本；变动成本是指那些随着业务数量的变化而变化的成本。

（2）盈亏平衡点分析的数学模型。假设产量和销量相同，则：

利润＝单位售价×销量－单位售价×销量×销售税率－单位变动成本×销量－固定成本
　　　＝单位售价×销量×（1－销售税率）－单位变动成本×销量－固定成本

设：Z 表示利润；P 表示单位售价；Q 表示产（销）量；r 表示销售税率；C_v 表示单位变动成本；C_F 表示固定成本；

则上述公式可表示为

$$Z=PQ(1-r)-C_vQ-C_F$$

2. 盈亏平衡分析分类

根据成本、销售量和收益之间是否呈线性关系，盈亏平衡分析可以分为线性盈亏平衡分析和非线性盈亏平衡分析。

（1）线性盈亏平衡分析。

1）线性盈亏平衡应用条件。线性盈亏平衡分析是指收入、成本、利润等均和产量呈线性关系的盈亏平衡分析。一般情况下，需要满足以下五个条件：

①房地产产品的总销售收入和生产总成本是房地产开发面积（或产品产量）的线性函数；

②房地产产品的生产量和销售量相等，即开发的房地产能全部销售出去；

③房地产产品的固定成本和单位租售价格在产品租售期间保持不变；

④同时开发几种不同类型的房地产产品时，应将其组合折算成一种产品；

⑤计算所使用的各种数据是正常生产年度的数据。

2）线性盈亏平衡分析基本计算公式。利用盈亏平衡点分析的数学模型：

$$Z=PQ(1-r)-C_vQ-C_F$$

其中含有相互联系的 6 个变量，给定其中 5 个，便可求出另一个变量的值。所以，公式经过变形，可以分别求出 Z、Q、P、C_v、C_F。如

①求预期利润时：

$$Z=PQ(1-r)-C_vQ-C_F$$

②求单价时：

$$P=\frac{(Z+C_F+C_vQ)}{Q(1-r)}$$

当盈亏平衡即 $Z=0$ 时，销售单价 $P_i=\dfrac{(C_F+C_vQ)}{Q(1-r)}$

P_i 表示开发项目产品售价下降到预定可接受的最低盈利水平时的最低售价。P_i 与预计售价之间的差距越大，表明该房地产开发项目承受风险的能力越强。

分析盈亏平衡销售单价时还需要计算销售单价允许降低的最大幅度，其计算公式如下：

$$\eta_P = \frac{(P - P_i)}{P \times 100\%}$$

通过市场调查与预测，可以判断最大幅度 η_P 出现的可能性。可能性越大，说明项目的风险越大；反之越小。

③求销量时：

$$Q = \frac{(Z + C_F)}{[P(1-r) - C_v]}$$

当盈亏平衡即 $Z = 0$ 时，即开发项目达到盈亏平衡时，项目的销售量 $Q_i = \frac{C_f}{[P(1-r) - C_v]}$

当房地产开发项目的销量达到 Q_i 时，项目开发的总收入与总支出平衡。也就是说，为了实现盈亏平衡，房地产开发项目在预定的产品售价条件下，必须达到的销售量为 Q_i。

Q_i 与预计产品销售量之间的差距越大，表明该房地产开发项目承受市场风险的能力越强。

分析盈亏平衡销售量还需要计算销售量允许降低的最大幅度 η_Q。其计算公式如下：

$$\eta_Q = \frac{(Q - Q_i)}{Q \times 100\%}$$

通过市场调查与预测，可以判断最大幅度 η_Q 出现的可能性。可能性越大，说明项目的风险越大。反之越小。

④求单位变动成本时：

$$C_v = \frac{[PQ(1-r) - Z - C_F]}{Q}$$

⑤求固定成本时：

$$C_F = PQ(1-r) - C_v Q - Z$$

⑥求销售收入时：

$$M = QP = \frac{P(Z + C_F)}{[P(1-r) - C_v]}$$

M 代表该项目计划年收入。

以上主要是针对以销售为主的开发项目在盈亏平衡时的销售量、销售单价及销售收入等，如果以出租为主，可相应进行盈亏平衡租金、盈亏平衡出租面积及盈亏平衡出租率等的计算。

【例 7-1】 已知某房地产开发项目固定成本为 1 200 万元，单位变动成本为 1 200 元/m²，销售税率为 6%，如果商品房平均售价 P 为 3 000 元/m²，拟获利 Z 为 1 000 万元，那么至少应开发的商品房面积 Q 为多少？如果开发的商品房面积为 5 万/m²，开发商拟获利 Z 为 1 500 万元，那么商品房定价至少不能低于多少？

【解】 已知 $C_F = 1\ 200$ 万元，$C_v = 1\ 200$ 元/m²。

(1) $P = 3\ 000$ 元/m²，$Z = 1\ 000$ 万元，将已知条件代入计算式，得出：

$$Q_i = \frac{C_F}{[P(1-r) - C_v]} = \frac{1\ 200 \times 10^4}{[3\ 000 \times (1 - 6\%) - 1\ 200]} = 7\ 407.4\ (\text{m}^2)$$

$$Q = \frac{(Z + C_F)}{[P(1-r) - C_v]} = \frac{1\ 000 \times 10^4 + 1\ 200 \times 10^4}{3\ 000(1 - 6\%) - 1\ 200} = 13\ 580.25\ (\text{m}^2)$$

计算表明，该项目至少应该开发 7 407.4 m²，才能保证不会亏损。如果希望盈利 1 000 万元，至少应开发 13 580.25 m²。

(2)$Q = 50\ 000$ m²，$E = 1\ 500$ 万元，将已知条件代入公式，得出：

$$P_i = \frac{(C_F + C_v Q)}{Q(1-r)} = \frac{(1\ 200 \times 10^4 + 1\ 200 \times 5 \times 10^4)}{5 \times 10^4 \times (1 - 6\%)} = 1\ 531.9 (\text{元}/\text{m}^2)$$

$$\frac{P = (Z + C_F + C_v Q)}{Q(1-r)} = \frac{(1\ 500 \times 10^4 + 1\ 200 \times 10^4 + 1\ 200 \times 5 \times 10^4)}{5 \times 10^4 \times (1 - 6\%)} = 1\ 851.1 (\text{元}/\text{m}^2)$$

计算表明，该项目至少定价 1 531.9 元/m²，才能保证不会亏损。如果希望盈利 1 500 万元，那么至少应把房价定位 1 851.1 元/m²。

3)线性盈亏平衡分析图解法。将销量、成本、利润之间的关系反映在直角坐标系中，即盈亏点分析图解法。绘制盈亏平衡分析图，可按下列步骤进行：

①选定直角坐标系，以收入和成本为纵轴，产量或销售量为横轴。

②在纵轴上找出固定成本数值，以此为起点，绘制一条与横轴平行的固定成本线。

③以固定成本线的起始点为起点，以单位变动成本为斜率，绘制总成本线。

④以坐标原点为起点，以单价为斜率，绘制销售收入线。

对于线性盈亏平衡分析，产量、固定成本、可变成本、销售收入、利润之间的关系如图 7-1 所示。

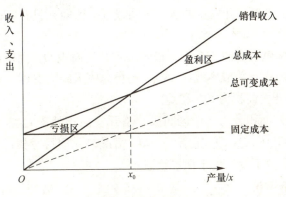

图 7-1 盈亏平衡分析图

在以收入和支出为纵轴，产量或销售量为横轴的坐标上，按正常年份的产量画出固定成本线和可变成本线，按固定成本和可变成本之和为总成本画出总成本线，然后按生产年份的产量或销售量与单价画出销售收入线，两条直线的交叉点即盈亏平衡点，即图中的 x_0。

从盈亏平衡图上可以看出，平衡点的总成本和总收入相等，如果产量超过平衡点的产量，项目有盈利；而低于此点，项目就亏损。由此盈亏平衡点越低，达到平衡点的产量和销售收入与成本也就越少，只要生产少量的产品就能达到项目的收支平衡。所以，平衡点的值越小，项目盈利的机会就越大，亏损的风险就越小。

(2)非线性盈亏平衡分析。线性分析是在假设房地产项目的销售收入和生产总成本与产销量呈线性关系的条件下进行的分析。而在实际中，固定成本、单位产品可变成本和售价等均会发生变动，销售收入和生产成本与产销量的关系并不一定是线性关系。在这种情况下就要采用非线性分析方法进行分析。

下面通过图 7-2 对非线性盈亏平衡分析法进行简要说明。

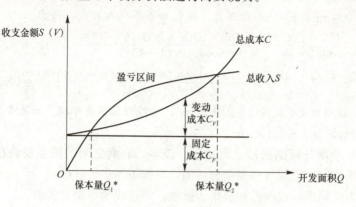

图 7-2　图解非线性盈亏平衡分析

非线性盈亏平衡分析首先要建立合适的销售收入函数 $S(Q)$ 和总成本函数 $C(Q)$，则项目利润 $E=S(Q)-C(Q)$。

通过解方程式 $E=S(Q)-C(Q)=0$，即可求得保本量 Q^*。一般情况下，Q^* 将会有多解。注意此时多个 Q^* 将形成开发量的盈利区间或亏损区间，只有落在盈利区间的开发量才是可行的选择方案。

如图 7-2 所示，纵轴表示收支金额，横轴表示开发面积 Q，固定成本线为 CF 线，其与可变成本 CV 两者叠加得到总成本线（C 线），销售总收入线为 S 线。盈亏平衡点为 C 线与 S 线的交点，相对应的开发面积为 Q_1^* 和 Q_2^*。

盈亏平衡点把开发面积分为 3 个区间段，当开发面积处于 $Q_1^*<Q<Q_2^*$ 情况时，项目盈利；当开发面积处于 $0<Q<Q_1^*$ 或者 $Q>Q_2^*$ 情况时，项目亏损；当开发面积 $Q=Q_1^*$ 或者 $Q=Q_2^*$ 时，项目不盈不亏，处于保本状态。

3. 盈亏平衡分析评价

（1）盈亏平衡分析优点。盈亏平衡分析方法是最简单的不确定性分析方法，仅仅通过分析计算投资项目的量本利间的关系，找出平衡点，就可以了解项目对市场需求变化的适应能力，掌握各种不确定性因素的变化对项目收支平衡的影响。盈亏平衡分析使决策的外界条件简单化，所以很容易弄清楚分析的目的和结果，正因为如此，盈亏平衡分析广泛地应用在房地产投资项目评价中。

（2）盈亏平衡分析局限性。首先，其局限性表现在其建立在假定的前提条件下，这些假设是比较理想化的，在现实生活中很难满足。尽管偶尔有一个符合条件的，也不可能同时满足条件，所以在这种程度上，盈亏平衡分析的结果又带有一定的不确定性。其次，其局限性在于使投资决策过于简单化，对于某些问题，盈亏平衡分析不能回答。如市场需求量有没有可能低于保本量，如果有可能，可能性有多大等。另外，仅以盈亏平衡点的高低来判断投资方案的优劣，不一定能够得到最佳方案。因为有时在更高的盈利安全性与获取更大盈利的可能性两者之间作出选择，这一点，盈亏平衡分析很难做到，只能依靠风险分析来实现。

二、敏感性分析

在项目的整个寿命周期内，会有许多不确定性因素影响着项目的经济效益。但是其影响程度各不相同。有些因素比较小的变化就会引起经济效益评价指标比较大的变化，甚至变化超过了临界点，影响原有的决策，我们称这些因素为敏感性因素。反之，有些因素发生比较大的变化却只引起经济效益评价指标比较小的变化甚至不发生变化，我们称这些因素为不敏感性因素。敏感性分析是研究和预测项目的主要变量发生变化时，导致项目投资效益的主要经济评价指标发生变动的敏感程度的一种分析方法。

敏感性分析实质上就是在诸多的不确定因素中，确定哪些是敏感因素，哪些是不敏感因素，并分析敏感性因素对项目经济评价指标的影响程度。

1. 进行敏感性分析的目的

(1)通过敏感性分析，找出影响项目效果的最主要因素。影响项目的敏感因素不可能只有一个，而且各因素影响程度也不尽相同，通过敏感分析，找出影响最大因素，作为经济分析重点因素，从而提供与之相关因素的可靠度，提高整个评价工作的质量。

(2)通过敏感性分析，寻找敏感性因素，观察其变动范围，了解项目可能出现的风险程度，以便集中注意力，重点研究敏感因素产生的可能性，并制定出应变对策，最终使投资风险减少，提高决策的可靠性。

(3)通过敏感性分析，可以得出各种敏感性因素的偏差在多大范围内是可行的。计算出允许这些敏感性因素变化的最大幅度(或极限值)，或者说预测出项目经济效益变化的最乐观和最悲观的临界条件或临界数值，以此判断项目是否可行。例如，价格是开发项目中非常重要的敏感性因素，通常难以把握其变化程度，通过敏感性分析可以揭示价格在什么范围内变动时，项目仍旧是有利可图的，以此作为价格风险的尺度，然后根据实际情况调整价格策略。

(4)通过敏感性分析，可以对不同的投资项目(或某一项目的不同方案)进行选择，一般应选择敏感程度小、承受风险能力强、可靠性大的项目或方案。

2. 敏感性分析方法

(1)单变量敏感性分析。假设各变量之间相互独立，每次只考察一项可变参数，其他参数保持不变，以考察该变量对经济指标的影响。这种分析叫作单变量敏感性分析，也叫作单因素敏感性分析。

1)单变量敏感性分析的步骤。

①确定分析指标。

②选择需要分析的变量。

③研究并确定各变量的变动范围，并列出各变量不同的变化幅度(如±5%、±10%等)或不同取值的几种状态。

④通过分析各变量变动对经济评价指标的影响程度，建立相应模型与数量关系，确定敏感性因素。

2)单变量敏感性分析图。敏感性分析图是通过在坐标图上做出各个不确定性因素的敏感性曲线，进而确定各个因素的敏感程度的一种图解方法，它可以求出导致项目由可行变为不可行的不确定性因素变化的临界值。具体做法是：

①将各个变量因素的变化幅度作为横坐标，以某个评价指标(敏感性分析的对象，如内部收益率)为纵坐标作图。

②根据敏感性分析的计算结果绘制出各个变量因素的变化曲线，其中与横坐标相交角度较大的变化曲线所对应的因素就是敏感性因素。

③在坐标图上作出项目分析指标的临界曲线(如 $NPV=0$，$FIRR=i_c$ 等)，求出变量因素的变化曲线与基准收益率曲线(即临界曲线)的交点，则交点处所对应的横坐标称为变量因素变化的临界值，即该变量因素允许变动的最大幅度，或称项目由盈到亏的极限变化值。

单变量敏感性分析方法是敏感性分析中最基本的方法，给开发商提供了关于项目盈利性的有用信息及对评估变量的敏感性，同时，指出哪些变量是最关键的变量，但是忽视了各变量之间的相互关系。在实际项目开发中，有可能几个变量同时发生变化，此时有必要做进一步的分析，以弥补该方法的不同。

(2)多变量敏感性分析。同时分析两个或两个以上的变动因素发生变化时对项目评估结果的影响，从而通过对多个变量的测试找出那些关键变量的方法称为多变量敏感性分析，也称多因素敏感性分析。

在实际投资过程中，几个变量同时发生变化，且其所造成的分析结果失真比单变量大，因此，对一些重要的、投资额大的投资项目除要进行单变量敏感性分析外，还应进行多变量敏感性分析。以两变量同时变化为例说明多变量敏感性分析方法。

两变量敏感性分析的步骤如下：

1)选定敏感性分析的主要经济指标作为分析对象。

2)从众多的不确定因素中，选择两个最敏感的因素作为分析的变量；

3)列出方程式，并按分析的期望值要求，将方程式转化为不等式；

4)作出敏感性分析的平面图。

由于项目评估过程中的参数或变量同时发生变化的情况非常普遍，所以，多变量敏感性分析具有很强的实用价值。

3. 敏感性分析评价

敏感性分析方法是在投资决策中进行方案优选、评审项目取舍不可缺少的决策手段。在一定程度上，敏感性分析就各种不确定因素的变动对经济效益指标的影响作了定量描述，可以帮助决策者更加详细地了解方案的各方面风险情况，可以更好地认识投资方案的风险性，使决策者做出正确的决策。敏感性分析不仅是经济分析中常用的，而且是主要的不确定性分析方法。但是敏感性分析方法也有其局限性，主要体现在以下几个方面：

(1)敏感性分析对项目的不确定因素只能作程度上的评价，而不能对其大小进行测定。

(2)敏感性分析对各种风险因素变化范围的确定是模糊的、人为的，主观性强，缺乏科学性(如增加 10%，降低 10%)，它没有给出这些因素发生变化的概率，而这种概率是与项目的风险大小密切相关的。

(3)在分析某一因素的变动中，是以假定其他因素不变为前提的，这种假定条件，在实际经济活动中是很难实现的，因为各种因素的变动都存在着相关性。

单元三　房地产投资风险分析

一、风险含义

风险是指在一定条件下和一定时期内可能发生的各种结果的变动程度，也是指投资的实际收益与期望的或要求的收益的偏差。当实际收益超过预期收益时，就说投资有增加收益的潜力，如果实际收益低于预期收益时，就说投资面临着风险损失。而投资者更注重于后者，尤其是投资者通过债务融资进行投资时。较预期收益增加的部分通常被称为风险报酬。

风险和不确定性有着明显的区别。风险可以事先知道所有可能结果及每种结果的变动程度，具有客观性、随机性、相对性及可测空性等特征。如果某事件具有不确定性，则意味着对于可能的情况无法估计其可能性。

二、房地产投资风险与回报

1. 房地产投资风险

房地产投资风险是一种投资风险，是指由于随机因素的影响所引起的投资项目收益偏离预期收益的差度。也可以说，房地产投资风险就是从事房地产投资而造成的损失的可能性大小，这种损失包括所投入资本的损失与预期收益未达到的损失。

在房地产投资过程中，所面临的风险多种多样，而且大量风险因素之间的关系错综复杂，各风险因素之间及其与外界因素交叉影响又使风险呈现多层次性。所以，进行房地产投资风险分析对投资决策就显得尤为重要。

2. 房地产投资回报

房地产投资回报是指因承担某种风险进行投资而获得的收益。承担风险可以获得回报，但风险与回报之间并不存在某种必然的、固定的关系，而是受很多不确定因素的制约，具有很大的随机性。

根据对风险所采取的态度不同，可将投资主体分为三种类型，即避险型、冒险型和普通型。大多数的投资者即普通型投资者，还是愿意进行较为理性的投资，主要体现在以下几个方面：

（1）在确定的预期风险下，投资者希望得到更高的回报；

（2）在确定的预期收益下，投资者宁愿要更小的风险；

（3）在预期收益增长的前提下，投资者才愿意承担额外的风险。

一般情况下，三种类型投资主体的"风险—回报"曲线如图7-3所示的差异。

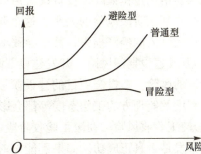

图7-3　三种类型投资主体的"风险—回报"曲线图

三、房地产投资风险主要类型

1. 按照房地产投资风险实质内容不同划分

从房地产投资风险实质内容不同来说，房地产投资风险可以分为以下几种：

（1）市场供求风险。市场供求风险是由于房地产市场状况变化的不确定性给房地产投资者带来的风险。市场是不断变化的，所以，任何市场的供给与需求都是不确定的，这种不确定性决定了市场中经营者收入的不确定性，从而使经营者所承担的风险比在一般情况市场下大一些。当供给短缺或需求不足时，都可能让买方或卖方中的一方受到损失，这就是供求风险，是整个房地产市场中最重要、最直接的风险。所以，只有对市场的供求关系作出正确客观的判断，把握供求关系的客观规律，才有可能规避该风险。

（2）经营风险。经营风险是指由于房地产投资经营上的失误（或其可能性），造成的实际经营结果偏离期望值的可能性。如承包方的选择、营销策略的制定及营销渠道的选择等经营决策上与管理决策上存在的风险。经营风险是非常重要的风险项目，所以开发商都十分重视，一般情况下，通过加强市场调研与分析来规避该风险的发生。

（3）政策风险。政策风险是指由于国家或地方政府的有关房地产投资的各种政策变化而给投资者带来的损失。房地产投资是一项政策性很强的业务，受多种政策的影响和制约，如金融政策、房地产管理政策及税费政策等。这些政策都会对房地产投资者收益的实现产生重要影响，从而给投资者带来投资风险。所以，房地产投资者都十分关注房地产政策的变化趋势，以便规避由此产生的风险。

（4）财务风险。财务风险是指房地产项目融资及负债经营等管理方面带来的风险。房地产投资者运用财务杠杆，在使用贷款的条件下，扩大了投资利润范围的同时也增加了不确定性，如果过度举债或资金运转不当，不仅会增加融资成本，减少投资收益，还有可能因无法按期清偿债务而使企业面临破产的可能。所以，开发商应该正确预测项目本身的收益能力及偿还能力，以规避该风险的发生。

（5）社会与政治风险。社会风险与政治风险是指由于政治、经济因素变动，社会习俗、社会经济承受能力及社会成员的心理状态等方面原因造成的投资风险。

2. 按照房地产投资开发周期划分

从房地产投资开发周期不同来说，房地产投资风险可以分为以下几种：

（1）投资开发前期风险。房地产投资开发前期的风险是指投资计划实施前期的风险，如选址风险、市场定位风险、投资决策风险及融资风险等。市场研究及项目评估分析的准确性直接关系到该阶段风险的大小。这个阶段风险的危害非常严重，一旦决策失误，投资项目就会遭受巨大的经济损失，甚至导致项目开发的失败。

（2）开发建设期间风险。开发建设期间风险是指从房地产投资项目正式动工到交付使用这一阶段的风险。在投资项目的建设阶段，自然灾害、施工方施工质量问题、各种材料价格上涨程度及监理方的工作态度等都会影响到投资项目能否按时、按质、按量完工。

（3）竣工验收风险。在竣工验收阶段，是否按时完成竣工验收、向购房者交房直接关系到项目开发是否真正成功。如果不能按时交房，投资者不但承担违约责任，还要承担信誉风险及政策风险等。

（4）管理阶段风险。管理阶段风险是指房地产工程竣工、交付使用后的物业服务阶段的风险。如与住户之间关系的处理、住户的安全及卫生问题等。

（5）经营阶段风险。经营阶段风险包括投资经营风险和房地产市场营销风险两部分。投资经营风险是指由于投资计划安排不妥当、融资计划考虑不周全等带来的资金周转风险；房地产市场营销风险是指市场定位不当、营销方案制订不当等导致营销业绩不佳带来的风险。

（6）运营阶段风险。运营阶段风险相对小一些，因为此时开发后用于自营或出租的房地产开发项目已经进入正常的经营阶段。但是在这个阶段，投资者进行投资也不能毫无顾忌，仍然要对项目的整体经营状况及投资的收益率等进行比较详细的调查，做出最终投资决策。在该阶段，投资者追求的是利润，所以主要风险就是能否实现经营目标。

3. 按照房地产投资风险可控性划分

从房地产投资风险可控性来说，房地产投资风险可以分为系统风险和个别风险两种。

（1）系统风险。系统风险对市场内所有投资项目都产生影响，投资者无法控制。系统风险又称为不可分散风险。房地产投资首先面临的就是系统风险，如市场供求风险、利率风险、周期风险及政策风险等。

（2）个别风险。个别风险仅对市场内个别项目产生影响，投资者可以控制。其主要包括财务风险、经营管理风险及时间风险等。

四、房地产投资风险的规避和控制

房地产投资风险规避与控制应该针对不同规模、不同类型的风险，采取相应的措施及方法，以降低房地产投资风险或将风险降到最低程度。风险规避和控制的主要方法主要有以下几种。

1. 风险回避

风险回避是指房地产投资者通过对房地产投资风险的识别和分析，预测到某项房地产投资将带来风险损失时，投资者事先避开风险原因或改变投资方式，放弃导致投资风险的投资活动，以避免风险损失。

风险回避虽然可以在风险事件发生之前消除其给投资者带来某种损失的可能，避免风险损失，但在实际使用过程中，也存在着一定的局限性。具体表现在以下几个方面：

（1）并不是所有的风险都能够通过回避来处理。例如，在房地产开发过程中，潜在的自然风险及市场供求风险等都是很难回避的。所以，一般情况下，只有在迫不得已时，才采用风险回避。

（2）风险回避是一种消极的方法，因为其使投资者遭受损失的可能性降到零，同时，也使投资者获利的可能性降为零。一般情况下，保守型投资者倾向于该方法。

（3）风险回避只有在投资者确定风险事件的存在与发生时才有意义。然而，最重要的是，投资者并不能对投资过程中所有的风险都进行准确的预测和识别。

使用风险回避方法的要点就是在预期收益相同的情况下，选择风险小的房地产项目。

2. 风险预防

风险的客观存在使投资者不得不寻找更为积极的办法来预防风险。风险预防是投资者在风险发生前采取一定措施减少或消除导致风险发生的各种因素，降低发生风险损失的概率。风险预防措施一般包括防止产生风险因素、减少已经存在的风险因素、加强投资方的保护措施等。风险预防在房地产开发过程中的各个阶段都具有非常广泛的应用价值。

3. 风险组合

风险组合意味着通过多项目投资来分散风险。对于投资者来说，就是通过分散投资以分散风险，降低风险的目的，在风险和收益之间寻求一种最佳的投资组合。其包括不同时间项目的组合、不同类型项目的组合及不同投资方式的组合等。

不同投资项目的风险及利益不尽相同，采取风险组合的方式，可以获得比将所有投资资金集中于一个项目上更稳定的利益。但是，在进行投资组合时，还应注意房地产投资类型相关性不能太强，否则起不到降低风险的作用。例如，房地产开发商可以将一部分资金投资在普通住宅上，也可以将一部分资金投资在高级写字楼上等。将资金投入在不同类型的房地产项目上以降低风险，实质上就是用个别房地产的高收益来弥补低收益的投资损失，最终得到比较均衡的收益。

在房地产风险组合过程中，科学确定投入不同类型房地产的资金比例显得尤为重要。

4. 风险转移

风险转移是指房地产投资者以某种方式将风险损失转给他人承担。房地产投资风险转移主要包括契约性转移、购买房地产保险及项目资金证券化等方法。在房地产投资中，契约性转移主要包括预售、预租及出售一定年限的物业使用权。对于房地产投资者来说，购买保险是转移或减少房地产投资风险的主要途径之一。项目资金证券化是指将房地产投资项目的资金转化为有价证券的形态，使投资者与标的物的直接物权关系转变为以有价证券为承担形式的债券及债务关系。

五、房地产投资风险度量方法

1. 投资风险概率度量

(1)基本概念。

1)概率。概率就是用来表示随机事件发生可能性大小的数值。具体来说，出现某种随机事件的次数与各种可能出现随机事件的次数之和的比值即某一随机事件的概率。通常用 $P(X)$ 表示随机事件 X 可能出现的概率。概率可分为主观概率和客观概率。

2)概率分布。由各个随机变量与其相应的概率组成的数列称为概率分布。概率分布包括离散型分布和连续型分布两种。如果随机变量只取有限个值，并且对应于这些值有确定的概率，则称随机变量是离散型分布，如果对每一种情况都赋予一个概率，并分别测定其收益率，则称为连续型分布。在进行房地产开发项目评价时，一般情况下，只分析离散型随机变量的概率分布。

3)期望值 $E(X)$。随机变量的各个取值，以相应的概率为权数的加权平均数，叫随机变量的预期值，也称数学期望或均值。其反映随机变量取值平均化。一般情况下，将随机变量期望值定义为

$$E(X) = \sum X_i P(X_i)$$

式中　X_i——各种随机变量；

　　　$P(X_i)$——X_i 出现的概率；

　　　i——随机变量个数，$i = 1, 2, 3, \cdots, n$。

随机变量取值越多，相应概率分布值也越多，加权平均值越接近实际可能值。显然，期望值不是真实的准确值。

4）离散度测定。

①方差。

$$\sigma_1^2 = \sum_{i=1}^{n} (x_1 - \overline{x})^2 \cdot p_i$$

②标准偏差。

$$\sigma = \sqrt{\sigma_1^2} = \sqrt{\sum_{i=1}^{n} (x_1 - \overline{x})^2 \cdot p_i}$$

标准差越小，说明随机变量取值偏离其期望值的离散程度越小，项目风险就越小，反之则相反。

5）变异系数。变异系数是标准差除以期望值得到的商。也称为标准差系数或者风险度。公式如下：

$$V = \sigma_x / E(X_i)$$

式中　V——变异系数。

当几个不同投资项目的期望值水平不同时，需要计算变异系数来分析各个投资项目之间的风险程度。变异系数越大，表示风险程度越大。

6）置信区间与置信概率。"预期值 $\pm Z$ 个标准差"称为置信区间，相应的概率称为置信概率。置信概率实际上是正态分布曲线与置信区间所组成的面积。

$$Z = [X_i - E(X_i)] / \sigma_x$$

式中　X_i——对称分布曲线对应的（常称作标准曲线）某一具体的值；

　　　$E(X_i)$——分布中点值（期望值）；

　　　σ_x——标准偏差值。

（2）投资风险概率度量方法。投资风险的发生是一种随机事件，人们无法确切地知道发生风险的时间及地点，只能通过统计结果的分布状态来衡量其发生可能性的大小。投资风险概率用来描述投资风险发生可能性的高低，一般情况下，用随机事件概率分布评价指标，即标准差来描述。如果描述风险参数的统计量呈正态分布时，可以用标准差及其变异系数来衡量其分布的离散程度，进而描述其发生风险可能性的大小。

2. 投资风险程度度量

投资风险程度用来描述风险损失大小，也称为投资损失强度。投资风险损失强度是指在投资市场上，由于风险的存在导致投资者遭受的最大损失在直接投资总额中所占的比重。计算公式如下：

投资风险损失强度＝（投资支出－投资收入）/投资支出×100%

其中，投资支出是指投资总额；投资收入是指扣除因风险遭受的最大损失后的净收益。

如果投资风险程度＞100%，说明投资盈利；如果投资风险程度＜100%，说明投资亏损；如果投资风险程度＝100%，说明投资收支平衡。

六、房地产投资风险概率分析

(一)房地产投资风险概率分析含义

房地产投资风险分析是根据各种变量的概率分布,来推求一个项目在风险条件下获利的可能性大小。因此,风险分析有时也被称为概率分析。概率分析是风险评价的主要手段。其特点是在进行方案分析时,不仅对方案的期望值和标准差进行计算与分析,而且对方案失败的风险程度进行计算和分析。显然,采用这种分析方法,可以弄清楚各种变量出现某种变化对方案经济效果影响的大小或建设项目获得收益的把握程度。

应用概率分析,可以弥补盈亏平衡分析和敏感性分析在项目分析中的局限性。

(二)房地产投资风险概率分析步骤

在进行项目分析过程中,概率分析一般只对财务净现值的期望值和出现财务净现值大于等于零时的累计概率进行计算。前者是以概率为权数计算出来的各种不同情况下的财务净现值的加权平均值;后者反映了在各种可能情况下财务净现值出现大于和等于零时的累计概率。

进行概率分析步骤如下:

(1)列出需要进行概率分析的不确定性因素。不确定因素包括土地费用、工程费用及出售收入等,根据不同情况,通过敏感性分析选择最为敏感因素作为概率分析的风险因素。

(2)选择概率分析使用的经济评价指标。一般情况下,将内部收益率和净现值作为评价指标。

(3)分析确定每个不确定性因素发生的概率。

(4)求出各种可能情况下的财务净现值、加权平均值及期望值。

(5)计算净现值大于和等于零时的累计概率。

(三)房地产投资风险概率分析方法

房地产投资风险概率分析主要有期望值法和蒙特卡洛模拟法两种。

1. 期望值法

期望值法的步骤如下:

(1)选用净现值作为分析对象,并分析与之相关的不确定因素。

(2)按照穷举互斥原则,确定各不确定因素可能发生的状态或变化范围。

(3)分别估算各不确定性因素每种情况下发生的概率。

(4)分别计算各可能发生情况下的净现值。

1)各年净现值期望值计算公式:

$$E(NPV_t) = \sum_{r=1}^{m} X_{rt}P_{rt}$$

式中　$E(NPV_t)$——第 t 年净现值期望值;

　　　X_{rt}——第 t 年第 r 种情况下的净现值;

　　　P_{rt}——第 t 年第 r 种情况发生的概率;

　　　m——发生的状态或变化范围数。

2)整个寿命周期内净现值期望值计算公式如下：

$$E(NPV) = \sum_{t=1}^{n} \frac{E(NPV_t)}{(1+i)^t}$$

式中　$E(NPV)$——项目周期内净现值期望值；

　　　　i——折现率；

　　　　n——寿命周期长度。

（5）计算各年净现值标准差、整个项目寿命周期净现值的标准差或标准差系数。净现值标准差反映每年各种情况下净现值的离散程度和整个项目寿命周期各年净现值的离散程度。

1)各年净现值标准差计算公式如下：

$$\delta_t = \sqrt{\sum_{r=1}^{n} [X_n - E(NPV_t)]^2 P_{rt}}$$

式中　δ_t——第 t 年净现值的标准差。

2)整个寿命周期内净现值标准差计算公式如下：

$$\delta = \sqrt{\sum_{t=1}^{n} \frac{\delta_t^2}{(1+i)^t}}$$

式中　δ——整个项目周期内净现值的标准差。

3)标准差系数计算公式如下：

$$V = \frac{\delta}{E(NPV)} \times 100\%$$

式中　V——标准差系数，V 越小，项目的相对风险越小。

（6）计算净现值大于零或等于零时的累积概率。累计概率值越大，项目所承担的风险越小。

（7）通过上述分析结果作出综合评价。

【例 7-2】　某投资者以 25 万元购买了一个商铺单位 2 年的经营权，第一年净现金流量可能为 22 万元、18 万元和 14 万元，概率分别为 0.2、0.6 和 0.2；第二年净现金流量可能为：28 万元、22 万元和 16 万元，概率分别为 0.15、0.7 和 0.15，若折现率为 10%，问购买该商铺是否可行？

【解】

$$E(NPV_1) = 22 \times 0.2 + 18 \times 0.6 + 14 \times 0.2 = 18(万元)$$

$$E(NPV_2) = 28 \times 0.15 + 22 \times 0.7 + 16 \times 0.15 = 22(万元)$$

$$E(NPV) = \frac{E(NPV_1)}{(1+i)} + \frac{E(NPV_2)}{(1+i)^2} - 25 = 9.54(万元)$$

$$\delta_1 = \sqrt{(22-18)^2 \times 0.2 + (18-18)^2 \times 0.6 + (14-18)^2 \times 0.2} = 2.53$$

$$\delta_2 = \sqrt{(28-22)^2 \times 0.15 + (22-22)^2 \times 0.7 + (16-22)^2 \times 0.15} = 3.29$$

$$\delta = \sqrt{\frac{2.53^2}{1.1} + \frac{3.29^2}{1.1^2}} = 3.84$$

$$V = \frac{\delta}{E(NPV)} \times 100\% = 40.25\%$$

由上可知，项目累计净现值期望值大于零，变异系数较小，所以本项目可行，且投资

风险比较低。

2. 蒙特卡洛模拟法

蒙特卡洛模拟法又称为统计试验法或随机模拟法。对房地产投资来说，是一种估算经济风险的方法。一些大型的房地产投资项目持续周期长、投入资金量大、技术难度大，所以风险也相对大一些。在这种情况下，综合各种影响因素，对房地产投资项目作出准确的风险估算是相当困难的。而蒙特卡洛正好可以解决该问题。分析人员输入可能发生的各种情况的数据，蒙特卡洛模型就可以随机模拟各种变量间的动态分析，使人们掌握输出量的概率分析，最终解决具有不确定性的复杂问题。蒙特卡洛风险分析法的要点是需要准确估计各因素变化的概率，这是保证分析结果准确的前提。使用蒙特卡洛模拟法需要大量反复的计算，所以一般情况下，用计算机来完成。蒙特卡洛模拟法步骤如下：

(1)分析每一可变因素的可能变化范围及其概率分布。

(2)通过模拟试验随机选取各随机变量的值，并使选择的随机值符合各自的概率分别。

(3)反复重复以上步骤，进行多次模拟试验，即可求出开发项目效益指标的概率分布或其他特征值。

模块小结

不确定分析是指决策方案受到各种事前无法控制的外部因素变化与影响所进行的研究和估计。房地产投资项目的主要不确定性因素有土地费用、建筑安装工程费用、租售价格、开发周期、容积率及有关设计参数、融资成本。房地产投资不确定性分析一般根据项目的类型、特点、复杂程度可分为盈亏平衡分析、敏感性分析和概率分析。盈亏平衡分析又称损益平衡分析或量-本-利分析，是对项目的生产规模、成本和销售收入进行综合分析的一种技术经济分析方法。敏感性分析是研究和预测项目的主要变量发生变化时，导致项目投资效益的主要经济评价指标发生变动的敏感程度的一种分析方法。房地产投资风险是一种投资风险，是指由于随机因素的影响所引起的投资项目收益偏离预期收益的差度。房地产投资回报是指因承担某种风险进行投资而获得的收益。房地产投资风险规避与控制应该针对不同规模、不同类型的风险，采取相应的措施及方法，以降低房地产投资风险或者将风险降到最低程度。房地产投资风险度量方法有投资风险概率度量和投资风险程度度量。房地产投资风险分析是根据各种变量的概率分布，来推求一个项目在风险条件下获利的可能性大小。房地产投资风险概率分析主要有期望值法和蒙特卡洛模拟法两种。

课后习题

一、填空题

1. _____是指由于随机因素的影响所引起的投资项目收益偏离预期收益的差度。

2. ＿＿＿＿＿＿＿＿是指因承担某种风险进行投资而获得的收益。

3. ＿＿＿＿＿＿＿＿是投资者在风险发生前采取一定措施减少或者消除导致风险发生的各种因素，降低发生风险损失的概率。

4. 房地产投资风险概率分析主要有＿＿＿＿＿＿＿＿和＿＿＿＿＿＿＿＿两种。

二、多项选择题

1. 房地产投资项目的主要不确定性因素包括（　　　）。

    A. 市场调查　　　　　B. 土地费用　　　　　C. 建筑安装工程费用　D. 开发周期

    E. 容积率及有关设计参散

2. 从房地产投资风险实质内容不同来说，房地产投资风险可以分为（　　　）。

    A. 市场供求风险　　B. 竣工验收风险　　　　C. 经营风险　　　　　D. 财务风险

    E. 社会与政治风险

三、简答题

1. 简述盈亏平衡分析的优缺点。

2. 简述敏感性分析的目的。

3. 简述敏感性分析评价的优缺点。

4. 简述房地产投资风险概率分析含义。

四、计算题

某开发项目占地 15 000 m²，规划要求该地容积率不超过 1.3，开发方案的固定成本费用为 1 900 万元，单位变动成本为 840 元/m²，据市场调查，预计单位售价可达 2 700 元/m²，设销售税率为 5%。试求：

(1) 保本开发量；

(2) 按规定的容积率，该项目可获得的最大利润。

模块八　房地产投资可行性分析

知识目标

通过本模块的学习，了解房地产投资可行性研究含义、目的、作用、依据；熟悉房地产投资可行性研究工作阶段；掌握房地产投资可行性研究报告编写与审读。

能力目标

能够对某房地产开发项目进行可行性分析，在完成各项分析及方案比选后，编制可行性研究报告并进行审读。

单元一　房地产投资可行性研究概述

一、房地产投资可行性研究含义

房地产投资可行性研究是在投资决策前，对与项目有关的社会、经济和技术等方面的情况进行深入细致的研究；对拟定的各种可能建设方案或技术方案进行认真的技术经济分析、比较和论证；对项目的经济、社会、环境效益进行科学的预测和评价。在此基础上，综合研究建设项目的技术先进性和实用性、经济合理性及建设的可能性和可行性，由此确定该项目是否应该投资和如何投资等结论性意见，为决策部门最终决策提供可靠的、科学的依据，并作为开展下一步工作的基础。

二、房地产投资可行性研究目的

进行房地产投资可行性研究可以实现项目决策的科学化、民主化，减少或避免投资决策的失误，提高项目开发建设的经济、社会和环境效益。

房地产开发是一项综合性经济活动，投资额大，涉及面广，建设周期长。要想使开发项目达到预期的经济效果，首先应该做好可行性研究工作，才能使项目的许多重大经济技术原则和基础资料得到切实解决和落实，提出合理结论，使开发商的决策建立在科学的基础上。

三、房地产投资可行性研究作用

（1）可行性研究是项目投资决策的科学依据。投资风险是不可避免的，可行性研究就是将这种风险显现出来，并将其降低到最低程度。房地产投资项目，尤其是大中型，在建设过程中不确定因素非常多，凭决策者的主观经验及感觉进行决策是远远不够的。前期的可行性研究可以从经济和技术等多个方面进行分析，从而判断该工程是否具有可行性，或者采取哪种方案可以取得最佳效果，作为开发项目投资决策的科学依据。

（2）可行性研究是筹集建设资金的依据。房地产开发项目需要投入的资金数额庞大，所以，一般投资者的自由资金都会显得不充足，大部分投资者都会进行融资，而银行贷款在资金构成中一般会占到总投资的 70% 左右。可行性研究报告中涵盖了项目财务、经济效益与项目清偿能力等指标及筹资方案，可以作为银行对投资项目申请贷款时的参考依据。

（3）可行性研究保证投资方案的优化。房地产投资存在众多可供选择的方案，不同的方案带来的利益也不尽相同。只有通过可行性研究，进行方案效益的比较和选择，最终优选最佳方案。

（4）可行性研究是项目设计等基本建设前期工作的依据。在房地产开发项目的整个建设过程中，可行性研究只是其中一个重要的组成部分。此后的工作安排、工程设计及设备的采购、使用等都将依次进行。在实际过程中，虽然项目设计和可行性研究是在两个不同阶段进行的，但是项目设计中的项目规模、设计标准、建设方案及项目选址等与可行性研究报告内容具有密切的关系。

（5）可行性研究为其他工作搜集资料、提供依据。可行性研究成果不仅是项目投资决策的重要依据，通过可行性研究收集丰富的资料，可行性研究阶段所获得的研究成果，还为项目开发其他阶段的工作提供依据。

四、房地产投资可行性研究依据

（1）国家和地区经济建设的方针、政策和长远规划。
（2）项目建设书和同等效力文件。
（3）城市规划、交通等市政基础设施。
（4）基础资料（自然、地理、气象、水文地质、经济社会等）。
（5）工程技术方面的标准、规范、指标、要求等资料。
（6）经济参数和指标。
（7）备选方案的土地利用条件、规划设计条件及规划设计方案。

五、房地产投资可行性研究工作阶段

房地产可行性研究是房地产项目建设前期的调查研究。按照其工作内容大体上可以分为以下几个阶段。

1. 投资机会研究

投资机会研究的主要任务是对投资项目和方向提出建议，即在一定的地区和部门内，以自然资源和市场调查预测为基础，寻找最有利的投资机会。

在这个阶段要提供可能进行投资建设的项目，如果认为提供的项目有利可图，再进行下一步更为详细的研究分析。所以，这一阶段的工作是非常粗糙的，主要依靠笼统的估计而不是详细的研究。投资机会研究阶段投资估算的精度较低，误差可达到±30％，研究费用一般占总投资的0.2％～0.8％。

投资机会研究可以分为一般机会研究和具体项目机会研究两类。一般机会研究是针对一个地区为对象进行的，从而识别投资机会，对投资方向进行研究；具体项目机会研究是在一般机会研究的基础上，对已经选定的投资地点提出的具体投资项目所进行的机会研究。

2. 初步可行性研究

如果投资机会研究证明是可行的，就可以进入初步可行性研究阶段。房地产投资项目可行性研究往往需要大量的人力和财力，耗费较长的时间，为了避免不必要的时间、金钱及人力方面的浪费，有些投资者对一些需要耗费较多资源的项目，先进行一轮初步分析，这就是所谓的初步可行性研究。初步可行性研究又称预可行性研究阶段，主要分析机会研究的结论，在详细调查分析的基础上做出是否投资的决定；是否有进行详细可行性研究的必要。

初步可行性研究阶段需要对市场供需、建筑原材料的供应、项目选址、规划设计方案、进度安排及投资收益等进行粗略审查。初步可行性研究阶段估算的精度比投资机会研究稍高一些，误差在±20％，所需费用占总投资额的0.25％～1.5％。

3. 详细可行性研究

详细可行性研究就是通常所说的可行性研究，是项目可行性研究过程中最重要的组成部分，是开发建设项目投资决策的基础，是在分析项目技术、经济可行性后做出投资与否的关键步骤。

在该阶段，投资者将拥有更多详细的原始资料与数据，据此对拟投资项目进行全面的经济技术分析和论证。其研究范围更广、程度更深、精度更高，通过各种更为客观、科学的理论模型及指标对拟建设项目进行评价。

4. 项目的评估和决策

一般情况下，对于大中型和限额以上的项目及重要的小型项目，必须经有审批权单位委托有资格的咨询评估单位就项目可行性研究报告进行评估论证，未经评估的建设项目，任何单位不准批准，更不准组织建设。

项目的评估和决策是由决策部门组织或授权于建设银行、投资银行、咨询公司或有关专家，代表国家对上报的建设项目可行性研究报告进行全面审核和再评估阶段。

单元二　房地产投资可行性研究报告

一、房地产投资可行性研究报告组成

房地产投资是否可行，在上述分析的基础上，需要有一个统一的书面文件来总结，即可行性研究报告。

由于所研究的对象、投资阶段及投资内容的不同，房地产投资可行性研究报告的内容构成和具体写法也不尽相同。一般情况下，一份正式的可行性研究报告应包括封面、摘要、目录、正文和附录五个部分。

1. 封面

封面需要反映投资项目的名称、投资者单位名称或姓名、投资报告编写者的姓名和可行性研究报告写作时间。

房地产投资项目的名称就是可行性研究报告的标题。其比较简单，由房地产投资项目名称和文种两部分组成。如《某项目投资可行性研究报告》，但其写法也不是固定的，也可以写成《在某地区投资建设某项目的研究》《某工程投资分析报告》等。

2. 摘要

一般情况下，房地产投资可行性研究报告需要用比较多的文字来阐述，这样虽然是必要的，但是对于投资者来说，未必有时间和耐心将其看完。所以，投资分析研究报告的编写者有必要用简洁明了的语言，简要介绍投资项目自身的特点、环境情况、市场情况及投资项目可行性研究的主要结论，即摘要。摘要应简单扼要、论据清楚、结论鲜明，最重要的是能够将关键性的信息展现给读者。摘要的字数以不超过 1 000 字为宜。详细内容可以在报告中查找。摘要可分为叙述式和提纲式两种。

3. 目录

如果评估报告比较严，那么最好要有目录，这样才能使读者直接方便地了解到可行性研究报告所包括的具体内容，很快找到其所关心或阅读的部分。可行性研究报告本身的长短及复杂程度决定目录的详细程度及副标题页码的详细程度，但是要建立在读者能够尽快找到关心问题的前提下。

一般情况下，可行性研究报告都有许多表格，为了使读者容易找到这些表格，最好在目录之后加上一张单独的表格目录。

4. 正文

正文包括前言、主体和结论三部分。前言是对可行性研究报告研究范围和使用限制的说明；主体和结论按照逻辑的顺序，从总体到细节循序渐进地对研究项目进行说明。

5. 附录

房地产投资项目可行性研究所依据的某些原始资料和中间计算分析资料，要以附录的形式附在报告书后面。

（1）附表。一般情况下，为了便于读者阅读，往往将较大型的表格作为附表，按照顺序编号后附于正文之后。按照在可行性研究报告中的顺序，附表包括项目工程进度计划表、项目估算投资表、投资计划和资金筹措表、销售计划表、销售收入测算表、营业成本预测表、营业利润测算表、财务现金流量表（全部资金）、财务现金流量表（自有资金）、资金来源与运用表、贷款还本付息估算表等。当然，在环境分析和市场分析中的表格等也可以作为附表。

（2）附图。一般情况下，附图包括项目位置示意图、项目规划用地红线图、建筑设计方案平面图、项目所在城市总体规划示意图、行政区划图等。有时也可以包括直方图、饼图及曲线图等数据分析图。

（3）附件。一般情况下，附件包括国有土地使用证、施工许可证、销售许可证和经营许可证等。另外，与可行性研究有关但是又不便于放在报告正文中的资料也可以作为附件，如批复文件等。

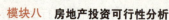 二、房地产投资可行性研究报告编写

1. 房地产投资可行性研究报告编写要求

（1）客观真实。投资成败与投资报告的结论息息相关，要保证研究结论符合实际，除要有科学的研究方法和严谨的研究态度外，还要求原始材料具有客观性和真实性。撰写研究报告时，研究者应该尊重客观经济规律、实事求是，用科学的态度对待研究。一切结论来源于分析，切忌先入为主，要带着观点找依据，不能弄虚作假。

（2）简明扼要。研究报告应尽量精炼文字，用简单明了的语言、形象的图表来表达分析者的意图，切忌长篇大论。一般情况下，原始资料及计算分析过程均作为附录附在后边，正文中只列举分析方法及结论。对于大型项目，报告往往长达几十万字，这时可以在报告正文前提供摘要，或者通过目录指导读者在正文或附录中寻找材料或依据。

（3）中心明确、脉络清楚。研究报告的重点在于说明项目实施的必要性及可能性，未来项目可能带来的收益情况。所以，报告撰写者应该围绕这一中心来选择和组织材料，根据项目自身特点，各种要素与投资可行性关系的大小，有主次地描述相关内容，从而使中心明确，避免面面俱到，平均用力。

（4）资料充足、观点明确。研究者要很好地处理材料与论点和证据与观点的关系。其从大量的数据中通过分析找出规律，对投资项目的盈利能力及收益等做出自己的判断，为项目的投资提供必要的理论支持，要避免只见资料罗列而不见分析结论的数据化现象；同时，也要避免只有研究者观点，找不到支持这些观点的论据资料的概念化现象。

总之，投资报告必须客观真实、公正科学，既要务实，又要有一定远见；既要可行，又要考虑一定难度。要有一定程度的创新，但不能超越、脱离现实。

2. 房地产开发项目可行性分析报告正文编写要点

（1）总论。综述项目概况包括项目的名称、主办单位、承担可行性研究的单位、项目提出的背景、投资的必要性和经济意义、投资环境、提出项目调查研究的主要依据、工作范围和要求、项目建议书及有关审批文件、可行性研究的主要结论概要和存在的问题与建议。

（2）项目宏观环境研究。通过对城市不断变化的经济、政治、文化、人口、技术等因素的分析研究，明确项目当前所处的宏观环境与市场条件，把握房地产市场的整体走势，为科学决策提供宏观依据。

（3）项目区域环境研究。通过对项目所在区域的城市规划、景观、交通等区位条件的分析，以及对区域内现实与潜在楼盘供应量的分析，研究项目地块所具有的区位价值。

（4）竞争对手分析。竞争对手分析主要包括竞争对手的主要背景，控股股东情况；总资产、净资产、净利润、资金状况，可能资金来源，融资能力，资金成本、操作水平，主要开发的项目、参与竞争的主要目的等。

（5）消费者消费行为和项目客户群分析。影响房地产消费者消费行为的因素很多，主要有社会经济、社会文化、社会政治、个体经济、个体消费习惯、个体家庭、个体心理、产

品特征、产品的区位等。项目客户群的特征分析主要包括目标客户群的来源区域、行业特征、收入水平和购买能力、消费动机、年龄结构分析、家庭人口因素、教育水平分析、产品类型偏好等。

(6)项目开发方案策划。项目开发方案策划主要包括项目开发内容和规模的分析与选择，开发时机的分析与选择，项目开发合作方式的分析与选择，项目融资方式和资金结构的分析与选择，项目产品经营方式的分析与选择，项目产品价格的分析与选择等。

(7)开发进度安排。开发进度安排是采用网络图或横道图，按前期工程、主体工程、附属工程、交工验收、销售经营等，分阶段安排好开发建设进度。

(8)投资估算和资金筹措。房地产投资项目投资估算是对开发项目所涉及的成本费用进行分析估计。要编制好房地产投资开发成本估算表和开发费用估算表。资金筹措应说明资金来源、筹措方式、各种资金来源所占的比例、资金成本及贷款的偿付方式。

(9)项目的经济评价。项目的经济评价包括财务评价和国民经济评价，并通过有关指标的计算，进行项目盈利能力、偿还能力等分析，得出经济评价结论。

(10)评价结论与建议。对建设方案做综合分析评价与方案选择；运用各项数据，从技术、经济、社会、财务等各方面论述建设项目的可行性，推荐一个以上的可行方案，提供决策参考，指出其中存在的问题；最终应得出结论性意见和改进的建议。

三、房地产投资可行性研究报告审读

可行性研究报告编写完成之后，还应该仔细审读，提高报告的质量，为投资决策者提供客观可行的结论。审读具体要求见表8-1。

表8-1　房地产投资可行性研究报告审读要求

序号	审读要求	内容说明
1	报告内容是否完整	报告并没有固定的格式及内容，关键是是否针对本项目的开发建设，分析了应该考虑的内容，是否回答了所有问题，回答的是否充分。如果报告没有对应该说明的问题进行分析，那么就不是一个合格的报告
2	报告是否具有逻辑性	可行性研究报告内容丰富，涉及面广，因此给整篇报告的结构安排带来了一定的困难，如颠三倒四，甚至前后矛盾。所以在审读时，一定要注意其逻辑性
3	报告材料是否真实、准确	可行性研究报告中的材料既是研究对象，又是产生研究结论的依据，所以，必须保证材料的真实性及准确性。在审读时，可以结合自己的知识及经验等来核实选用数据的真实客观性，甚至查清楚来源，多方考证，不轻易判断真假
4	报告结论是否鲜明	可行性研究报告应该具有鲜明的科学结论，这是撰写报告的根本要求。结论鲜明是指结论是否明确集中，是就是，不是就不是，不能然否各半。否则该报告就不能作为决策依据
5	报告表达思路是否清晰	可行性研究报告涉及面广，专业性强，给具体表达带来了困难。所以在审读时，要看报告的用词是否晦涩等，要力争投资报告清晰、明了

模块小结

　　房地产投资可行性研究是在投资决策前，对与项目有关的社会、经济和技术等方面的情况进行深入细致的研究；对拟定的各种可能建设方案或技术方案进行认真的技术经济分析、比较和论证；对项目的经济、社会、环境效益进行科学的预测和评价。房地产投资可行性研究工作阶段可分为投资机会研究、初步可行性研究、详细可行性研究、项目的评估和决策。一般情况下，一份正式的可行性研究报告应包括封面、摘要、目录、正文和附录五个部分。房地产开发项目可行性分析报告正文编写要点包括总论、项目宏观环境研究、项目区域环境研究、竞争对手分析、消费者消费行为和项目客户群分析、项目开发方案策划、开发进度安排、投资估算和资金筹措、项目的经济评价、评价结论与建议。可行性研究报告编写完成之后，还应该仔细审读，提高报告的质量，为投资决策者提供客观可行的结论。

　　课后习题

一、填空题

　　1. 投资机会研究阶段投资估算的精度较低，误差可达到_____，研究费用一般占总投资的_____。

　　2. 初步可行性研究阶段估算的精度比投资机会研究稍高一些，误差在_____，所需费用约占总投资额的_____。

　　3. 一般情况下，一份正式的可行性研究报告应包括_____、_____、_____、_____和_____五个部分。

　　4. 房地产可行性研究按照工作内容大体上可以分为_____、_____、_____、_____几个阶段。

二、简答题

1. 简述房地产投资可行性研究的作用。

2. 简述房地产投资项目可行性研究附录的主要内容。

3. 房地产投资可行性研究报告编写要求有哪些?

4. 简述房地产开发项目可行性分析报告正文编写要点。

模块九

房地产投资决策分析

知识目标

通过本项目的学习，了解房地产投资决策含义、意义、原则、程序，房地产投资决策的期权性质，房地产投资方案比选含义、步骤；熟悉实物期权方法与房地产投资决策；掌握房地产投资方案比选指标与应用，房地产投资方案比选决策。

能力目标

能够对某房地产投资开发项目，根据具体情况，在完成各项分析的前提下进行方案比选分析。

单元一　房地产投资决策概述

一、房地产投资决策含义

在房地产投资活动中，一般都会有不同的投资方案可供选择，如何利用有效、准确的方法实现正确的选择，在众多的投资方案中找出最佳方案，就是房地产投资决策。

二、房地产投资决策意义

房地产投资决策是房地产开发公司在房地产投资项目经营开发前首先要解决的一个重要环节。其是对房地产投资项目的一些根本性问题，诸如建设地点的选择、投资方案的确定等重大问题做出判断和决定，因此，房地产投资决策的正确与否，直接关系到房地产开发项目的成败，对房地产投资的经济效益和社会效益具有现实与深远的重要意义。

1. 房地产投资决策是房地产开发公司能否生存的关键

房地产投资项目建设的技术经济特点决定了这一点。一方面，房地产投资项目的建设往往构造复杂、形体庞大，具有整体性和固定性，只有在整个房地产项目全部完成后，才能发挥投资经济效益，而且建设地点一经确定，就与土地连在一起，始终在发挥作用，不能随意移动和变更；另一方面，房地产投资项目建设周期长，占用和消耗人力、物力、财力多，一旦开工建设，就不可间断，否则，会拖延工期，积压和浪费已投入的大量人力、物力和财力，同时，由于拖延工期，房地产产品错过了最佳投入市场的时间，难以产生较好的投资效益。

房地产投资项目建设本身的这些技术经济特点，就要求在房地产项目建设之前重视投资决策。

房地产业的产品投资大、建设周期长、风险因素多，经营决策是否正确，是公司能否生存的关键。正确的经营决策可以使公司获得利润，不断发展壮大；而错误的决策，轻则造成公司亏损，重则造成公司破产。

2. 房地产投资决策是房地产开发公司不断发展的关键

房地产开发公司经营的外部环境主要有经营环境、物质环境、政策法律环境等。其中处在不断变化中的是经营环境。经营环境的中心内容是市场。正确的经营决策，抓住了有利的投资机会，就可使公司不断盈利，在竞争中立足于不败之地。

3. 房地产投资决策是房地产开发公司不断提升品牌的关键

总的来说，房地产开发公司的经营目的是社会效益、环境效益和经济效益的统一。只有进行科学的经营决策，才能使房地产开发公司对有限的资源（人力、物力、设备和资金）进行合理的安排、有效的利用，以达到预期的最大经济效益，同时兼顾社会效益和环境效益。

三、房地产投资决策原则

1. 经济效益原则

获得利润、不断发展，是每个企业必须面对的市场经济要求，房地产开发企业也是如此。开发商在对具体房地产开发项目进行决策时，必须将房地产项目的盈利目的放在首要位置，只有盈利的项目才能确定为开发项目。这就是房地产投资决策的经济效益原则。

2. 科学化、民主化原则

房地产投资项目涉及面广，牵涉因素多、整个建设过程十分复杂，因此，要求房地产投资决策必须遵循科学化、民主化原则。

所谓科学决策程序，就是坚持"先论证，后决策"的原则，必须做到先对房地产项目进行调查研究和论证，然后再进行投资决策，杜绝"边投资，边论证"，更不应该采取"先决策，后论证"这种违反客观规律的做法。

3. 系统性原则

影响房地产投资项目建设的因素很多，而且这些因素又是相互联系、彼此制约的，因此，在进行房地产投资决策时，首先要深入调查和搜集各方面的投资信息，并对其进行科学的分析和研究。

4. 时间性原则

投资的时间观念即资金的时间价值，事实上也是开发成本。房地产项目投资先于房地产项目收益而发生，因此，房地产开发商必须考虑到不同时间的资金其价值是大不相同的，先期投入的资金和后期产生的收益金，虽然在价格上一致，但它们在价值上却是十分不同的，这其中最直接的就是利息问题。

5. 风险控制原则

房地产开发企业对房地产项目进行决策时，要比其他产业的企业更加注重对可能产生的风险进行必要的预测，并努力地将其控制在一定的范围之内。

这既要求房地产开发商在确定自己的目标时留有一定的合理余地，同时，更主要是要求房地产开发商在实施房地产投资方案的过程中采取一切尽可能采取的方法和措施，尽量将风险降到最低程度。

6. 责任制原则

责任制就是要求决策者对其决策行为所带来的投资风险负有不可推诿的责任。必须建立责、权、利相结合的房地产投资决策责任制，是确保房地产项目投资决策的科学性，避免和减少投资决策失误的重大措施。

7. 选择性原则

房地产开发企业对房地产项目进行决策时必须有两个以上的房地产项目可供选择，而且每个项目也应考虑多种开发方案，这样才能保证房地产开发企业决策时能有一个优化选择的可能，即最佳项目和最佳项目中的最佳方案的选择。

四、房地产投资决策程序

房地产投资项目的决策程序，是指房地产投资项目在决策过程中各工作环节应遵循的符合其自身运动规律的先后顺序。按照科学的投资决策理论，房地产经营决策可分为以下六个基本步骤。

1. 发现问题

决策是针对所需要解决的问题而进行的，所以，发现问题并分析其产生的原因，进而找出解决问题的症结是房地产投资决策的起点。所谓问题是指房地产开发公司实际经营状况与应达到或希望达到的经营状况之间出现的差距。

2. 确定目标

房地产投资决策的目的就是要达到房地产投资所预定的目标，所以，确定房地产投资的目标是投资决策的前提和依据。目标选择错了，就会一错再错，造成整个经营决策的失误。在发现了经营问题之后，就要进行调查研究，具体分析，弄清楚问题的性质、特点和范围，尽量以差距的形式将问题的症结所在表达出来，找到产生差距的真正原因，从而确定问题所期望达到的结果，即决策目标。

一个好的房地产投资决策目标应满足以下要求：

（1）针对性。房地产经营决策目标的提出应当有的放矢，针对所存在的问题，切中要害，选中解决问题的突破口，或是把握住开拓发展的最好机会。没有针对性的目标就是空洞目标，针对性错了则是错误目标。目标的综合性来源于对问题的综合分析和判断。

（2）明确性。确定房地产投资决策目标的目的是实现它，因此，投资决策的目标必须明确、具体，使人能够领会执行。经营决策目标的含义要准确，不能模棱两可、含糊其词，

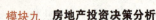

也不能空洞无物，必须有定性与定量的表述。同时，必须严格规定目标的约束条件。所谓约束条件就是一些限制因素。如经营决策时涉及的资源、人力、财力、物力、国家法令、制度等方面的限制性规定及必须达到的起码界限。

（3）层次性。当同一经营决策系统中同时存在着多个目标时，必须分清主次，应从其可靠性、可能性、重要性等方面出发，按照主次顺序进行排队，有取有舍，形成一个有机整体。

3. 拟制方案

在进行房地产投资决策的过程中，根据已确定的目标，拟定多个可行的备选方案。判断某一方案是否可行，总的原则是按技术经济学原理给予评价，即该房地产项目在技术上是否先进，生产上是否可行，经济上是否合算及财务上是否盈利。

拟制供决策者选用的各种可能行动方案是房地产投资决策的重要环节。在确定房地产投资决策目标之后，就应充分发动公司有关人员收集、掌握丰富的信息，集思广益，科学论证，精心设计，拟制各种备选方案，供进一步选择。

拟制方案时，需要注意以下两点：

（1）整体的详尽性。拟制的备选方案应将通向目标所有的方案包括无遗，以供下一步评价选优。如果有遗漏，那么最后选定的方案就有可能不是最好的方案。但在实际中要做到这一点是很困难的，这是由于经营的外部环境是多变的、复杂的，而拟制可能的备选方案也是个逐步认识的过程。

（2）相互排斥性。各种备选方案之间应是相互排斥的，执行方案一，就不可能执行方案二。只有这样，才可能进行方案的比较选择。

4. 分析评价

分析评价一般是由各方面的专家、学者组成的评审团，或召开专家论证会进行。方案评价过程也是进一步完善方案的过程。方案的分析与评价就是要对每一个备选方案，在进行选择之前，对其有关的技术经济和社会环境等各个方面的条件、因素及潜在问题做可行性分析，并与预先确定的目标进行比较做出评价。

（1）限制因素分析。任何一个经营决策和行动方案都有一定的约束条件，因此，必须研究论证方案所有限制的资源、人力、物力、时间、技术及其他有关条件，从而判定房地产投资方案是否可行，是否能达到预期的目标。

（2）潜在问题分析。潜在问题分析是指预测每一个备选方案可能发生的潜在问题是什么？问题发生的原因是什么？研究防止和补救的可能性，准备防范措施和应急措施，以减少潜在问题的可能性和危害性。

（3）综合评价。根据经营决策目标全面分析方案的经济效益、环境效益和社会效益。房地产开发项目的经济评价主要采用投资收益率、投资回收期、内部收益率等方法。

5. 选择方案

选择方案是整个经营决策的中心环节，也是经营决策者的重要职责。它集中体现了房地产经营决策者的经营艺术和素质。

选择方案就是选择最优方案。需要指出的是，所谓最优方案是相对的，受到许多不确定因素的限制，因此，在多个方案存在时，要想得到一个各方面均最优的"最佳方案"往往很困难。在实际投资决策中，通常是在全盘考虑的情况下选择一个令投资决策者满意的方案，而不是理想中的各方面均全优的方案。

6. 实施追踪

经营决策的实施是一个动态的，依赖于时空变量和环境变量的复杂过程。因此，在实施过程中必然会碰到新问题，引起新矛盾，会出现变化的情况和决策目标偏离现象。这就要求决策者必须重视信息反馈，及时总结经验教训，依据客观情况对方案进行必要的调整和修改，以保证房地产投资决策的目标最终得以实现。

(1)反馈控制。反馈控制是准确而及时地将决策过程中主客观之间矛盾的信息输送给决策者，从而使决策者根据经营环境的变化，对决策方案、行为进行不断修正，以保证经营决策目标顺利实现的一项常规性工作。

(2)追踪决策。追踪决策是指当原有决策的实施表明危及经营决策目标的实现时，或原有决策是正确的，但由于客观或主观条件发生重大变化时，对决策目标或决策方案进行的一种根本性修正。它是对原决策的扬弃，并非原决策的简单重复，具有回溯分析、非零起点的特点。

单元二 房地产投资决策中的实物期权方法

一、传统投资决策方法局限性

运用财务评价方法进行投资决策，一般隐含两种假设：一种是投资可逆性，认为通过现金流入收回投资，出售资产收回投资，能够收回投资；另一种是不考虑延期投资对项目预期收益的影响，只判断净现金流量，大于 0，立即投资；小于 0，拒绝投资。

传统方法容易造成房地产投资价值的低估，主要表现在以下几个方面：

(1)忽视了投资项目中的柔性价值。环境不断变化，要适时调整。

(2)忽视了投资机会的选择。只决策项目是不行的，没有考虑项目可延期性和由此可能产生的价值变化。

(3)忽视了房地产项目的收益成长。只是将净现值是否大于 0 或是否高于目标收益率作为准则，因为有的项目在短期内不能盈利，但从长远发展的角度来决策，企业获得未来成长的机会。

二、房地产投资决策的期权性质

在不确定的市场环境里，房地产投资往往是不可逆和可延期的。房地产投资具有不可逆性，因为形态位置相对固定及交易税费较高。房地产投资又具有可延期性，这是由房地产市场的特性所决定的。产生可延期性的原因主要是市场信息的不确定性会随着时间的推移发生变化，甚至消除。延期投资可能规避风险，避免不利条件下的损失，保持了未来获利的机会。期权价格是指获取延期投资权利所投入的人力、财力、物力、技术。执行期权要在有利的投资机会下进一步投资。

三、实物期权方法与房地产投资决策

1. 关于实物期权方法及适用范围

(1)实物期权方法主要包括等待投资型、成长型、放弃型及学习型等。

(2)适用范围。偏重于解决投资决策中的一些灰色问题。

1)需要决策，但没有其他方法决策时；

2)不确定性很大时；

3)投资机会价值由未来增长期权的可能性决定时；

4)不确定性较大，进行方案比选时，对灵活投资方案进行评价时；

5)需要进行项目修正或中间战略调整时。

2. 一般过程

(1)构建应用框架。将实际的投资决策问题通过分析转化为规范的期权问题。

(2)完成期权定价。选择合理模型计算，完成定价。

1)六个变量。六个变量主要包括标的资产的现值；标的资产的波动率；资产的现金流或持有收益率；无风险收益率；期限及价值漏损(分红)。

2)两种模型。二叉树和布莱克-舒尔斯方程。

(3)检查结果和再设计。检查结果和进行再设计是为了提高投资决策的价值。完成前两步之后检查初始结果，然后确定是否扩大，备选投资方法的数目。

3. 常见的期权问题

(1)等待型期权。确定合理的开发时机。

(2)放弃型期权。决定是否放弃投资机会或项目。

(3)成长型期权。决定是否开发一些成长型项目(分期开发的项目，首期开发很难产生理想收益，但项目后期投资收益较大)。

四、应用实物期权方法决策时需注意的问题

1. 注意实物期权方法与传统方法的结合

(1)在不存在期权、存在期权但不确定性很小的市场环境下，传统方法效果较好。

(2)我国目前大多以传统方法为主，该方法简单，便于理解和计算。

2. 实际运用中的一些假设条件要调整

实际运用中的一些假设条件需要"磨合"，适当调整和推测。

3. 局限性

(1)需要具备较高的数学和期权理论基础。

(2)房地产期权比其他期权更为复杂。

(3)对期限较长、以非交易资产为标的的期权估价有一定局限性，会产生较大估计误差。

单元三　房地产投资方案比选决策

一、房地产投资方案比选含义

房地产投资方案比选，即投资方案的比较与选择，是寻求合理的房地产开发方案的必要手段。其是对房地产投资项目面临的各种可供选择的开发经营方案，进行计算和分析，从中筛选出满足最低收益率要求的可供比较方案，并对这些方案作出最后选择的过程。

二、房地产投资方案类型

房地产投资项目方案的类型很多，按照相互之间的经济关系，主要可分为以下三种。

1. 互斥方案

互斥方案是指一组方案中的各个方案相互关联、相互排斥、彼此可以相互代替。采纳方案组中的任何方案，就会自动排斥该组方案中的其他方案。

2. 独立方案

独立方案是指一组相互独立、互不排斥的方案。在独立方案中，选择某一方案并不排斥选择另一方案。只要资金等条件允许，而且每个方案都可行，就可以几个方案同时并存。

3. 混合方案

混合方案是指兼有互斥方案和独立方案两种关系的混合情况。具体说，就是指在一定约束条件下，有若干个相互独立的方案，在这些独立的方案中又包含几个互斥方案。例如，某开发商想开发几个独立的房地产项目，但是每个项目又分别有几个互斥的开发方案，甲地块有开发住宅、写字楼两个互斥方案，乙地块有开发住宅、商场、酒店三个互斥方案，丙地块有开发住宅、写字楼、商场、酒店四个互斥方案。然而开发商的资金有限，土地资源也有限，不同类型市场情况也不同，为了充分利用已有资源，获得最大投资收益，开发商面临着混合方案的选择问题。

因为各个方案的类型不同，选择、判断的尺度也不同，最终选择结果也会不同，开发商的收益也会相差甚远，所以，在进行方案选择前必须搞清楚方案属于哪种类型。

三、房地产投资方案比选步骤

1. 明确投资需要达到的目标

明确投资目标是进行房地产投资方案比选的前提和基础，投资的最终目标是追求投资收益的最大化，也是长期目标。为了达到长期目标有时需要降低风险，这时候就需要制定短期目标，如占领市场，不仅仅是投资短期内的收益率。

2. 研究投资项目的备选方案

确定了投资目标后，就需要研究备选的投资方案。每一个备选方案都应该是可行的，可行指的是备选方案在经济上是合理的，在技术上是先进的，在财务上是盈利的。制订备选方案时，要尽可能搜集各种资料，使方案具体化。

3. 进行投资方案比选

确定备选方案之后，就要对其进行仔细分析和比较。进行投资方案比选时，关键在于比选指标的选择。虽然所有投资的最终目标都是利益最大化，但是为了实现这个目标所制定的短期目标却有可能在某些项目上做出妥协，此时利润便不是最主要的目标。所以，在进行方案比选时，需要分析多个比选指标及最需要重视的指标。

四、房地产投资方案比选指标

1. 静态指标

静态指标是指没有考虑资金的时间价值因素的指标。

(1)差额投资收益率(ΔR)。差额投资收益率是指单位追加投资所带来的成本节约额，有时也称追加投资收益率。其表达式为

$$\Delta R = \frac{C_1 - C_2}{I_1 - I_2}$$

式中　ΔR——差额投资收益率；

　　　C_1，C_2——两个比较方案的年成本；

　　　I_1，I_2——两个比较方案的总投资。

(2)差额投资回收期。差额投资回收期是指通过成本节约收回追加投资所需的时间，有时也称追加投资回收期。其表达式为

$$\Delta P = \frac{I_1 - I_2}{C_1 - C_2}$$

式中　ΔP——差额投资回收期；

　　　I_1，I_2——两个比较方案的总投资；

　　　C_1，C_2——两个比较方案的年成本。

2. 动态指标

动态指标是指考虑了资金时间价值因素的指标。动态指标主要有以下几种：

(1)净现值(NPV)。净现值是投资项目净现金流量的现值累计之和。用净现值进行方案比选的方法称为净现值法，有时也称现值法。其表达式为

$$NPV = \sum_{t=0}^{n} (CI - CO)_t (1 + i_c)^{-t}$$

如果判断项目的可行性，则 $NPV \geqslant 0$ 的拟建方案是可以考虑接受的；如果进行方案比选，则以净现值大的方案为优选方案。

(2)净现值率($NPVR$)。净现值率是投资方案的净现值与投资现值的比率，它表明单位投资的盈利能力和资金的使用效率。其表达式为

$$NPVR = NPV / I_p$$

式中　$NPVR$——净现值率；

　　　NPV——净现值；

　　　I_p——投资现值。

在进行方案比选时，净现值率大的方案为优选方案。

（3）差额投资内部收益率（ΔIRR）。差额投资内部收益率是两个方案各期净现金流量差额的现值之和等于零时的折现率。其表达式为

$$\sum_{t=0}^{n}\left[(CI-CO)'_t-(CI-CO)''_t\right](1+\Delta IRR)^{-t}=0$$

式中　ΔIRR——差额投资内部收益率；

$(CI-CO)'_t$——投资大的方案第 t 期净现金流量；

$(CI-CO)''_t$——投资小的方案第 t 期净现金流量；

n——开发经营期。

在进行方案比选时，可以将求得的差额投资内部收益率与投资者的最低可接受收益率（$MARR$）或者基准收益率（i_c）进行比较，当 $\Delta IRR \geqslant MARR$ 或 i_c 时，以投资大的方案为优选方案；反之，以投资小的方案为优选方案。当多个方案进行比选时，首先按照投资由小到大进行排序，再依次按照相邻方案进行比选，从中确定优选方案。

（4）等额年值（AW）。将项目的净现值换算为项目计算期内各年的等额年金就是等额年值。用等额年值来进行多方案比选的方法就称为等额年值法。其表达式为

$$AW=NPV\frac{i_c(1+i_c)^n}{(1+i_c)^n-1}$$

从其表达式可以看出，AW 实际上是 NPV 的等价指标。也可以说，在进行方案比选时，等额年值大的方案应为优选方案。

（5）费用现值（PC）。将项目计算期内的各年投入（费用）按基准收益率折现成的现值就是费用现值。用费用现值进行方案比选的方法就称为费用现值法。其表达式为

$$PC=\sum_{t=0}^{n}(C-B)_t(1+i_c)^{-t}$$

式中　C——第 t 期投入总额；

B——期末余值回收；

n——项目的开发经营期。

在进行方案比选时，以费用现值小的方案为优选方案。

（6）等额年费用（AC）。将项目计算期内所有的费用现值，按事先选定的基准收益率，折算为每年等额的费用，叫作等额年费用。以此进行方案比选的方法，叫等额年费用比较法。其表达式为

$$AC=PC\frac{i_c(1+i_c)^n}{(1+i_c)^n-1}$$

在进行方案比选时，以等额年费用小的方案为优选方案。

五、房地产投资方案各比选指标应用

1. 互斥方案的比较与选择

（1）互斥方案比选原则。互斥方案比选应遵循的原则见表9-1。

表 9-1 互斥方案比选原则

序号	原则	内容说明
1	现金流量差额评价原则	在比选互斥方案时，首先要计算两个方案的现金流量之差，然后再考虑某一方案相对于另一方案增加的投资在经济上是否合算
2	时间可比原则	在比选互斥方案时，各个方案的寿命应该相等，否则为了保证各个方案具有相同的比较时间，必须利用某种方法进行方案寿命的变换
3	环比原则	在比选互斥方案时，应该将各个方案按照投资额由小到大依次排序，进行比较。不能将各个方案投资最小的方案进行分别比较，最后选择差额指标最好的指标为最优方案
4	比较基准原则	在比选互斥方案时，应该以某一给定的基准收益率作为方案比选的基准

(2)不同类型互斥方案比选。

1)对于项目计算期相同的互斥方案，可直接用净现值、差额投资内部收益率或等额年值指标进行比选。

2)对于项目计算期不同的互斥方案项目，一般采用等额年值指标进行比选。如果要采用差额投资内部收益率指标或净现值指标进行方案比选，须对各可供比较方案的项目计算期和计算方法按有关规定作适当处理。

3)对于计算期较短的出售型房地产项目，可直接采用利润总额、投资利润率等静态指标进行比选。

4)对于效益相同或基本相同的互斥房地产项目，为简化计算，可采用费用现值指标和等额年费用指标直接进行项目方案费用部分的比选。

2. 独立方案的比较与选择

独立方案的选择可能会出现两种情况：一种是投资者可利用的资金足够多，即通常所说的无资金限制条件；另一种是投资者可利用的资金是有限制的。

(1)无资金限制的独立方案比选。如果投资者资金充足，不受约束时，投资方案的选择可以按照单方案经济评价方法来进行，即

$NPV \geq 0$ 或 $IRR \geq i_c$ 时，投资方案可行；

$NPV < 0$ 或 $IRR < i_c$ 时，投资方案不可行。

(2)有资金限制的独立方案比选。各方案相互独立，最常见的情况就是有资金限制，资金不足以分配到全部经济合理的方案，这时就出现了资金的最优分配问题。此时独立方案的比较与优选指的是在资金约束条件下，如何选择一组方案组合，以便获得最大的总体效益，即 $\sum NPV(i_c)$ 最大。一般情况下，有四种基本选择方法：一是现值法，二是净现值率排序法，三是收益率分配法，四是互斥组合法。有资金限制的独立方案比选，最好的比选方法是互斥组合法，互斥组合法是将各独立方案都组合成相互排斥的方案，其中每一个组合方案代表一个相互排斥的组合，这就可以利用前述互斥方案的比较方法，选择最优的组合方案。这种方法可以保证得到已知条件下的最优组合方案。互斥组合法在方案比选中的步骤如下：

1)列出独立方案的所有可能组合；

2）剔除不满足约束条件的投资组合；

3）按照投资额从小到大排列投资方案组；

4）计算各组合投资方案组的 NPV（或 ΔIRR）；

5）用 NPV（或 ΔIRR）最大作为选择标准选出最优方案组合。

3. 混合方案的比较与选择

混合方案与独立方案的选择相同，也可分为有资金约束和无资金约束两种情况。如果资金无约束，只要从各独立项目中选择互斥型方案中净现值（或等额年值）最大的方案加以组合即可。如果资金有约束，选择的标准是净现值和差额内部收益率（不再是内部收益率）。

六、房地产投资方案比选中应注意问题

1. 房地产投资方案比选指标局限性

（1）内部收益率与净现值。大多数情况下的独立项目的财务分析中，用净现值和内部收益率指标来判断项目的可行性，所得出的结论是一致的。因此，可选择任一指标作为项目财务分析指标。但是在某些情况下（如多个方案进行比较和选择时），运用这两个指标却可能得出不同的结论，主要是由于各个备选方案的初始投资规模或者现金流量产生时间不同造成的。

1）规模不同。两个投资项目 A 和 B，现金流量情况见表 9-2。

表 9-2　A 和 B 两个项目的现金流量　　　　　　　　　　　　　万元

项目＼年份	0	1
A	20	35
B	120	180

项目 A 的初始投资为 20 万元，一年后资金回收 35 万元，内部收益率为 75%；项目 B 的初始投资为 120 万元，一年后资金回收 180 万元，内部收益率为 50%。所以，根据内部收益率，应该选择项目 A。

但是从净现值角度来说，假定最低可以接受的回报率为 10%，项目 A 的净现值为 11.8 万元，项目 B 的净现值为 43.6 万元。所以按照净现值标准应该选择项目 B。

2）现金流量产生时间不同。两个投资项目 A 和 B，现金流量情况见表 9-3。

表 9-3　A 和 B 两个项目的现金流量　　　　　　　　　　　　　万元

项目＼年份	0	1	2	3	4	5
A	−10 000	2 000	3 000	5 000	6 000	7 000
B	−10 000	4 000	4 000	4 000	4 500	5 000

经过计算项目 A 的内部收益率为 28%，项目 B 的内部收益率为 31%，按照内部收益率标准应该选择项目 B。

如果假定贴现率为 10%，项目 A 的净现值为 6 498.62 万元，项目 B 的净现值为 6 122.11 万元，所以，按照净现值标准应该选择项目 A。

所以，一般来说，在这样的方案比选中，通常不直接采用内部收益率指标比较，而采用净现值和差额投资内部收益率指标作为比较指标。

(2)净现值与净现值率。净现值与净现值率两个指标在方案比较和项目排队时，有时也会得出相反的结论。因此，在进行方案比选时，如果没有资金限制条件，可采用净现值作为比选指标，相反，如果事先明确了资金限定范围时，应进一步用净现值率来衡量，这就使用了净现值率排序法。但是，由于投资方案的不可分性，在运用净现值率指标时，经常会出现没有充分利用资金的情况，所以，不能保证获得最优的组合方案。

2. 房地产投资方案自身效率和资本效率

一般情况下，房地产投资比较复杂，既涉及投资方案自身的效率即全投资内部收益率，又涉及投资资本效率即自有资本内部收益率。而自身效率和资本效率并不一致。所以，在运用收益率指标为尺度进行方案比选时，为了避免方案比选出现错误结果，需要注意的是，不能将自身效率和投入资本效率混同起来。

七、房地产投资方案比选决策

1. 房地产投资方案比选基本概念

(1)房地产投资方案比选含义。一般情况下，在房地产投资中，会有各种不同的方案可供选择。房地产投资方案比选决策就是利用有效、准确的方法实现正确的选择，在多个投资方案中找出最佳方案。正确的房地产投资方案比选决策不仅需要决策者熟悉并掌握决策的基本理论、类型及方法等，还需要决策者拥有良好的个人素质及能力。

(2)房地产投资方案比选决策类型。根据不同的分类标准，可以将房地产投资决策分为以下几种类型：

1)根据决策问题所处条件不同划分。从决策问题所处条件不同来说，投资方案比选决策可以分为确定型决策、风险型决策和不确定型决策。其中风险型决策是最常见的。

2)根据决策目标数量多少划分。从决策目标数量多少来说，投资方案比选决策可以分为单目标决策和多目标决策。

①单目标决策。单目标决策的目标是单一，一般情况下，收益最大或支出最小。单目标决策问题的特点是在已知条件下，如约束条件，寻求目标函数最优解。

②多目标决策。多目标决策的目标是两个以上，实质是以达到两个以上目标为准进行择优的问题。在实际分析拟建方案时，往往需要考虑多个目标，如某项工程的施工方案，要考虑质量高、费用低等目标，而一般情况下，在某个目标达到最优时，另一些目标却不尽人意，这就需要根据目标的重量程度进行权衡，进行综合决策。

3)根据决策方法不同划分。从决策方法的不同来说，投资方案比选决策可以分为定性决策和定量决策两种。

①定性决策。定性决策不依靠数学模型及大量的数学运算，而是直接利用专家的经验和智慧进行决策。

②定量决策。定量决策是将决策问题的目标和因素用数学关系式表达出来，然后通过

计算或者推导，求得决策结果。

一般情况下，应当尽量用定量决策方法辅助决策者的决策，但是在实际中，很多决策问题很难用数据描述出来，所以，应当将定量与定性方法结合起来，互相补充，这样才能保证方案比选决策更加准确。

2. 确定型房地产投资决策

(1)确定型房地产投资决策含义。确定型决策又称为肯定型决策，是指只有一种可能性的主观要求和客观条件，却有多种可供选择方案的决策，是对未来各种事件或变化趋势做出决断的决策。一般情况下，确定型决策有一个或一组明确的决策目标，有两个或两个以上可供选择的方案，实现方案的未来状态只有一个，而且在决策前已经确知，能够计算出不同方案在未来状态下的预期结果。在实际中，对于小型短期的开发项目，其投资建设期短，市场变化小，可以事先对销路及单价进行有把握的估计，此类开发项目的方案比选决策就是确定型投资决策。确定型房地产投资决策是理想状态下的决策类型，假设每个投资方案在实施过程中都是按照设想的方法进行，然后计算出方案的成本及盈利等财务数据，对各个方案进行比较，选出最佳方案。显然，确定型房地产投资决策的优点是简单明了，但是其也不是很严谨。

(2)确定型房地产投资决策方法。确定型房地产投资决策方法见表9-4。

表9-4　确定型房地产投资决策方法

序号	方法	内容说明
1	单纯选优法	单纯选优法是对每一方案的每一确切结果进行比较，直接选出最优方案的决策方法。具体来说，就是直接比较不同方案的内部收益率和净现值等指标，指标大者为最优方案。单纯选优法是最常用的投资方案比选方法
2	模型选优法	模型选优法实质在确定未来状态的情况下，通过建立数学模型，选出最优方案的方法。其在一定的经济约束条件下，运用数学模型来解决如何实现收入最大或支出最小的经济问题

3. 风险型房地产投资决策

(1)风险型房地产投资决策含义。风险型房地产投资决策是指对决策方案中有待实现的条件只能做出概率估计，但是不能确定未来会出现哪种状态，在这种条件下作的决策往往具有一定的风险，所以称这种决策为风险型决策，也称为概率型决策或随机型决策。由于在不同状态下的概率值是以过去的资料为依据，经过统计分析得到的，所以也称为统计型决策。一般情况下，风险型决策有一个或一组明确的目标，有两个以上可供选择的方案，实现方案的未来状态有两个或两个以上，可以预先估算未来状态出现的概率及不同方案在未来状态下的预期结果。风险型决策是以概率为前提的，所以，做好风险型决策的关键是运用什么样的概率及概率值的准确程度。

(2)风险型房地产投资决策方法。风险型房地产投资决策方法见表9-5。

表 9-5　风险型房地产投资决策方法

序号	方法	内容说明
1	期望值法	期望值法是离散型随机变量的数学期望，某方案的期望值是指该方案几种可能损益值与各自概率的乘积之和。期望值法是比较不同方案经济效益的方法。如果决策方案考虑的是利润额，那么就选择利润期望值最大的方案；如果决策方案考虑的是支出额度，那么就选择支出期望值最小的方案
2	决策树法	决策树是一种决策分析工具。其以方块和圆圈为节点，用直线把他们连接起来构成树状，将决策方案产生的各种情况的概率、目标、后果以及期望值等在图上系统地表现出来，供进行决策分析。决策树法考虑多种因素对投资的影响，并且对其进行量化，思路比较清晰，决策形象。而房地产投资周期长，市场多变，影响因素时有发生，决策树法使决策更加直观，更加分明，更加科学
3	最大可能法	最大可能法认为概率最大的那个自然状态是必然事件，发生的概率是 1，其他自然状态是不可能事件，发生的概率是 0。因此，可以选择概率最大的那个自然状态作为决策依据。房地产投资若干自然状态中，某一状态发生的概率值远远大于其他自然状态发生的概率值，不同自然状态下的收益值不太大时，可以采取最大可能法进行决策

4. 不确定型房地产投资决策

(1)不确定型房地产投资决策含义。不确定型决策又称为非确定型投资决策。在决策时，决策者不知道所处理的未来事件在特定条件下的结果及各结果发生的概率，是在一种无法肯定的情况下进行的决策。一般情况下，不确定型投资决策有一个或一组明确的目标，有两个以上可供选择的方案，实现方案的未来状态有两个或两个以上，可以估算出不同方案在不同未来状态下的预期结果。不确定型投资决策与风险型投资决策问题的主要区别在于其不知道各个自然状态出现的概率。风险型决策虽然也具有不确定性，但其可以预先估算出各自然状态出现的概率。不确定型决策的决策结果在很大程度上依赖于决策者对风险所持的态度。

(2)不确定型房地产投资决策方法。不确定型房地产投资决策方法见表 9-6。

表 9-6　不确定型房地产投资决策方法

序号	方法	内容说明
1	大中取大法	大中取大法是指决策者对未来市场客观规律抱乐观态度进行决策，一般情况下都是选取方案中不同状态下估计损益值的最大值，所以又称为乐观准则。采用这种方法的决策者往往敢于冒险，追求最大投资利益
2	小中取大法	小中取大法是一种悲观、保守的决策方法，也称为最大最小决策法，或者最大最小决策准则。该方法将决策风险降低到最低程度，将安全放在首要位置，进行决策时，决策者总是考虑最悲观的结果，并在所有最悲观的结果中选择亏损最少、收益最大的方案作为最佳方案。一般情况下，投资者本人属于风险厌恶型，不愿追求较高风险溢价或公司规模较小，低于风险能力差时，均采用小中取大法。采用小中取大法进行决策时，先确定几个备选方案，从每一备选方案中选择一个最小的报酬率，从最小的报酬率中，选择一个报酬率最大的方案作为决策方案

序号	方法	内容说明
3	最小后悔法	最小后悔法也称为后悔值决策法。在制定决策后，如果事实不符合理想状态，决策者可能就会对其选择的方案后悔，希望自己选择的是另外一个方案。最小后悔法的实质是使后悔最小的方案为最合理的方案。采用最小后悔法进行决策时，要先求出每个方案在各种自然状态下的后悔值，即每种状态下的最高值与其他值之差，然后比较各个方案的最大后悔值，再从中选择后悔值最小的一个作为最佳方案
4	机会均等法	机会均等法也称为同等概率法。在决策过程中，决策者不能确定各种自然状态出现的概率，就主观地认为其出现的概率是相等的。如果有 n 个自然状态，那么每个自然状态出现的概率是 $1/n$，然后按照风险型决策方法，计算各个方案的损益期望值，选取期望值最大的方案作为最佳方案
5	乐观系数法	乐观系数法也称为折中决策法，其对客观条件估计不悲观，也不乐观，而是用一个平衡系数平衡，表示乐观程度的系数则称为乐观系数。采用乐观系数法进行决策时，首先根据对所掌握资料的分析和积累的经验，确定一个乐观系数 α，其表示问题的乐观程度。$\alpha=0$ 时，为最悲观状态；$\alpha=1$ 时，为最乐观状态。α 的范围是 $[0, 1]$。然后求取方案的损益值，损益值等于 α 乘以最乐观的损益值与 $(1-\alpha)$ 乘以最悲观损益值之和。最后比较各个方案的损益值，选择收益最大或者支出最小的方案作为最佳方案

【例 9-1】 某房地产公司对某投资项目拟定了 A、B、C、D 四种投资方案。这四种方案的收益情况与市场需求息息相关。经过分析，未来五种市场状态的净收益值见表 9-7，这五种市场状态发生的概率未知，试着用上述五种方法对投资方案进行决策。

表 9-7 净收益值表

净收益 \ 方案	市场情况好	市场情况比较好	市场情况一般	市场情况比较差	市场情况差
A	5 400	4 800	4 000	3 000	2 200
B	5 000	4 100	3 300	2 000	1 600
C	4 800	4 000	3 000	2 500	1 800
D	3 800	2 600	2 000	1 700	1 300

【解】 (1)采用大中取大法进行投资方案决策。首先从每个方案中选择最大的净收益，分别如下：

A 方案：5 400 万元

B 方案：5 000 万元

C 方案：4 800 万元

D 方案：3 800 万元

然后从上述四个最大净收益值中，选择最大的净收益值，即 5 400 万元，所以 A 方案为最佳方案。

(2)采用小中取大法进行投资方案决策。首先从每个方案中选择最小的净收益，分别如下：

A方案：2 200万元

B方案：1 600万元

C方案：1 800万元

D方案：1 300万元

然后从上述四个最小收益值中，选择最大的净收益，即2 200万元，所以A方案为最佳方案。

(3)采用最小后悔法进行投资方案决策。首先求出五种自然状态下各个方案的后悔值，见表9-8。

表9-8　各个方案后悔值

后悔值方案	市场情况好	市场情况比较好	市场情况一般	市场情况比较差	市场情况差
A	0	600	1 400	2 400	3 200
B	0	900	1 700	3 000	3 400
C	0	800	1 800	2 300	3 000
D	1 200	1 800	2 100	2 500	

由表9-8可知，各个方案的最大后悔值分别如下：

A方案：3 200万元

B方案：3 400万元

C方案：3 000万元

D方案：2 500万元

从上述四个最大的后悔值中，选择最小的后悔值，即2 500万元，所以D方案为最佳方案。

(4)采用机会均等法进行投资方案决策。假设四个方案的机会均等，那么各个方案的损益期望值分别如下：

A方案：$E_A=(5\ 400+4\ 800+4\ 000+3\ 000+2\ 200)\times1/5=3\ 880$(万元)

B方案：$E_B=(5\ 000+4\ 100+3\ 300+2\ 000+1\ 600)\times1/5=3\ 200$(万元)

C方案：$E_C=(4\ 800+4\ 000+3\ 000+2\ 500+1\ 800)\times1/5=3\ 220$(万元)

D方案：$E_D=(3\ 800+2\ 600+2\ 000+1\ 700+1\ 300)\times1/5=2\ 280$(万元)

由以上结果可知，A方案为最佳方案。

(5)采用乐观系数法进行投资方案决策。首先确定乐观系数，这里假设$\alpha=0.3$，那么各个方案的折中净收益值分别如下：

A方案：$5\ 400\times0.3+2\ 200\times0.7=3\ 160$(万元)

B方案：$5\ 000\times0.3+1\ 600\times0.7=2\ 620$(万元)

C方案：$4\ 800\times0.3+1\ 800\times0.7=2\ 700$(万元)

D方案：$3\ 800\times0.3+1\ 300\times0.7=2\ 050$(万元)

由以上结果可知，A方案为最佳方案。

模块小结

在房地产投资活动中，一般都会有不同的投资方案可供选择，如何利用有效、准确的方法实现正确的选择，在众多的投资方案中找出最佳方案，就是房地产投资决策。房地产投资决策程序有发现问题、确定目标、拟制方案、分析评价、选择方案、实施追踪。房地产投资方案比选，即投资方案的比较与选择，是寻求合理的房地产开发方案的必要手段。房地产投资方案类型有互斥方案、独立方案和混合方案。房地产投资方案比选指标有差额投资收益率（ΔR）、差额投资回收期、净现值（NPV）、净现值率（$NPVR$）、差额投资内部收益率（ΔIRR）、等额年值（AW）、费用现值（PC）、等额年费用（AC）。

课后习题

一、填空题

1. 按照科学的投资决策理论，房地产经营决策的基本步骤包括_____、_____、_____、_____、_____、_____。

2. 实物期权方法主要包括_____、_____、_____及_____等。

3. 房地产投资项目方案按照相互之间的经济关系，主要分为_____、_____、_____三种。

4. 从决策方法的不同来说，投资方案比选决策可以分为_____和_____两种。

二、多项选择题

1. 下列属于互斥方案比选应遵循的原则的是（　　）。
   A. 现金流量差额评价原则　　　　　B. 时间可比原则
   C. 环比原则　　　　　　　　　　　D. 比较基准原则
   E. 单纯选优法原则

2. 无资金限制的独立方案比选，如果投资者资金充足，不受约束时，下列关于投资方案的选择的说法正确的是（　　）。
   A. $NPV \geqslant 0$ 时投资方案可行　　　　B. $NPV \geqslant 0$ 时投资方案不可行
   C. $IRR \geqslant i_c$ 时投资方案可行　　　　D. $IRR \geqslant i_c$ 时投资方案不可行
   E. $NPV < 0$ 或者 $IRR < i_c$ 时，投资方案不可行

三、简答题

1. 简述房地产投资决策的原则。

2. 简述房地产投资方案比选步骤。

3. 简述不确定型房地产投资决策方法。

模块十

房地产项目国民经济评价与社会评价

单元一　房地产投资项目的国民经济评价

一、房地产项目国民经济评价的概念

房地产项目国民经济评价是指从国民经济整体利益出发，遵循费用与效益统一划分的原则，用影子价格、影子工资、影子汇率和社会折现率计算分析房地产项目给国民经济带来的净增量效益，以此来评价房地产项目的经济合理性和宏观可行性，实现资源的最优利用和合理配置。房地产项目国民经济评价是工程项目经济评价的重要组成部分。

二、房地产项目国民经济评价的作用

国民经济评价是针对项目所进行的宏观效益分析。其主要目的是实现国家资源的优化配置和有效利用，以保证国民经济能够可持续地稳定发展。国民经济评价的作用主要体现在以下三个方面。

1. 可以从宏观上优化配置国家的有限资源

对于一个国家而言，资金、土地、劳动等用于发展的资源总是有限的，资源的稀缺与社会需求的增长之间存在着较大的矛盾。只有通过优化资源配置，使资源得到最佳利用，才能有效地促进国民经济的发展。只有通过国民经济评价，才能从宏观上引导国家对有限的资源进行合理配置，鼓励和促进那些对国民经济有正面影响的项目的发展，而相应抑制和淘汰那些对国民经济有负面影响的项目。

2. 可以真实反映工程项目对国民经济的净贡献

在包括我国在内的很多国家里，由于产业结构不合理、市场体系不健全及过度保护民族工业等原因，导致国内的价格体系产生比较严重的扭曲和失真，不少商品的价格既不能反映其价值，也不能反映供求关系。在此情况下，按现行价格计算工程项目的投入与产出，无法正确反映项目对国民经济的影响。只有通过国民经济评价，运用能反映商品真实价值的影子价格来计算项目的费用与效益，才能真实反映工程项目对国民经济的净贡献，从而判断项目的建设对国民经济总目标的实现是否有利。

3. 可以使投资决策科学化

通过国民经济评价，合理运用经济净现值、经济内部收益率等指标，以及影子汇率、影子价格、社会折现率等参数，可以有效地引导投资方向，控制投资规模，提高计划质量。对于国家决策部门和经济计划部门，必须高度重视国民经济评价的结论，将工程项目的国民经济评价作为重要的决策手段，使投资决策科学化。

三、房地产投资项目国民经济评价与财务评价的关系

房地产投资项目财务评价和国民经济评价的结论是项目决策的主要依据。财务评价注重的是项目的盈利能力和财务生存能力；而国民经济评价注重的则是国家经济资源的合理配置及项目对整个国民经济的影响。财务评价是国民经济评价的基础；国民经济评价则是财务评价的深化。两者相辅相成，互为参考和补充，既有联系又有区别。

1. 财务评价与国民经济评价的共同点

财务评价和国民经济评价的共同点见表 10-1。

表 10-1　财务评价和国民经济评价的共同点

序号	项目	内容
1	评价目的相同	都以寻求经济效益最好的项目为目的，都要寻求以最小的投入获得最大的产出
2	评价基础相同	都要在完成项目的市场预测、方案构思、投资估算和资金筹措的基础上进行，评价的结论也都取决于项目本身的客观条件
3	评价与分析方法以及评价指标类似	都采用现金流量法通过基本报表来计算净现值、内部收益效率等经济指标，经济指标的含义也基本相同。两者也都是从项目的成本与收益着手，来评价项目的经济合理性以及项目建设的可行性

2. 财务评价与国民经济评价的区别

财务评价与国民经济评价的区别见表 10-2。

表 10-2　财务评价与国民经济评价的区别

序号	项目	内容
1	评价的角度不同	财务评价是站在企业的立场，从项目的微观角度按照现行的财税制度去分析项目的盈利能力和贷款偿还能力，以判断项目的财务可行性；而国民经济评价则是站在国家立场，从国民经济综合平衡的宏观角度去分析项目对国民经济发展、国家资源配置等方面的影响，以分析项目的国民经济合理性
2	费用与效益的划分不同	财务评价根据项目的实际收支来计算项目的效益与费用，凡是项目的收入均计为效益，凡是项目的支出均计为费用，如工资、税金、利息都作为项目的费用，财政补贴则作为项目的效益；而国民经济评价，则根据项目实际耗费的有用资源以及项目向社会贡献的有用产品或服务来计算项目的效益与费用。在财务评价中作为费用或效益的税金、国内借款利息、财政补贴等，在国民经济评价中被视为国民经济内容转移支付，不作为项目的费用或效益。而在财务评价中不计为费用或效益的环境污染、降低劳动强度等，在国民经济评价中则需计为费用或效益
3	使用的价格体系不同	在分析项目的费用与效益时，财务评价使用的是以现行市场价格体系为基础的预测价格；而考虑到国内市场价格体系的失真，国民经济评价使用的是对现行市场价格进行调整后所得到的影子价格体系。影子价格能够更确切地反映资源的真实经济价值
4	采用的评价参数不同	财务评价采用的汇率是官方汇率，折现率采用因行业而异的行业基准收益率；而国民经济评价采用的汇率是影子汇率，折现率是国家统一测定的社会折现率
5	评价的组成内容不同	一般而言，财务评价主要包括盈利能力分析、清偿能力分析和外汇平衡分析三方面的内容；而国民经济评价只包括盈利能力分析和外汇效果分析两方面的内容

3. 国民经济评价结论与财务评价结论的关系

很多情况下，工程项目财务评价和国民经济评价的结论是一致的，但由于财务评价和国民经济评价有所区别，也有不少时候两种评价的结论是不同的。可能出现的四种情况及相应的决策原则如下所述：

(1)财务评价和国民经济评价均可行的项目，应予以通过。

(2)财务评价和国民经济评价均不可行的项目，应予以否定。

(3)财务评价不可行，国民经济评价可行的项目应予以通过，但国家和主管部门应采取相应的优惠政策，如减免税、财政补贴等，使项目在财务上具有生存能力。

(4)财务评价可行、国民经济评价不可行的项目，应予以否定或重新考虑方案，进行"再设计"。

四、房地产投资项目国民经济评价的步骤

1. 直接进行国民经济评价的程序

(1)识别和计算项目的直接效益、间接效益、直接费用、间接费用，以影子价格计算项目效益和费用。

(2)编制国民经济评价基本报表。

(3)依据基本报表进行国民经济评价指标计算。

(4)依据国民经济评价的基准参数和计算指标进行国民经济评价。

2. 在财务评价的基础上进行国民经济评价的程序

(1)经济价值调整。剔除在财务评价中已计算为效益或费用的转移支付，增加财务评价中未反映的外部效果，用影子价格计算项目的效益和费用。

(2)编制国民经济评价基本报表。

(3)依据基本报表进行国民经济评价指标计算。

(4)依据国民经济的基准参数和计算指标进行国民经济评价。

以上两种方法，区别在于效益和费用的计算程序不同。国民经济评价各步骤之间的关系可用图 10-1 表示。

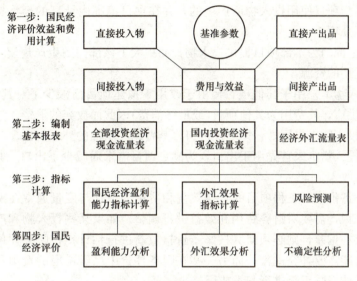

图 10-1　国民经济评价的程序

五、房地产投资项目费用与效益分析

房地产投资项目的国民经济效益是指项目对国民经济所做的贡献，可分为直接效益和间接效益；项目的国民经济费用是指国民经济为项目付出的代价，可分为直接费用和间接费用。

所谓费用与效益分析，是指从国家和社会的宏观利益出发，通过对项目的经济费用和经济效益进行系统、全面的识别和分析，求得项目的经济净收益，并以此来评价项目的国民经济可行性。

费用与效益分析的核心是通过比较各种备选方案的全部预期效益和全部预计费用的现值来评价这些备选方案，并以此作为决策的参考依据。

(一)直接效益与直接费用

1. 直接效益

直接效益是指由项目产出物直接产生，并在项目范围内计算的经济效益。直接效益的内容包括以下几项：

（1）增加项目产出物（或服务）的数量以增加国内市场的供应量，其效益就是所满足的国内需求。

（2）项目产出物（或服务）替代相同或类似企业的产出物（或服务），使被替代企业减产从而减少国家有用资源的耗用（或损失），其效益就是被替代企业释放出来的资源。

（3）项目产出物（或服务）增加了出口量，其效益就是增加的外汇收入。

（4）项目产出物（或服务）减少了进口量，即替代了进口货物，其效益为所节约的外汇支出。

2. 直接费用

直接费用是指项目使用投入物所产生的，并在项目范围内计算的经济费用。直接费用的内容包括以下几项：

（1）国内其他部门为本部项目提供投入物，而扩大了该部门的生产规模，其费用为该部门增加生产所耗用的资源。

（2）项目投入物本来用于其他项目，由于改用于拟建项目而减少了对其他项目（或最终消费）投入物的供应，其费用为其他项目（或最终消费）因此而放弃的消费。

（3）项目的投入物来自国外，即增加进口，其费用为增加的外汇支出。

（4）项目的投入物本来首先用于出口，为满足项目需求而减少了出口，其费用为减少出口所减少的外汇收入。

在国民经济评价中，工程项目的直接效益和费用的识别与度量通常在财务评价的基础上进行。一般来说，需要对财务费用和效益进行调整。如果某些投入物和产出物的市场价格与影子价格存在偏差，则必须对其按影子价格重新进行估计；在财务评价中被排除的某些费用和效益可能需要补充进来，而另一些在财务评价中已经考虑的费用和效益则可能根据其对经济的整体影响重新进行归类或调整。

（二）间接效益与间接费用

间接效益与间接费用是指项目对国民经济作出的贡献或国民经济为项目付出的代价，在直接效益与直接费用中未得到反映的那部分效益和费用。

通常，将与项目相关的间接效益（外部效益）和间接费用（外部费用），统称为外部效果。对外部效果的计算应考虑环境及生态影响效果、技术扩散效果和产业关联效果。对显著的外部效果能定量的，要做定量分析；计入项目的效益和费用，不能定量的，应作定性描述。在计算中，为防止间接效益的扩大化，项目外部效果一般只计算一次相关效果，不应连续扩展。

（三）转移支出

从国民经济角度看，项目的某些财务收益和支出，并不真正反映经济整体有用资源的投入和产出的变化，没有造成资源的实际增加或减少，只是表现为资源的使用权从社会的一个实体转到另一个实体手中，是国民经济内部的"转移支出"，不能计为项目的国民经济效益或费用。

1. 国家和地方政府的税收，仅是从项目转移到政府

税收是政府调节分配和供求的手段。对于企业财务评价，纳税确实是一项费用支出；

但是对于国民经济评价，它仅仅表示项目对国民经济的贡献有一部分转到政府手中，由政府再分配。项目对国民经济的贡献大小并不随税金的多少而变化，因而它属于国民经济内部的转移支付。

土地税、城乡维护建设税和资源税等是政府为了补偿社会耗费而代为征收的费用，这些税种包含了很多政策因素，并不代表社会为项目付出的代价。因此，原则上这些税种也视为项目与政府之间的转移支付，不计为国民经济评价中的费用或效益。

2. 国家或地方政府给予项目的补贴，仅是从政府转移到项目

政府对项目的补贴，仅仅表示国民经济为项目所付出的代价中，有一部分来自政府财务支出；但是，整个国民经济为项目所付代价并不以这些代价来自何处为计算依据，更不会由于有无补偿或补贴多少而改变。因此，补贴也不是国民经济评价中的费用或效益。

3. 国内银行借款利息，仅是从项目转移到金融机构

国内贷款利息在企业财务评价中的资本金财务现金流量中是一项费用。对于国民经济评价，它表示项目对国民经济的贡献有一部分转移到了政府或国内贷款机构。项目对国民经济所做贡献的多少，与其所支付的国内贷款利息多少无关。因此，它也不是国民经济评价中的费用或效益。

4. 国外贷款与还本付息

在国民经济评价中，根据分析角度的不同，对国外贷款和还本付息有以下两种不同的处理原则：

(1)在全部投资效益费用流量表中的处理。在全部投资效益费用流量表中，将国外贷款看作国内投资，以项目的全部投资作为计算基础，对拟建项目使用的全部资源的使用效果进行评价。由于随着国外贷款的发放，国外相应实际资源的支配权力也同时转移到了国内。这些国外贷款资源与国内资源相同，也存在着合理配置的问题。因此，在全部投资效益费用流量表中，国外贷款还本付息与国内贷款还本付息相同，既不作为效益，也不作为费用。

(2)在国内投资效益费用流量表中的处理。为了考察国内投资对国民经济的实际贡献，应以国内投资作为计算的基础。因此，在国内投资效益费用流量表中，将国外贷款还本付息视为费用。

如果以项目的财务评价为基础进行国民经济评价时，应从财务效益和费用中剔除其中的转移支付部分。

(四)费用与效益的估算

经济费用效益分析应采用反映资源真实经济价值的计算价格来估算项目费用和效益，用以纠正投入物与产出物因市场失灵和政策干预失当所造成的财务现金流量计算的偏差。

项目投资所引发的经济费用或效益的计算应在利益相关者分析的基础上，研究在特定的社会经济背景条件下相关利益主体获得的收益及付出的代价，计算项目相关的费用和效益。计算时，应遵循支付意愿、受偿意愿、机会成本和实价计算原则。

(1)对于具有市场价格的投入物或产出物，其费用或效益的计算应该遵循下列原则：

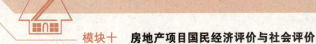

1)该货物或服务处于竞争性市场环境中，市场价格能够反映支付意愿或机会成本，应采用市场价格作为计算项目投入物或产出物经济价值的依据。

2)如果项目的投入物或产出物的规模很大，项目的实施将足以影响其市场价格，导致"有项目"和"无项目"两种情况下市场价格不一致，理论上应考虑拟建项目对该物品均衡市场价格的影响。在项目评价实践中，可以取两者的平均值作为测算该物品经济价值的依据。

3)对于外贸货物，其投入物或产出物价格应基于国际市场价格进行推算，其价格取值应反映国际市场竞争的实际情况。

(2)对于不具有市场价格或市场价格难以真实反映其经济价值的产出物，应采用下列方法对项目的产品或服务的经济价值进行测算：

1)按照消费者支付意愿的原则，通过其他相关市场价格信号，按照"揭示偏好"的方法，寻找揭示这些影响的隐含价值，对其效果进行间接估算。

2)采用意愿调查评估的方法，按照"表达偏好"的原则进行间接估算。

六、房地产投资项目国民经济评价参数

国民经济评价参数是指在工程项目经济评价中为计算费用和效益，衡量技术经济指标而使用的一些参数。其主要包括影子价格、影子汇率、影子工资和社会折现率等。

(一)影子价格

影子价格是指依据一定原则确定，能反映投入物和产出物真实经济价值，反映市场供求状况，反映资源稀缺程度，使资源得到合理配置的价格。影子价格是一种虚拟价格，是为了实现一定的社会经济发展目标而人为确定、更为合理的价格。进行国民经济评价时，项目的主要投入物和产出物价格，原则上都应采用影子价格。为了简化计算，在不影响评价结论的前提下，可只对其价格在效益或费用中所占比重较大或国内价格明显不合格的产出物或投入物使用影子价格。

1. 市场机制定价货物的影子价格

随着我国市场经济的发展和贸易范围的扩大，大部分货物由市场定价，受供求影响，其价格可以近似反映其真实价值，进行国民经济评价时，可将这些货物的市场价格加减国内运杂费等作为影子价格。只是在确定其影子价格前，应先将货物区分为外贸货物和非外贸货物。

(1)外贸货物影子价格。所谓外贸货物，是指其使用或产生将对国家进出口产生直接或间接影响的货物，主要包括产出物直接出口、间接出口或替代进口的货物；投入物中直接进口、间接进口或减少出口(原可用于出口)的货物。

外贸货物影子价格的确定，以实际将要发生的口岸价格为基础，按照项目各项产出和投入对国民经济的影响，根据口岸、项目所在地、投入物的国内产地、项目产出物的主要市场所在地以及交通运输条件的差异，对流通领域的费用支出进行调整而分别制定。具体的确定方法可分为以下两种情况：

1)产出物。直接出口的产出物的影子价格等于离岸价格(出口货物的离境交货价格)减去国内运输费用和贸易费用，即

$$SP = FOB \times SER - (T_1 + T_{R1})$$

式中　SP——影子价格；

　　　FOB——以外汇计价的离岸价格；

　　　SER——影子汇率；

　　　T_1——拟建项目所在地到口岸的运输费用；

　　　T_{R1}——拟建项目所在地到口岸的贸易费用。

间接出口的产出物的影子价格等于离岸价格减去原供应厂到口岸的运输费用和贸易费用，加上原供应厂到用户的运输费用和贸易费用，再减去拟建项目到用户的运输费用和贸易费用，即

$$SP = FOB \times SER - (T_2 + T_{R2}) + (T_3 + T_{R3}) - (T_4 + T_{R4})$$

式中　T_2，T_{R2}——分别为原供应厂到口岸的运输费用和贸易费用；

　　　T_3，T_{R3}——分别为原供应厂到用户的运输费用和贸易费用；

　　　T_4，T_{R4}——分别为拟建项目到用户的运输费用和贸易费用。

当原供应厂和用户难以确定时，可按直接出口计算。

替代进口的产出物的影子价格等于到岸价格(进口货物到达本国口岸的价格，包括货物的国外购买费用、运输到本国口岸的费用和保险费用)，减去拟建项目到用户的运输费用及贸易费用，再加上口岸到原用户的运输费用和贸易费用，即

$$SP = CIF \times SER - (T_4 + T_{R4}) + (T_5 + T_{R5})$$

式中　CIF——以外汇计价的原进口货物的到岸价格；

　　　T_5——口岸到原用户的运输费用；

　　　T_{R5}——口岸到原用户的贸易费用。

当具体用户难以确定时，可只按到岸价格计算。

2)投入物。直接进口的投入物的影子价格等于到岸价格加国内运输费用和贸易费用，即

$$SP = CIF \times SER + (T_1 + T_{R1})$$

式中符号的意义同前。

间接进口的投入物的影子价格等于到岸价格加上口岸到原用户的运输费用和贸易费用，减去供应厂到原用户的运输费用和贸易费用，加上供应厂到拟建项目的运输费用和贸易费用，即

$$SP = CIF \times SER + (T_5 + T_{R5}) - (T_3 + T_{R3}) + (T_6 + T_{R6})$$

式中　T_6——供应厂到拟建项目的运输费用；

　　　T_{R6}——供应厂到拟建项目的贸易费用。

当原供应厂和用户难以确定时，可直接按进口计算。

减少出口的投入物的影子价格等于离岸价格减去原供应厂到口岸的运输费用和贸易费用，再加上供应厂到拟建项目的运输费用和贸易费用，即

$$SP = FOB \times SER - (T_2 + T_{R2}) + (T_6 + T_{R6})$$

式中符号的意义同前。

当原供应厂难以确定时，可只按离岸价格计算。

(2)非外贸货物影子价格。非外贸货物是指生产和使用对国家进出口不产生影响的货

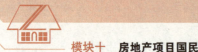

物，除了包括所谓的天然非外贸货物，如国内建筑、国内运输、商业及其他基础设施的产品和服务以外，还包括由于地理位置所限而使国内运费过高不能进行外贸的货物以及受国内外贸易政策和其他条件限制而不能进行外贸的货物等所谓的非天然非外贸货物。

非外贸货物影子价格的确定原则和方法，可分为以下两种情况：

1）产出物。

①增加供应数量，满足国内消费的项目产出物。若国内市场供求均衡，应采用市场价格定价；若国内市场供不应求，应参照国内市场价格并考虑价格变化的趋势定价，但不应高于质量相同的同类产品的进口价格；对于无法判断供求情况的，则取以上价格中的较低者。

②不增加国内市场供应数量，只是替代其他生产企业的产出物，使其减产或停产的项目产出物。若质量与被替代产品相同，应按被替代产品的可变成本分解定价；若产品质量有所提高的，应按被替代产品的可变成本加上因产品质量提高而带来的国民经济效益（可近似地按国际市场价格与被替代产品价格之差来确定）定价，也可按国内市场价格定价。

③占国内市场份额较大，项目建成后会导致市场价格下跌的项目产出物。可按照项目建成前的市场价格和建成后的市场价格的平均值定价。

2）投入物。

①能通过原有企业挖潜（无须增加投资）而增加供应的，按分解成本（通常仅分解可变成本）定价。

②需要通过增加投资扩大生产规模以满足拟建项目需求的，按分解成本（包括固定成本分解和可变成本分解）定价。当难以获得分解成本所需资料时，可参照国内市场价格定价。

③项目计算期内无法通过扩大生产规模来增加供应量的（减少原用户供应量），取国内市场价格、国家统一价格加补贴、协议价格中较高者定价。

2. 国家调控价格货物的影子价格

目前，在我国价格管理体制条件下，有些货物（或服务）不完全由市场机制形成价格，还受国家宏观调控的制约。其主要包括指导价、最高限价、最低限价等。调控价格不能完全反映货物的真实价值。在进行国民经济评价时，其影子价格应采用特殊方法确定，即投入物按机会成本分解定价，产出物按消费者支付意愿定价。

3. 特殊投入物影子价格

这里的特殊投入物是指劳动力、土地，其影子价格确定方法如下：

（1）劳动力影子价格。劳动力作为一种资源被项目使用时，国民经济评价采用"影子工资"计算其费用。影子工资是国民经济为项目使用劳动力所付出的真实代价，由劳动力机会成本和劳动力就业或转移而引起的新增资源耗费两部分构成。

1）劳动力机会成本是指项目的劳动力如果不用于拟建项目使用而用于其他生产经营活动所能创造的最大效益。它与劳动力的技术熟练程度、过剩或稀缺程度有关，技术熟练程度和稀缺程度越高，其机会成本越高；反之，越低。

2）劳动力就业或转移而引起的新增资源耗费是指因项目使用劳动力而引起的培训费用、劳动力搬迁费用、城市管理费用、城市交通等基础设施投资费用等。

在国民经济评价中，影子工资作为经济费用计入经营费用。为了计算方便，其计算公

式为

$$影子工资＝（财务工资＋职工福利基金）×影子工资换算系数$$

影子工资换算系数是影子工资与财务评价中劳动力的工资和福利费的比值。影子工资换算系数是工程项目国民经济评价的通用参数，由国家相关部门根据我国劳动力的状况、结构及就业水平等测定和发布。根据目前我国劳动力市场状况，一般建设项目的影子工资换算系数为1。若依据充分，某些特殊项目可依据当地劳动力的充裕程度及所用劳动力的技术熟练程度，适当地提高或降低影子工资换算系数。对于压力很大的地区，如果是占用大量非熟练劳动力的项目，影子工资换算系数取值可小于1；如果是占用大量专业技术人员的项目，影子工资换算系数取值可大于1。

（2）土地影子价格。土地是一种不可再生资源，除荒漠戈壁和严寒极地暂时无法为人类利用外，其余的土地，尤其是城市建设用地总是表现出稀缺性。

土地影子价格反映土地用于拟建项目而使社会为此放弃的国民经济效益，以及国民经济为此增加的资源消耗。

土地影子价格包括以下两部分：

1）土地的机会成本。按照土地因项目占用而放弃的"最好可替代用途"的净收益测算，原则上根据具体项目情况，由项目评价人员自行测算。在难以测算的情况下，可参考有关土地分类、土地净收益和经济区域划分的规定执行。

2）因土地占用而新增加的社会资源消耗，如拆迁费、劳动力安置费、养老保险费等。

土地影子价格的确定方法如下：

1）农用土地的影子价格是指项目占用农用土地使国家为此损失的收益，由土地的机会成本和占用土地而引起的新增资源消耗两部分构成。土地机会成本按项目占用土地而使国家为此损失的该土地最佳替代用途的净效益计算。土地影子价格中新增资源消耗，一般包括拆迁费用和劳动力安置费用。土地影子价格可以直接从机会成本和新增资源消耗两方面求得，也可以在财务评价土地费用的基础上调整计算得出。项目实际征地费用包括三部分：一是机会成本性质的费用，如土地补偿费、青苗补偿费等，应按机会成本的计算方法调整计算；二是新增资源消耗，如拆迁费用、剩余劳动力安置费用、养老保险费用等，应按影子价格调整计算；三是转移支付，如粮食开发基金、耕地占用税等，应予以剔除。

2）城镇土地影子价格计算。通常按市场价格计算，主要包括土地出让金、征地费、拆迁安置补偿费等。

（二）影子汇率

外汇短缺的问题是一般发展中国家普遍存在的问题，因此，政府多在不同程度上实行外汇管制和外贸管制，外汇不允许自由兑换。在此情形下，官方汇率往往不能真实地反映外汇的价值。因此，在工程项目的国民经济评价中，为了消除用官方汇率度量外汇价值所导致的误差，有必要采用一种更合理的汇率，也就是影子汇率，来使外贸品和非外贸品之间建立一种合理的价格转换关系，使两者具有统一的度量标准。

影子汇率，即外汇的影子价格，是指项目在国民经济评价中，将外汇换算为本国货币的系数。它不同于官方汇率或国家外汇牌价，能够正确反映外汇对于国家的真实价值。影子汇率实际上也就是外汇的机会成本，即项目投入或产出所导致的外汇减少或增加，给国民经济带来的损失或收益。

影子汇率是一个重要的国家经济参数，它体现了从国民经济角度对外汇价值的估量，在工程项目的国民经济评价中，除用于外汇与本国货币之间的换算外，还是经济换汇和经济节汇成本的判据。国家可以利用影子汇率作为经济杠杆，来影响项目方案的选择和项目的取舍。例如，某项目的投入物可以使用进口设备，也可以使用国产设备，当影子汇率较高时，就有利于后一种方案；再例如，对于主要产出物为外贸货物的工程项目，当影子汇率较高时，将有利于项目获得批准实施。

影子汇率的发布形式有直接发布和间接给出两种。其计算公式为

影子汇率＝外汇牌价（官方汇率）×影子汇率换算系数

影子汇率换算系数是国家相关部门根据国家现阶段的外汇供求情况、进出口结构、换汇成本等综合因素统一测算和发布的，目前影子汇率换算系数取 1.08。

（三）社会折现率

在国民经济评价中所追求的目标是国民经济收益的最大化，而所有的工程项目都将是这一目标的承担者。在采用了影子价格、影子汇率、影子工资等合理参数后，在国民经济中所有的工程项目均将在同等的经济条件下使用各种社会资源为社会创造效益，这就需要规定适用于各行业所有工程项目都应达到的最低收益水平，也就是社会折现率。

社会折现率，也称影子利率，是从国民经济角度考察工程项目投资所应达到的最低收益水平，实际上也是资金的机会成本和影子价格。社会折现率是项目经济可行性研究和方案比选的主要判据。在项目经济评价中，其主要作为计算经济净现值的折现率，同时，也是用来衡量经济内部收益率的基准值。社会折现率作为资金的影子价格，代表着资金占用在一定时间内应达到的最低增值率，体现了社会对资金时间价值的期望和对资金盈利能力的估算。

社会折现率作为国民经济评价中的一项重要参数，是国家评价和调控投资活动的重要经济杠杆之一。国家可以选用适当的社会折现率来进行项目的国民经济评价，从而促进资源的优化配置，引导投资方向，调控投资规模。例如，国家在需要经济软着陆时，可以适当调高社会折现率，使得本来可获得通过的某些投资项目难以达到这一折现率标准，从而达到间接调控投资规模的目的。

社会折现率需要根据国家社会经济发展目标、发展战略、发展优先顺序、发展水平、宏观调控意图、社会成员的费用效益时间偏好、社会投资收益水平、资金供应状况、资金机会成本等因素进行综合分析，由国家相关部门统一测定和发布。我国目前的社会折现率取值为 10%。当项目的经济内部收益率大于等于 10% 时，则说明项目可行。

（四）贸易费用率

在工程项目的国民经济评价中，贸易费用是指花费在货物流通过程各环节中以影子价格计算的综合费用（长途运输费用除外），也就是项目投入物或产出物在流通过程中所支付的除长途运输费用外的短途运输费、装卸费、检验费、保险费等费用。贸易费用率则是反映这部分费用相对于货物影子价格的一个综合比率，是国民经济评价中的一个经济参数，是由国家相关部门根据物资流通效率、生产资料价格总水平及汇率等综合因素统一测定和发布的。

目前，贸易费用率取值一般为 6％，对于少数价格高、体积与质量较小的货物，可适当降低贸易费用率。

在工程项目的国民经济评价中，可使用下列公式来计算货物的贸易费用：

$$进口货物的贸易费用＝到岸价格×影子汇率×贸易费用率$$
$$出口货物的贸易费用＝(离岸价格×影子汇率－国内长途运费)×贸易费用率÷(1＋贸易费用率)$$
$$非外贸货物的贸易费用＝出厂影子价格×贸易费用率$$

对于不经过流通部门而由生产厂家直供的货物，则不计算贸易费用。

🏠 七、房地产投资项目国民经济评价报表与指标

（一）国民经济评价报表

1. 国民经济评价报表内容

国民经济评价报表包括项目国民经济效益费用流量表和国内投资国民经济效益费用流量表。

(1)项目国民经济效益费用流量表。项目国民经济效益费用流量表用以综合反映项目计算期内各年按全部投资口径计算的国民经济各项效益与费用流量及净效益流量，并可用来计算项目经济内部收益率、经济净现值指标。

(2)国内投资国民经济效益费用流量表。国内投资国民经济效益费用流量表用以综合反映项目建设期内各年按国内投资口径计算的国民经济各项效益与费用流量及净效益流量。国内投资国民经济效益费用流量表的各项效益流量与项目国民经济效益费用流量表相同，不同之处在于"费用流量"。由于要计算分析国内投资的经济效益，项目建设过程中从国外的借款用于建设投资或流动资金投资，一借一用收支相抵，在净效益流量中互相冲掉，不再计算这一部分的投资，而在偿还国外借款本息时，再在费用流量中列出。

2. 国民经济评价报表编制

编制国民经济评价报表是项目国民经济评价的一项基础工作，项目的国民经济评价报表用以显示项目的国民经济效益和费用，并计算国民经济评价指标。

国民经济效益费用流量表可在财务评价基础上进行调整编制，也可以直接编制。

(1)在财务评价基础上进行调整编制国民经济效益费用流量表。以财务评价为基础编制国民经济效益费用流量表，需根据项目的具体情况，合理调整项目的费用与效益的范围和数值，以确定可以量化的外部效果，分析确定哪些是项目的重要外部效益和外部费用，需采取什么方法估算，并保持效益费用计算口径一致。调整内容如下：

1)调整固定资产投资。用影子价格、影子汇率、影子工资等逐项调整构成固定资产投资的各项费用，具体内容包括以下几项：

①剔除转移支付，将财务现金流量表中列支的流转税金及附加、国内借款利息、国家或地方政府给予的补贴作为转移支付剔除。

②调整引进设备价值。其包括影子汇率将外币价值折算为人民币价值和运输费用的调整。

③调整国内设备价值，其包括采用影子价格计算设备本身的价值和运输费。

④调整建筑费用，原则上应按分解成本方法计算建筑工程影子造价。为了简化计算，也可只作材料费用价格调整。一般的项目也可将建筑工程的财务价格直接乘以建筑工程的影子价格换算系数，得出影子造价。

⑤调整安装费用，一般情况下可主要调整安装材料的价格（主要指钢材），计算采用影子价格后所引起的变化。如果使用引进材料还要考虑采用影子汇率所引起的数值调整。

⑥调整土地费用，如果项目占用农田、林地、山坡地、荒滩等，可将项目占用该土地导致国民经济的净收益损失加上土地征购补偿费中属于实际新增资源耗费的费用作为项目占用土地的费用。如果占用土地有明显的其他替代用途，原则上应按该替代用途所能产生的净收益计算。

⑦其他费用调整，其他费用中的外币须按影子汇率折算为人民币。其他费用中的有些项目，如供电补贴费，应从投资额中剔除。

⑧将反映建设期内价格上涨的涨价预备费从投资额中剔除。

2)调整流动资金。构成流动资金总额的存货部分既是项目本身的费用，又是国民经济为项目付出的代价，在国民经济评价中仍然作为费用。而流动资金的应收、应付货款及现金（银行存款和库存现金）占用，只是财务会计账目上的资产或负债占用，并没有实际耗用经济资源（其中库存现金虽确属资金占用，但因数额很小，可忽略不计），在国民经济评价时应从流动资金中剔除。

如果财务评价流动资金是采用扩大指标法估算的，国民经济评价仍应按扩大指标法，以调整后的销售收入、经营费用等乘以相应的流动资金指标系数进行估算；如果财务评价流动资金是采用分项详细估算法进行估算的，则应用影子价格重新分项详细估算。

根据固定资产投资和流动资金调整结果，编制国民经济评价辅助报表中的投资调整计算表格式，见表10-3。

表 10-3　国民经济评价投资调整计算表　　　　单位：_____

序号	项　目	财务评价				国民经济评价				国民经济评价比财务评价增减（±）
		合计	其中			合计	其中			
			外币	折合人民币	人民币		外币	折合人民币	人民币	
1	固定资产投资									
1.1	建筑工程									
1.2	设备									
1.2.1	进口设备									
1.2.2	国内设备									
1.3	安装工程									
1.3.1	进口材料									
1.3.2	国内部分材料及费用									

续表

序号	项目	财务评价				国民经济评价				国民经济评价比财务评价增减（±）
		合计	其中			合计	其中			
			外币	折合人民币	人民币		外币	折合人民币	人民币	
1.4	其他费用 其中： 　（1）土地费用 　（2）涨价预备费									
2	流动资金									
3	合计									

①确定主要原材料、燃料及外购动力的货物类型（属于外贸货物还是非外贸货物），然后根据其属性确定影子价格，并重新计算该项成本。对自产水、电、气等，原则上按其成本构成重新调整计算后，确定影子价格。

②根据调整后的固定资产投资计算出调整后的固定资产原值与递延资产原值，除国内借款的建设期利息不计入固定资产原值外，其他各项的计算方法与财务评价相同。

③确定影子工资换算系数，对劳动工资及福利按影子工资进行调整。

最后将调整后的项目与未调整的项目相加即得调整后的经营费用，并编制国民经济评价辅助报表中的经营费用调整计算表，格式见表 10-4，国民经济评价销售收入调整计算表见表 10-5。

表 10-4　国民经济评价经营费用调整计算表　　　单位：_____

序号	项目	单位	年耗量	财务评价		国民经济评价	
				单价	年经营成本	单价（或调整系数）	年经营费用
1	外购材料						
2	外购燃料和动力						
2.1	煤						
2.2	水						
2.3	电						
2.4	气						
2.5	重油						
3	工资及福利费						
4	修理费						
5	其他费用						
6	合计						

表 10-5　国民经济评价销售收入调整计算表　　　　　　单位：_____

序号	产品名称	年销售量					财务评价				国民经济评价							合计
		单价	内销	替代进口	外销	合计	内销		外销		内销		替代进口		外销			
							单价	销售收入	单价	销售收入	单价	销售收入	单价	销售收入	单价	销售收入		
1	投产第一年生产负荷/% 产品 A 产品 B																	
2	投产第二年生产负荷/% 产品 A 产品 B																	
3	正常生产年份生产负荷/% 产品 A 产品 B																	

④调整外汇价值。对于涉及进出口或外汇收支的项目，应对各项销售收入和费用支出中的外汇部分，用影子汇率进行调整计算外汇价值。从国外借入的资金和向国外支付的投资收益和贷款的还本付息，也应用影子汇率进行调整，并编制经济外汇流量表，用于计算外汇效果分析指标。

根据辅助报表编制国民经济评价的基本报表——国内投资国民经济效益费用流量表（表 10-6）和全部投资国民经济效益费用流量表（表 10-7）。

表 10-6　国民经济效益费用流量表（国内投资）　　　　万元

序号	年份 项目	建设期		投产期		达到设计能力生产期				合计
		1	2	3	4	5	6	…	n	
1	效益流量									
1.1	销售（营业）收入									
1.2	回收固定资产余值									
1.3	回收流动资金									
1.4	项目间接效益									
2	费用流量									
2.1	固定资产投资中国内资金									
2.2	流动资金中国内资金									
2.3	经营费用									
2.4	流至国外的资金									

续表

序号	年份 项目	建设期		投产期		达到设计能力生产期				合计
		1	2	3	4	5	6	…	n	
2.4.1	偿还国外借款本金									
2.4.2	支付国外借款利息									
2.4.3	其他费用									
2.5	项目间接费用									
3	净效益流量(1−2)									
计算指标：经济内部收益率 %； 经济净现值 $i_s=$ %。										

表 10-7 国民经济效益费用流量表（全部投资） 万元

序号	年份 项目	建设期		投产期		达到设计能力生产期				合计
		1	2	3	4	5	6	…	n	
1	效益流量									
1.1	销售(营业)收入									
1.2	回收固定资产余值									
1.3	回收流动资金									
1.4	项目间接效益									
2	费用流量									
2.1	固定资产投资中国内资金									
2.2	流动资金中国内资金									
2.3	经营费用									
2.4	流至国外的资金									
2.4.1	偿还国外借款本金									
2.4.2	支付国外借款利息									
2.4.3	其他费用									
2.5	项目间接费用									
3	净效益流量(1−2)									
计算指标：经济内部收益率%； 经济净现值 $i_s=$%。										

（2）直接编制国民经济效益费用流量表。有些行业的项目（如交通运输项目）可能需要直接进行国民经济评价，判断项目的经济合理性。这种情况下，可按以下步骤直接编制国民

经济效益费用流量表：

1)识别和计算项目的国民经济直接效益。为国民经济提供产出物的项目，按产出物的种类、数量及相应的影子价格计算项目的直接效益；为国民经济提供服务的项目，根据提供服务的数量及用户的受益程度计算项目的直接效益。

2)投资估算。用货物的影子价格、土地的影子价格、影子工资、社会折现率等，参照财务评价的投资估算方法和程序，直接进行投资估算，包括固定资产投资估算和流动资金估算。

3)计算经营费用。根据生产消耗数据，用货物影子价格、影子工资、影子汇率等计算项目的经营费用。

4)识别、计算或分析项目的间接效益和间接费用。对能定量的项目外部效果进行定量计算，对难以定量的作定性描述。

根据上述数据编制国民经济评价基本报表，具体格式与表 10-6、表 10-7 相同。

(二)国民经济评价指标计算

项目国民经济评价只进行国民经济盈利能力的分析，国民经济盈利能力的评价指标是经济内部收益率和经济净现值。

1. 经济内部收益率

经济内部收益率($EIRR$)是项目国民经济评价的主要指标，项目的国民经济评价必须计算这一指标，并用这一指标表示项目经济盈利能力的大小。

经济内部收益率是项目在计算期内各年经济净效益流量的现值累计等于零时的折现率。经济内部收益率用这样一个隐函数表达式来定义：

$$\sum_{t=1}^{n} (B-C)_t (1+EIRR)^{-t} = 0$$

式中　$EIRR$——经济内部收益率；

B——效益流量；

C——费用流量；

$(B-C)_t$——第 t 年的净效益流量；

n——项目的计算期，以年计。

经济内部收益率可由定义式用数值解法求解，手算可用试差法，利用计算机可使用现成的软件程序或函数由各年的净效益流量求解。

经济内部收益率是从国民经济评价角度反映项目经济效益的相对指标，它显示出项目占用的资金所能获得的动态收益率。项目的经济内部收益率等于或大于社会折现率时，表明项目对国民经济的净贡献达到或者超过了预定要求。

2. 经济净现值

经济净现值($ENPV$)是指用社会折现率将项目计算期内各年净效益流量折算到项目建设期初的现值之和。经济净现值的表达式为

$$ENPV = \sum_{t=1}^{n} (B-C)_t (1+i_s)^{-t} = 0$$

式中　i_s——社会折现率。

式中其余符号意义同前。

经济净现值是反映项目对国民经济净贡献的绝对指标。项目的经济净现值等于或大于零表示国家为拟建项目付出代价后，可以得到符合社会折现率所要求的社会盈余，或者还可以得到超额的社会盈余，并且以现值表示这种超额社会盈余的量值。经济净现值越大，表明项目所带来的以绝对数值表示的经济效益越大。

项目经济盈利能力分析有两种口径，即全部投资与国内投资。前者是不考虑项目的资金筹集，分析项目给国民经济带来的经济效益，相应的指标称为项目经济内部收益率和项目经济净现值。国内投资盈利能力评价要考虑项目投资资金的筹集方式，考虑从国外借款获得资金及以其他方式从国外获得资金对项目盈利能力造成的影响，这种口径的盈利能力分析是针对国内投资的，所以，相应的指标称为国内投资经济内部收益率和国内投资经济净现值。如果项目没有国外投资或借款，全部投资指标与国内投资指标一致；如果项目有国外资金流入和流出，应当以国内投资的评价指标为主。

单元二　房地产投资项目的社会评价

🏠 一、房地产投资项目社会评价的概念和特点

房地产投资项目社会评价是识别和评价房地产投资项目的各种社会影响，分析当地社会环境对拟建项目的适应性和可接受程度，评价投资项目的社会可行性，以促进利益相关者对项目投资活动的有效参与，优化项目建设实施方案，规避投资项目社会风险。

作为项目外部性评价方法体系的重要组成部分，社会评价与建设项目的环境影响分析、经济影响分析等相比，存在较大差别，其主要特点有以下几项。

（1）目标的多元性。环境影响分析的目的是确保项目做到达标排放，符合环境保护有关政策法规的要求，经济分析的目的是资源优化配置及投资项目的经济合理性分析，目的均比较单一，而社会评价由于涉及的社会因素复杂，具有多元化的追求目标，没有共同度量的标准。

（2）宏观性和长期性。投资项目社会评价所依据的是社会发展目标，而社会发展目标本身是依据国家和地区的宏观经济与社会发展需要来制定的，包括经济增长目标、国家安全目标、人口控制目标、减少失业和贫困目标、环境保护目标等，涉及社会生活的方方面面。

进行投资项目的社会评价时要认真考察与项目建设相关的各种可能的影响因素，无论是正面影响还是负面影响，直接影响还是间接影响。这种分析和考察应该是从所有与项目相关的社会成员角度进行的，是全面、广泛和宏观的。因此，社会评价应高屋建瓴，着眼大局，整体把握，权衡社会影响利弊。社会评价贯穿于项目周期的各个环节和过程，而且要关注近期及远期与项目运行有关的各种社会发展目标，持续时间相对较长。

（3）评标标准的差异性。在投资项目的环境、技术和经济分析中，往往都有明确的指标判断标准。社会评价由于涉及的社会环境多种多样，影响因素比较复杂，社会目标多元化和社会效益本身的多样性使得难以使用统一的量纲、指标和标准来计算和比较社会影响效

果，因而在不同行业和不同地区的项目评价中差异明显。同时，社会评价的各个影响因素，有的可以定量计算，如就业、收入分配等，但更多的社会因素是难以定量计算的，如项目对当地文化的影响，对当地社会稳定的影响，当地居民对项目的支持程度等。这些难以量化的影响因素，通常使用定性分析的方法加以研究。因此在社会评价中，通用评价指标少，专用指标多；定量指标少，定性指标多。这就要求在具体项目的社会评价中，充分发挥评价人员的主观能动性。

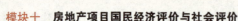二、房地产投资项目社会评价的目的与作用

1. 房地产投资项目社会评价的目的

房地产投资项目社会评价的主要目的是消除或尽量减少因项目的实施所产生的各种社会负面影响，使项目的内容和实施方案符合项目所在地区的社会发展规划、社会实际情况和目标人群的具体发展需要，为项目地区的人群提供更广阔的发展机遇，提高项目实施的社会效果，并使项目能为实现项目地区的区域社会发展目标，如减轻或消除贫困、维护社会稳定等做出贡献，促进经济与社会的协调发展。

对于政府投资项目及国际组织援助项目而言，社会评价历来受到高度重视。对于以追求企业利润为主要目标的企业投资项目而言，履行企业的社会责任、树立良好的社会形象、营造企业与当地社会协调发展的环境条件，也成为企业实现其商业目标所必备的社会条件之一。因此，对于一些追求长期发展目标的有远见的房地产企业而言，通过社会评价来优化项目建设实施方案，通过协调各种社会关系来构建双赢乃至多赢格局，成为其实现商业目标的重要工具和手段。

2. 房地产投资项目社会评价的作用

(1)有利于促进社会协调发展。通过社会评价，有利于项目的潜在社会问题在实施之前得以认识和解决，从而有利于项目预期目标的实现。有些项目具有很好的经济效益，但可能造成严重的生态环境污染，损害当地居民的利益，并引起社会矛盾，将不利于项目的顺利实施；有些项目在少数民族地区建设，没有充分了解当地的风俗习惯，导致当地居民和有关部门的不配合；有些项目由于移民安置解决不好，导致人民生活水平下降等，不利于社会经济的协调发展。实践证明，项目建设与社会发展能够协调配合，是促进经济发展目标和社会目标实现的基本前提，是建设和谐社会，实现以人为本的科学发展观的基本要求，也是企业能够保持持续稳定的建设项目财务收益水平的重要前提条件之一。

(2)有利于防止单纯追求项目经济效益，促进经济发展目标与社会发展目标协调一致。如果缺乏对拟建项目的社会评价，项目的社会、环境等问题未能在实施前得以解决，将会阻碍项目预期目标的实现。有些项目具有很好的经济效益，但可能造成严重的生态环境污染，损害当地居民的利益，并引起社会矛盾，将不利于项目的顺利实施；有些项目在少数民族地区建设，没有充分了解当地的风俗习惯，导致当地居民和有关部门的不配合；有些项目由于移民安置解决不好，导致人们生活水平下降等，不利于社会经济的协调发展。实践证明，项目建设与社会发展能够协调配合是促进发展目标和社会目标实现的基本前提，是建设和谐社会，实现以人为本的科学发展观的基本要求。

(3)有利于避免或减少项目建设和运营的社会风险，提高投资效益。项目建设和运营的

社会风险是指由于在项目评价阶段忽视社会评价工作，致使在项目的建设和运营过程中与当地社区发生种种矛盾，长期得不到解决，导致工期拖延、投资加大，经济效益低下，偏离当初拟定的项目预期目标。因此，在进行社会评价时要侧重于分析项目是否适合当地人群的文化生活需要，包括文化教育、卫生健康、宗教信仰、风俗习惯等。通过考察当地人群的需求状况，对项目的态度如何，是支持还是反对，深入广泛地进行实际情况分析，提出合理的针对性建议以避免或减少项目的社会风险，保证项目的顺利实施，持续发挥项目的投资效益。

三、房地产投资项目社会评价的主要内容

社会评价从以人为本的原则出发，研究内容包括项目的社会影响分析、项目与所在地区的互适性分析和社会风险分析三个方面。

(1)项目的社会影响分析。项目的社会影响分析在内容上可分为三个层次，从国家、地区、社区三个层面展开，包括正面影响和负面影响。项目社会影响分析表见表10-8。

表10-8 项目社会影响分析表

序号	社会因素	影响的范围、程度	可能出现的后果	措施建议
1	对居民收入的影响			
2	对居民生活水平与生活质量的影响			
3	对居民就业的影响			
4	对不同利益相关者的影响			
5	对弱势群体的影响			
6	对地区文化、教育、卫生的影响			
7	对地区基础设施、社会服务容量和城市化进程的影响			
8	对少数民族风俗习惯和宗教的影响			

(2)互适性分析。互适性分析主要是分析预测项目能否为当地的社会环境、人文条件所接纳，以及当地政府、居民支持项目的程度，考察项目与当地社会环境的相互适应关系。

通过项目与所在地的互适性分析，评价当地社会对项目的可接受程度和项目对当地社会条件的适应性，编制社会与项目的互适性分析表，见表10-9。

表10-9 社会与项目的互适性分析表

序号	社会因素	适应程度	可能出现的问题	措施建议
1	不同利益相关者的态度			
2	当地社会组织的态度			
3	当地社会环境条件			

(3)社会风险分析。项目的社会分析是对可能影响项目的各种社会因素进行识别和排序，选择影响面大、持续时间长，并容易导致较大矛盾的社会因素进行预测，分析可能出现这种风险的社会环境和条件。通过分析社会风险因素，估计可能导致的后果，提出相应

的措施建议，并编制项目社会风险分析表，见表10-10。

表 10-10　社会风险分析表

序号	社会风险因素	持续时间	可能导致的后果	措施建议
1	民族安置问题			
2	民族矛盾、宗教问题			
3	弱势群体支持问题			
4	受损补偿问题			

四、房地产投资项目社会评价所需信息及其调查步骤

1. 投资项目社会评价所需信息

（1）信息分类。为了叙述方便，可将信息分为以下四类：

1）A 类：项目方案设计所需的一般统计信息。

2）B 类：为制订项目目标及实施方案所需要的有关因果关系及动态趋势的信息。

3）C 类：项目社会影响评价所需的基线信息。

4）D 类：项目监督与评价所需的受项目影响人群信息。

（2）项目周期不同阶段所需要的信息。在进行投资项目社会评价时，应根据不同阶段的需要来收集不同类别的信息。按照世界银行的项目管理，其项目周期中不同阶段的社会评价投入及所需信息，见表10-11。

表 10-11　项目周期不同阶段的社会评价投入及所需信息

项目周期不同阶段	社会评价投入	所需主要信息
项目立项	识别项目目标群体、确定项目影响范围	A 类、B 类
项目方案制定与评估阶段	设计参与机制、进行社会可行性分析	A 类、B 类
项目实施及检查评价阶段	受益者分析、社会参与	D 类
项目后评价	社会影响分析	C 类

2. 社会信息收集的基本程序和步骤

调查与收集社会信息必须遵循一定的基本程序。一般都要经历确定调查对象、调查方法设计、收集整理资料和分析总结等阶段。

（1）确定调查对象。调查对象的选定是否恰当，对社会评价工作的成效具有至关重要的影响。

（2）调查方案设计。调查方案的设计一般包括拟定调查提纲、设计调查表、选择调查研究的方式和方法、制订调查计划等步骤。

（3）收集整理资料。收集资料是一项十分艰苦复杂的工作，同时必须通过搜集资料发现新的问题，为进一步深入调查做准备。整理资料则是一种细致的工作，首先要对所取得的资料进行查验，对遗漏的资料进行必要的补充，错误的要进行修正。其次，是按照事先规定的途径将资料汇总分类并加以条理化。

（4）分析总结。对收集整理的资料进行分析研究，一方面是应用统计手段进行数量分

析，研究这些调查资料所表现出的各种总体数量特征；另一方面应运用比较、归纳、推理或统计等方法发现各变量之间的内在联系，揭示数量特征及含义，得出社会调查结论。

模块小结

房地产项目国民经济评价是指从国民经济整体利益出发，遵循费用与效益统一划分的原则，用影子价格、影子工资、影子汇率和社会折现率计算分析房地产项目给国民经济带来的净增量效益，以此来评价房地产项目的经济合理性和宏观可行性，实现资源的最优利用和合理配置。所谓费用与效益分析，是指从国家和社会的宏观利益出发，通过对项目的经济费用和经济效益进行系统、全面的识别和分析，求得项目的经济净收益，并以此来评价项目的国民经济可行性。国民经济评价参数是指在工程项目经济评价中为计算费用和效益，衡量技术经济指标而使用的一些参数，其主要包括影子价格、影子汇率、影子工资和社会折现率等。国民经济评价报表包括"项目国民经济效益费用流量表和国内投资国民经济效益费用流量表"。房地产投资项目社会评价是识别和评价房地产投资项目的各种社会影响，分析当地社会环境对拟建项目的适应性和可接受程度，评价投资项目的社会可行性，以促进利益相关者对项目投资活动的有效参与，优化项目建设实施方案，规避投资项目社会风险。社会评价从以人为本的原则出发，研究内容包括项目的社会影响分析、项目与所在地区的互适性分析和社会风险分析三个方面。

课后习题

一、填空题

1. 费用与效益分析的核心是通过比较各种备选方案的_____和_____的现值来评价这些备选方案，并以此作为决策的参考依据。

2. _____是指依据一定原则确定，能反映投入物和产出物真实经济价值，反映市场供求状况，反映资源稀缺程度，使资源得到合理配置的价格。

3. _____也称影子利率，其是从国民经济角度考察工程项目投资所应达到的最低收益水平，实际上也是资金的机会成本和影子价格。

4. 国民经济评价报表包括_____和_____。

5. 社会评价从以人为本的原则出发，研究内容包括项目的_____、_____和_____三个方面。

二、多项选择题

1. 下列属于财务评价和国民经济评价共同点的是（　　）。

A. 评价目的相同　　　　　　　　B. 评价基础相同

C. 评价分析方法类似　　　　　　D. 评价角度相同

E. 费用与效益的划分相同

2. 下列不能计为项目的国民经济效益或费用的是(　　)。

    A. 国内其他部门为本部项目提供投入物　　B. 国家和地方政府的税收

    C. 国家或地方政府给予项目的补贴　　　　D. 国内银行借款利息

    E. 国外贷款与还本付息

3. 社会评价与建设项目的环境影响分析、经济影响分析等相比，存在的主要差别在于(　　)。

    A. 目标的多元性　　　　　　　　　　　B. 宏观性和长期性

    C. 评价的角度不同　　　　　　　　　　D. 评标标准的差异性

    E. 效果不同

三、简答题

1. 什么是房地产项目国民经济评价？

2. 简述国民经济评价结论与财务评价结论的关系。

3. 简述直接进行国民经济评价的程序。

4. 简述在财务评价的基础上进行国民经济评价的程序。

5. 什么是直接效益？其包括哪些内容？

6. 简述非外贸货物影子价格的确定原则和方法。

7. 简述社会信息收集的基本程序和步骤。

模块十一

房地产项目投资后评价

单元一　房地产项目后评价概述

一、房地产项目后评价的含义和特点

房地产项目后评价是指对已完成房地产项目的目的、执行过程、效益、作用和影响等所进行的系统、客观的分析。具体来说，房地产项目后评价是指在房地产项目完成后，对项目的立项决策、建设目标、设计施工、竣工验收、生产经营全过程所进行的系统综合分析及对项目产生的财务、经济、社会和环境等方面的效益和影响及其持续性进行客观、全面的再评价。

工程项目后评价不同于项目决策前的可行性研究和项目评价（即项目前评价），其特点主要体现在以下几个方面。

1. 现实性

项目后评价分析研究的是项目实际情况，所依据的数据资料是现实发生的真实数据或根据实际情况重新预测的数据；而项目可行性研究和项目前评价分析研究的是项目未来的状况，所用的数据都是预测数据。

2. 全面性

工程项目后评价的内容不仅包括投资项目立项决策、设计施工等投资过程，而且包括生产、营运等过程；不仅要分析项目投资的经济效益，而且还要分析项目的社会效益、环境效益及潜在效益。

3. 探索性

项目后评价要分析企业现状，发现问题并探索未来的发展方向，因而要求项目后评价人员具有较高的素质和创造性，把握影响项目效益的主要因素，并提出切实可行的改进措施。

4. 反馈性

工程项目后评价的目的是对现有项目的投资决策、设计实施、生产营运等实际情况的回顾和检查，并为有关部门反馈信息，以利于提高建设项目的决策水平和管理水平。因此，项目后评价的主要特点是反馈性。

5. 合作性

项目可行性研究和项目前评价一般只通过评价单位与投资主体间的合作，由专职的评价人员就可以提出评价报告；而后评价需要更多方面的合作，如专职技术经济人员、项目经理、企业经营管理人员、投资项目主管部门等。只有各方融洽合作，项目后评价工作才能顺利进行。

二、房地产项目后评价的目的

房地产项目后评价要达到总结经验、研究问题、吸取教训、提出建议，不断提高项目决策、管理水平和投资效益的目的，其具体体现在以下几个方面：

(1)根据项目的实际成果和效益，检查项目预期的目标是否达到，项目是否合理有效，项目的主要效益指标是否实现。

(2)通过分析评价，找出成功的经验和失败的教训。

(3)为项目实施、营运中出现的问题提出改进建议，从而达到提高投资效益的目的。

(4)通过及时有效的信息反馈，提高和完善项目今后的营运管理水平。

(5)通过项目建设全过程各个阶段工作的总结，提高未来新项目的决策科学化、民主化、程序化水平。

三、房地产项目后评价与项目前评价的区别

房地产项目的特点决定了其后评价与前评价存在较大的差别，主要体现在以下几个方面。

1. 评价主体不同

房地产项目前评价是由工程主体(投资者、贷款决策机构、项目审批机构等)组织实施的；而房地产项目的后评价则是以工程运行的监督管理机构、单独设立的后评价机构或决策的上一级机构为主，会同计划、财政、审计、设计、质量等有关部门进行的。这样，一方面可保证房地产项目后评价的全面性；另一方面也可确保房地产项目后评价的公正性和

客观性。

2. 评价的侧重点不同

房地产项目前评价主要以定量指标为主，侧重于项目的经济效益分析与评价，其作用是直接作为房地产项目投资决策的依据；而房地产项目后评价则要结合行政、法律、经济、社会、建设、生产、决策和实施等方面的内容进行综合评价，它以现有事实为依据，以提高经济效益为目的，对项目实施结果进行鉴定，并间接作用于未来项目的投资决策，为其提供反馈信息。

3. 评价的内容不同

房地产项目前评价主要是对项目建设的必要性、可行性、合理性及技术方案和建设条件等进行评价，对未来的经济效益和社会效益进行科学预测；而房地产项目后评价除对上述内容进行再评价外，还要对项目决策的准确程度和实施效率进行评价，对项目的实际运行状况进行深入细致的分析。

4. 评价的依据不同

房地产项目前评价主要依据历史资料和经营数据及国家和有关部门颁发的政策、规定、方法、参数等文件；而房地产项目后评价则主要以已经建成投产后一段时间内，项目全过程（包括项目的工程实施期）的总体情况为依据进行评价。

5. 评价的阶段不同

房地产项目前评价在项目决策前的前期工作阶段进行，是项目前期工作的重要内容之一，它为项目投资决策提供依据；而房地产项目后评价则是在项目建成投产后一段时间里，对项目全过程（包括项目的工程实施期和生产期）的总体情况进行的评价。

总之，房地产项目后评价不是对工程项目前评价的简单重复，而是依据国家政策和制度的规定，对房地产项目的决策水平、管理水平和实施结果进行的严格检验和评价。它在与工程项目前评价进行比较分析的基础上，总结经验教训，发现存在的问题并提出对策措施，促使项目更好更快地发挥效益和健康发展。

单元二 房地产项目后评价的基本内容

一、投资决策管理后评价

投资决策管理后评价主要是对房地产项目前期投资决策目标设定的合理性与偏离度、决策分析的科学性、决策机制的合理性进行评价。具体来说，通过查阅项目可行性研究报告、策划报告及项目总结报告等，将前期确定的项目定位、经济技术指标、进度计划、财务情况等指标与实际情况进行对比分析，评价这些目标实现的偏离度，并分析偏离原因；评价决策分析的科学性；通过对决策制度、决策流程、决策执行与反馈情况的分析，评价决策机制的合理性。

二、规划设计管理后评价

规划设计管理后评价主要是对房地产项目的设计成果与设计管理进行评价。具体来说，通过建筑方案与市场同类产品的对比分析，并将住宅户型、户室及面积等经济指标与市场分析发展报告作对比。结合市场的实际反馈，评价项目总平面设计、建筑设计、景观设计与室内设计的竞争力与附加值；通过对施工图设计若干影响经济性的指标与市场同类产品的对比分析，以及对审图结果的考察，评价施工图设计的经济性与变更程度；通过对设计管理制度的查阅，及相关人员的访谈，评价设计进度管理、设计成本管理、设计变更管理以及设计协调管理的制度的完备性及合理性。

三、进度管理后评价

进度管理后评价主要是对房地产项目的进度目标、进度计划编制及进度管理措施进行评价。具体来说，通过对项目整体进度计划与施工进度计划的分析，评价各进度关键节点目标设定的明确性与可行性，以及实际进度水平与目标的偏差程度与偏差合理性；通过对项目进度计划的分析，评价项目进度计划的内容完整性和工作时间估算的合理性；通过对项目进度管理措施与制度、工程例会纪要等文件的查阅，以及相关人员的访谈，评价项目进度组织措施、管理措施、经济措施和技术措施的完备性与合理性。

四、成本管理后评价

成本管理后评价主要是对房地产项目的成本目标、成本计划编制及成本管理措施进行评价。具体来说，通过对工程重要的四算（估算、概算、预算、结算）的对比分析，评价项目成本管理目标的明确性与可行性，以及实际成本与目标的偏差程度；通过对成本计划的查阅与分析，分析计划制订、执行及控制的合理性；通过对成本管理措施的查阅，评价成本的组织措施、技术措施、经济措施和合同措施的完备性及合理性。

五、质量与安全管理后评价

质量与安全管理后评价主要是对房地产项目施工质量管理和安全管理的成效及制度合理性进行评价。具体来说，基于质量管理的4M1E（人、机、料、法、环）理论，评价项目的组织与人员质量、工程材料质量、机械设备质量、施工方法与工艺质量及工程环境质量的优劣性，评价质量管理制度的合理性；通过测算质量合格状况指标（质量优良品率、工程合格率、实际返工损失率）和交房1年内报修状况指标（交房1年内裂缝渗漏、沉降情况），评价工程总体质量的优劣性；通过查阅项目安全管理制度、安全事故统计结果、《施工企业安全生产评价标准评分表》等资料，评价项目安全工地达标情况以及安全管理制度的合理性。

六、招标与合同管理后评价

招标与合同管理后评价主要是对房地产项目招标计划与过程、合同条款与风险、合同执行以及合同管理制度进行评价。在招标管理方面，通过查阅项目勘察、设计、施工、监理等招标文件，评价各项招标计划与工程进度的匹配程度及战略合作模式的应用情况；通过查阅各项招标文件、招标管理办法等，评价招标、评标与定标文件的完备性，招标流程的完备性以及承包商选择的合理性。在合同管理方面，通过查阅设计、施工、监理等合同文件、补充合同等材料，评价标准合同使用情况、非标准化合同条款的合理性与完备性以及合同风险的可控性；通过查阅项目合同履行情况说明、非标准化合同会签文件、审价报告、决算书等文件，评价非标准化合同会签执行情况、合同履行率及补充协议履行率、合同异常及索赔情况的优劣性和合理性；通过查阅项目合同管理制度，评价合同管理制度的完备性。

七、项目营销后评价

项目营销后评价主要是对房地产项目的营销策略、营销计划、营销业绩和营销管理进行评价。可以通过对营销策划、营销总结报告等资料的分析，评价项目产品策略、渠道策略(主要是代理商管理)、价格策略和促销策略的合理性及执行情况；通过查阅营销计划的相关资料，评价计划制订步骤和内容的完备性，计划执行与控制的合理性；通过计划与实际的对比分析，评价销售收入、销售速度及销售经济效率等反映销售业绩指标的实现度，并对偏差原因及过程中的应对措施进行深入分析；通过对项目相关的客户关系管理制度与措施的调研，评价客户关系管理的完备性与合理性。

八、项目财务后评价

项目财务后评价主要是对房地产项目的盈利能力、资金平衡能力、融资能力、税务筹划能力以及财务管理制度进行评价。具体来说，通过对比项目盈利能力指标与项目目标及行业水平的偏离程度，评价项目的实际盈利水平；通过对项目现金流程的分析，考察资金持续性和对需求的满足程度；通过对项目融资方式及结果的分析，考察其融资能力(融资渠道的可靠性、融资成本情况等)；通过对项目税务筹划方式的分析，考察其税务筹划能力(节税技术、节税额度等)；通过对财务管理制度的分析，考察预算管理、筹资管理、资金运用管理等财务制度的合理性。

九、产品综合质量后评价

产品综合质量后评价主要是在房地产项目竣工交付1~2年后，基于业主满意度及专家认可度对居住小区与住宅单体综合质量进行评价。可以通过调查问卷的方式，一方面评价业主与专家对居住的小区的布局、配套设施、环境景观、物业管理以及品牌形象的满意度和认可度；另一方面评价业主及专家对住宅单体的适用性能、安全性能、耐久性能以及绿色性能的满意度和认可度。

另外，房地产项目后评价不同于一般的方案选优，只需得到综合评价结果即可。项目后评价的一大重要价值在于通过对评价结果的深入分析，进一步挖掘该项目的具体经验与问题，在成因分析的基础上，提出有益的建议，从而为后续项目的高效运营以及相关制度的完善提供借鉴。因此，房地产项目后评价成果除基于后评价指标体系的综合评价结果外，还应包括该项目的经验总结、问题分析及相关建议。

单元三 房地产项目后评价的方法与指标

一、房地产项目后评价的方法

房地产项目后评价的方法是进行后评价的手段和工具，没有切实可行的后评价方法，就无法开展后评价工作。后评价与前期评价在方法上都采用定量分析与定性分析相结合的方法。但是评价选用的参数及比较的对象不同，决定了后评价方法具有不同于前期评价的特殊性。项目后评价最常采用的方法包括对比分析法、逻辑框架法、成功度评价法和因果分析法。

（一）对比分析法

对比分析法主要包括前后对比法、有无对比法和横向对比法，见表 11-1。

表 11-1 对比分析法进行项目后评价

序号	项目	内容
1	前后对比法	前后对比法是指对项目可行性研究和评估阶段所计算的项目的投入、产出、效益、费用和相应的评价指标与项目实施后的评价指标进行对比分析，用以发现前后变化的数量、原因，以揭示计划、决策和实施的质量
2	有无对比法	有无对比法是在项目后评价的同一时点上，将有此项目时实际发生的情况与无此项目时可能发生的情况进行对比，以度量此项目的真实效益、影响和作用。这种对比一般用于对项目的效益评价和影响评价，是后评价的一个重要方法。有无对比的关键是要求投入费用与产出效果的口径一致，也就是说，所度量的效果真正是由该项目所产生的。采用有无对比法进行项目后评价，需要大量可靠的数据，最好有系统的项目监测资料，也可引用当地有效的统计资料。在进行对比分析时，先要确定评价内容和主要指标，选择可比的对象，再通过建立对比表，用科学的方法收集资料
3	横向对比法	运用横向对比法进行项目后评价时，必须注意可比性的问题。由于项目前评价、后评价的数据资料来自不同时间，受物价因素的影响，资料没有可比性，因此，在比较时要把后评价的数据资料折算到前评价的同一时期，使项目前评价和后评价的价格基础保持同期性，同时，也要保持费用、效益等计算口径相同。这既是技术经济效益分析的基本原则，也是项目后评价时必须遵循的原则

(二)逻辑框架法

逻辑框架法(Logical Framework Approach，LFA)是美国国际开发署在 1970 年开发并使用的一种设计、计划和评价的工具。目前已有 2/3 的国际组织将该方法应用于援助项目的计划管理和后评价。

逻辑框架法不是一种机械的方法程序，而是一种综合、系统地研究和分析问题的思维框架，它将几个内容相关且必须同步考虑的动态因素组合起来，通过分析相互之间的关系，从设计、策划、目标等方面来评价项目。逻辑框架法的核心是分析项目运营、实施的因果关系，揭示结果与内外原因之间的关系。

LFA 的模式是一个 4×4 的矩阵，行代表项目目标的层次(垂直逻辑)，列代表如何验证这些目标是否达到(水平逻辑)。垂直逻辑用于分析项目计划做什么，弄清楚项目手段与结果之间的关系，确定项目本身和项目所在地的社会、物质、政治环境中的不确定因素。水平逻辑的目的是要衡量项目的资源和结果，确立客观的验证指标及其指标的验证方法来进行分析。水平逻辑要求对垂直逻辑四个层次上的结果作出详细说明。

项目后评价通过逻辑框架法来分析项目原定的预期目标、各种目标的层次、目标实现的程度和原因，评价项目的效果、作用和影响，国际上很多组织将逻辑框架法作为项目后评价的方法论原则之一。

(三)成功度评价法

成功度评价法是一种综合评价方法，是根据逻辑框架法分析的项目目标的实现程度、经济效益分析的结论，以项目目标和效益为核心的综合评价的方法，得出项目成功程度的结论。

进行项目成功度分析首先必须明确项目成功的标准。一般来说，成功度可以分为五个等级，各个等级的标准如下：

(1)完全成功的。表明项目各个目标都已经全面实现或超过，与成本相比，项目取得了巨大效益和影响。

(2)成功的。表明项目的大部分目标已经实现，与成本相比，项目达到了预期的效益和影响。

(3)部分成功的。表明项目实现了原定的部分目标，与成本相比，项目只取得了一定的效益和影响，未取得预期的效益。

(4)不成功的。表明项目实现的目标非常有限，主要目标没有达到，与成本相比，项目几乎没有产生什么效益和影响。

(5)失败的。表明项目的目标无法实现，即使建成后也无法正常营运，目标不得不终止。

项目的成功度评价是项目后评价中一项重要的工作，其是项目评价专家组对项目后评价结论的集体定性。一个大型项目一般要对十几个重要的和次重要的综合评价因素指标进行定性分析，来断定各项指标的等级。

（四）因果分析法

对于一些建设周期较长的工程项目，在其整个建设过程中会受到社会经济发展变化与国家政策等内外因素的影响，这些项目实施中的主客观因素影响会导致项目实际的技术经济指标与项目前评价阶段的预测发生一定的偏差，而且对项目的实施和运行效果会产生较大的影响。因此，在项目后评价时除要评价这些因素影响的结果外，还要使用因果分析法去发现问题、分析问题，提出解决这些问题的对策、措施和建议，以便使今后的运营效果能够得以改善。

（1）因果分析的对象。因果分析的对象包括：对工程项目管理法规及办事程序的执行；工程技术及质量指标的变化，如设计方案、工期、工程建设数量及规模、设施设备技术标准等方面的变化；经营方式、管理体制及经济效益指标的变化。

（2）因果分析的方式。因果分析常采用因果分析图的方式进行。根据因果图的形状，也可称之为鱼刺图或树状图。一个投资项目的工程质量或效益等方面的技术经济指标往往会受到不同因素的影响，而这些因素的共同作用，在项目的设计、施工建设、运营管理过程中，使得实际指标与前评价阶段预期的目标产生一定的差距，以至于影响到项目实施的总体目标或子目标。在这些复杂的原因中，由于它们不都是以同等效力作用于实施效果或指标的变化过程的，必定有主要的、关键的原因，也有次要的或一般的原因。在项目评价中不能对上述这些原因泛泛而论，而必须从这些错综复杂的原因中整理出头绪，找出使指标产生变化的真正起关键作用的原因。这并不是一件轻而易举的事情。因果分析图就是这样一种分析和寻找影响项目主要技术经济指标变化原因的简便有效的方法或手段。

因果分析图的工作步骤如下：

1）作图。从项目中首先要找出或明确所要分析的问题或对象，并画一条从左至右的带箭头的粗线条，作为主干，表示要分析的问题。在箭头的右侧写出所要分析的问题或指标，如图 11-1 所示。

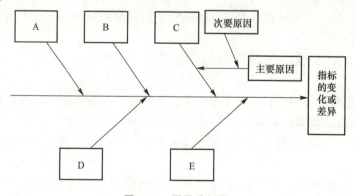

图 11-1　因果分析图

2）原因分类。将原因、分析意见和收集的信息，按照问题的性质或属性进行分类，如外部因素、内部因素、主要因素、次要因素等。

3）重要原因确定。对于造成项目重大变化，或对项目实施目标和效果产生重大影响的主要原因和核心问题加上突出的标记，作为重点分析评价对象。

二、房地产项目经济后评价指标

房地产项目经济后评价的主要指标有以下几种。

1. 项目决策周期

项目决策周期是指项目从提出"项目建议书"起，至项目可行性研究报告被批准为止所经历的时间，是以月描述的周期。该指标反映了投资者与有关部门投资决策的效率，将拟建项目的实际决策周期与当地同类项目的决策周期或计划决策周期进行比较，以便考察项目的决策效率。

2. 项目决策周期变化率

项目决策周期变化率是指项目实际决策周期减去项目计划决策周期的差与项目计划决策周期之比率。其计算公式为

$$项目决策周期变化率 = \frac{项目实际决策周期 - 项目计划决策周期}{项目计划决策周期} \times 100\%$$

3. 项目立项报建周期

项目立项报建周期是指项目从可行性研究被批准到立项报建被批准所经历的时间，是以月描述的周期。

4. 项目立项报建周期变化率

项目立项报建周期变化率是指项目实际立项报建周期与预计立项报建周期相比的变化程度。其计算公式为

$$项目立项报建周期变化率 = \frac{项目实际立项报建周期 - 项目预计立项报建周期}{项目预计立项报建周期}$$

5. 项目设计周期

项目设计周期是指从项目签订设计委托合同生效之日起至设计任务完成并交建设单位之日止，所经历的时间，以月为计算单位。

6. 项目设计周期变化率

项目设计周期变化率是指实际设计周期与预计设计周期相比偏离的程度。其计算公式为

$$项目设计周期变化率 = \frac{项目实际设计周期 - 项目预计设计周期}{项目预计设计周期} \times 100\%$$

7. 项目建设工期变化率

项目建设工期变化率是指项目实际建设工期减去项目计划建设工期的差与项目计划建设工期的比率。其计算公式为

$$项目建设工期变化率 = \frac{项目实际建设工期 - 项目计划建设工期}{项目计划建设工期} \times 100\%$$

8. 项目实际投资额变化率

项目实际投资额变化率是指项目实际投资总额减去项目计划投资总额的差与项目计划投资总额的比率。其计算公式为

$$项目实际投资额变化率 = \frac{项目实际投资总额 - 项目计划投资总额}{项目计划投资总额} \times 100\%$$

9. 工程质量指标

反映工程质量的指标主要有项目实际工程合格率、项目实际工程优良率、项目实际工程停返工损失率三项。其计算公式分别为

$$项目实际工程合格率=\frac{项目实际单位工程合格数量}{项目实际单位工程总数}\times100\%$$

$$项目实际工程优良率=\frac{项目实际单位工程优良数量}{项目实际单位工程总数}\times100\%$$

$$项目实际工程停返工损失率=\frac{项目因质量事故停返工累计增加的投资额}{项目总投资额}\times100\%$$

10. 项目得房成本

项目得房成本是指项目每平方米可售建筑面积的平均投资费用。其计算公式为

$$项目得房成本=\frac{项目投资总额}{项目实际可销售建筑面积}$$

式中，项目实际可销售面积等于该项目建筑总面积减去回迁面积、公建配套设施所占面积的余额。

11. 项目得房成本变化率

项目得房成本变化率是指项目实际得房成本与预计得房成本的比值，用来描述其变化程度。其计算公式为

$$项目得房成本变化率=\frac{项目实际得房成本-项目预计得房成本}{项目预计得房成本}\times100\%$$

12. 项目筹资成本率

项目筹资成本率是指项目资金筹措成本额与筹资总额的比，用来描述资金筹措效益。其计算公式为

$$项目筹资成本率=\frac{项目筹资成本额}{项目筹资总额}\times100\%$$

13. 项目筹资成本变化率

项目筹资成本变化率是指实际筹资成本率与预计筹资成本率的比，用来描述其变化程度。其计算公式为

$$项目筹资成本变化率=\frac{项目实际筹资成本率-项目预计筹资成本率}{项目预计筹资成本率}\times100\%$$

14. 项目投资收益率

项目投资收益率是指项目收益总额占投资总额的比率。其计算公式为

$$项目投资收益率=\frac{项目投资收益总额}{项目投资总额}\times100\%$$

15. 项目实际投资回收期变化率

项目实际投资回收期变化率是指项目实际投资回收期减去项目计划投资回收期的差与项目计划投资回收期的比率。其计算公式为

$$项目实际投资回收期变化率=\frac{项目实际投资回收期-项目计划投资回收期}{项目计划投资回收期}\times100\%$$

16. 项目实际财务净现值变化率

项目实际财务净现值变化率是指项目实际财务净现值减去项目预期财务净现值的差与

项目预期财务净现值的比率。其计算公式为

$$项目实际财务净现值变化率=\frac{项目实际财务净现值-项目预期财务净现值}{项目预期财务净现值}\times100\%$$

17. 项目实际财务内部收益率变化率

项目实际财务内部收益率变化率是指项目实际财务内部收益率减去项目预期财务内部收益率的差与项目预期财务内部收益率的比率。其计算公式为

$$项目实际财务内部收益率变化率=\frac{项目实际财务内部收益率-项目预期财务内部收益率}{项目预期财务内部收益率}\times100\%$$

18. 项目实际经济净现值变化率

项目实际经济净现值变化率是指项目实际经济净现值减去项目预期经济净现值的差与项目预期经济净现值的比率。其计算公式为

$$项目实际经济净现值变化率=\frac{项目实际经济净现值-项目预期经济净现值}{项目预期经济净现值}\times100\%$$

19. 项目实际经济内部收益率变化率

项目实际经济内部收益率变化率是指项目实际经济内部收益率减去项目预期经济内部收益率的差与项目预期经济内部收益率的比率。其计算公式为

$$项目实际经济内部收益率变化率=\frac{项目实际经济内部收益率-项目预期经济内部收益率}{项目预期经济内部收益率}\times100\%$$

单元四　房地产项目后评价报告

工程项目的类型、规模不同,其后评价报告的内容和格式也不同。一般工程项目后评价报告应包括以下内容。

1. 总论

总论包括综述工程项目实施概况,工程项目后评价的主要结论概要和存在的问题及建议,工程项目后评价工作的组织机构及其工作依据和方法简介。

2. 项目前期工作后评价

项目前期工作后评价包括对项目筹建工作的评价、项目立项和决策工作的评价、厂址选择工作的评价、工程项目勘察设计工作的评价和工程项目建设准备工作的评价,具体内容见表 11-2。

表 11-2　项目前期工作后评价工作内容

序号	项　目	内　容
1	项目筹建工作的评价	项目筹建工作的评价主要评价项目筹建单位的组织机构设置、人员素质情况、筹建计划安排及其筹建工作效率等

序号	项　目	内　容
2	项目立项和决策工作的评价	工程项目立项和决策工作的评价是工程项目后评价的重点，主要评价承担工程项目可行性研究和项目（前）评估单位的资格及其提交报告的质量、项目决策依据、项目决策程序和项目决策效率
3	厂址选择工作的评价	厂址选择工作的评价主要是评价厂址选择是否符合国家建设布局、城镇规划、环境保护、节约土地和技术协作等要求，厂址选择是否经过多方案比选。征地拆迁工作进度和安置补偿标准是否符合国家标准，有无多征少用、征而不用的情况
4	工程项目勘察设计工作的评价	工程项目勘察设计工作的评价主要评价承担工程项目勘察设计的单位是否经过招标优选，勘察设计的质量和效果
5	工程项目建设准备工作的评价	工程项目建设准备工作的评价主要是对征地拆迁工作、建设资金筹集工作和建设物资采购工作的评价。评价征地拆迁工作进度和安置补偿标准是否符合国家标准，有无多征少用、征而不用的情况；评价自筹资金来源是否正当、可靠，是否存在挪用国家财政拨款、截留国家税收或以银行贷款抵作自筹资金的现象，实际投资额是否超过设计投资额；评价建设物资采购是否适应建设进度，有无盲目订货造成物资积压和浪费现象

3. 工程项目实施工作后评价

工程项目实施工作后评价包括对施工发包工作的评价，对工程质量、进度和造价的评价，业主、监理和承包商三者协调关系的评价，工程合同管理的评价，工程竣工验收的评价。具体内容见表11-3。

表 11-3　工程项目实施后评价工作内容

序号	项　目	内　容
1	施工发包工作的评价	施工发包工作的评价主要评价承担工程项目的施工企业是否经过招标优选，施工企业的资质和合同履约情况
2	工程质量、进度和造价的评价	工程质量、进度和造价的评价主要是计算工程质量、进度和造价的后评价指标，并进行分析和评价

序号	项　目	内　容
3	业主、监理和承包商三者协调关系的评价	业主、监理和承包商三者协调的关系评价主要评价工程实施管理的重点质量、进度和造价，关键是业主、监理、承包商三方协调、携手协力。回顾总结业主在协调监理、承包商方面的经验和教训，对提高工程管理水平是大有益处的
4	工程合同管理的评价	工程合同管理的评价主要评价工程合同形式的选择和工程索赔处理
5	工程竣工验收生产的评价	工程竣工验收生产的评价主要评价所有工程项目(包括环保设施)是否全部配套建成，竣工决算资料和技术档案是否已整理、移交和归档等，是否存在先使用、后验收或竣工验收后不办理固定资产交付使用手续等情况

4. 工程项目生产运营工作后评价

工程项目生产运营工作后评价包括对经营管理和生产技术系统的评价和产品方案的评价，具体内容见表 11-4。

表 11-4　工程项目生产运营工作后评价工作内容

序号	项　目	内　容
1	经营管理和生产技术系统的评价	经营管理和生产技术系统的评价主要评价生产管理机构设置是否合理，管理人员的知识结构、业务水平是否与生产经营活动相适应，经营管理制度是否健全与落实；技术研究和发展机构是否存在或设置合理，技术人员的知识结构、专业水平是否与技术研究和发展活动相适应，技术管理制度是否健全与落实
2	产品方案的评价	产品方案的评价主要评价投产后规格、品种的变化情况及其对经济效益的影响，现行产品方案对市场的适应性和企业根据市场需求及时调整产品方案的能力等

5. 工程项目经济后评价

工程项目经济后评价包括工程项目的财务效益后评价，国民经济效益后评价，社会效益后评价和环境效益后评价。

6. 综合结论

综合结论是对上述各项评价内容进行总结性的归纳。其包括项目决策、实施和生产经营各阶段工作的主要经验和教训；对项目可行性研究和项目（前）评估决策水平的综合评价；在对项目进行再评估后，展望其发展前景，并为提高项目在未来时期内的经济效益水平提出建议和对策。

模块小结

　　房地产项目后评价是指对已完成房地产项目的目的、执行过程、效益、作用和影响等所进行的系统、客观的分析。房地产项目后评价的基本内容包括投资决策管理后评价、规划设计管理后评价、进度管理后评价、成本管理后评价、质量与安全管理后评价、招标与合同管理后评价、项目营销后评价、项目财务后评价、产品综合质量后评价。项目后评价最常采用的方法包括对比分析法、逻辑框架法、成功度评价法和因果分析法。房地产项目经济后评价的主要指标有项目决策周期、项目决策周期变化率、项目立项报建周期、项目立项报建周期变化率、项目设计周期、项目设计周期变化率、项目建设工期变化率、项目实际投资额变化率、工程质量指标、项目得房成本、项目得房成本变化率、项目筹资成本率、项目筹资成本变化率、项目投资收益率、项目实际投资回收期变化率、项目实际财务净现值变化率、项目实际财务内部收益率变化率、项目实际经济净现值变化率、项目实际经济内部收益率变化率。一般工程项目后评价报告应包括总论、项目前期工作后评价、工程项目实施工作后评价、工程项目生产运营工作后评价、工程项目经济后评价、综合结论。

课后习题

一、填空题

　　1. 投资决策管理后评价主要是对房地产项目前期投资决策目标设定的_____、决策分析的_____、决策机制的_____进行评价。

　　2. 项目后评价最常采用的方法包括_____、_____、_____和_____。

　　3. 项目得房成本变化率是指_____与_____的比值。

二、单项选择题

1. 下列不属于工程项目后评价特点的是（　　）。
   A. 现实性　　　　B. 独立性　　　　C. 探索性　　　　D. 反馈性

2. （　　）主要是对房地产项目的盈利能力、资金平衡能力、融资能力、税务筹划能力以及财务管理制度进行评价。
   A. 项目营销后评价　　　　　　　　B. 成本管理后评价
   C. 项目财务后评价　　　　　　　　D. 投资决策管理后评价

3. 下列不属于对比分析法的是（　　）。
   A. 前后对比法　　B. 有无对比法　　C. 横向对比法　　D. 竖向对比法

三、简答题

1. 房地产项目后评价的目的是什么？
2. 简述房地产项目后评价与项目前评价的区别。
3. 简述进度管理后评价的内容。

附录 复利系数表

1%的复利系数表

年份	一次支付		等额系列			
	终值系数	现值系数	年金终值系数	年金现值系数	资本回收系数	偿债基金系数
n	$F/P,i,n$	$P/F,i,n$	$F/A,i,n$	$P/A,i,n$	$A/P,i,n$	$A/F,i,n$
1.00	1.010	0.990 1	1.000	0.991 0	1.010 0	1.000 0
2.00	1.020	0.980 3	2.010	1.970 4	0.507 5	0.497 5
3.00	1.030	0.970 6	3.030	2.940 1	0.430 0	0.330 0
4.00	1.041	0.961 0	4.060	3.902 0	0.256 3	0.246 3
5.00	1.051	0.951 5	5.101	4.853 4	0.206 0	0.196 0
6.00	1.062	0.942 1	6.152	5.795 5	0.172 6	0.162 6
7.00	1.702	0.932 7	7.214	6.728 2	0.148 6	0.138 6
8.00	1.083	0.923 5	8.286	7.651 7	0.130 7	0.120 7
9.00	1.094	0.914 3	9.369	8.566 0	0.116 8	0.106 8
10.00	1.105	0.905 3	10.426	9.471 3	0.105 6	0.095 6
11.00	1.116	0.896 3	11.567	10.367 6	0.096 5	0.086 5
12.00	1.127	0.887 5	12.683	11.255 1	0.088 9	0.078 9
13.00	1.138	0.878 7	13.809	12.133 8	0.082 4	0.072 4
14.00	1.149	0.870 0	14.974	13.003 7	0.076 9	0.066 9
15.00	1.161	0.861 4	16.097	13.865 1	0.072 1	0.062 1
16.00	1.173	0.852 8	17.258	14.719 1	0.068 0	0.058 0
17.00	1.184	0.844 4	18.430	15.562 3	0.063 4	0.054 3
18.00	1.196	0.836 0	19.615	16.398 3	0.061 0	0.051 0
19.00	1.208	0.827 7	20.811	17.226 0	0.058 1	0.048 1
20.00	1.220	0.819 6	22.019	18.045 6	0.055 4	0.045 4
21.00	1.232	0.811 4	23.239	18.857 0	0.053 0	0.043 0
22.00	1.245	0.803 4	24.472	19.660 4	0.050 9	0.040 9
23.00	1.257	0.795 5	25.716	20.455 8	0.048 9	0.038 9
24.00	1.270	0.787 6	26.973	21.243 4	0.047 1	0.037 1
25.00	1.282	0.779 8	28.243	22.023 2	0.045 4	0.035 4
26.00	1.295	0.772 1	29.526	22.795 2	0.043 9	0.033 9
27.00	1.308	0.764 4	30.821	23.559 6	0.042 5	0.032 5
28.00	1.321	0.756 8	32.129	24.316 5	0.041 1	0.031 1
29.00	1.335	0.749 4	33.450	25.065 8	0.039 9	0.029 9
30.00	1.348	0.741 9	34.785	25.807 7	0.038 8	0.028 8
31.00	1.361	0.734 6	36.133	26.542 3	0.037 7	0.027 7
32.00	1.375	0.727 3	37.494	27.269 6	0.036 7	0.026 7
33.00	1.389	0.720 1	38.869	27.989 7	0.035 7	0.025 7
34.00	1.403	0.713 0	40.258	28.702 7	0.034 8	0.024 8
35.00	1.417	0.705 0	41.660	29.408 6	0.034 0	0.024 0

年份	一次支付		等额系列			
	终值系数	现值系数	年金终值系数	年金现值系数	资本回收系数	偿债基金系数
n	$F/P, i, n$	$P/F, i, n$	$F/A, i, n$	$P/A, i, n$	$A/P, i, n$	$A/F, i, n$
1.00	1.030	0.970 9	1.000	0.970 9	1.030 0	1.000 0
2.00	1.061	0.942 6	2.030	1.913 5	0.522 6	0.492 6
3.00	1.093	0.915 2	3.091	2.828 6	0.353 5	0.323 5
4.00	1.126	0.888 5	4.184	3.717 1	0.269 0	0.239 0
5.00	1.159	0.862 6	5.309	4.579 7	0.218 4	0.188 4
6.00	1.194	0.837 5	6.468	5.417 2	0.184 6	0.154 6
7.00	1.230	0.813 1	7.662	6.230 3	0.160 5	0.130 5
8.00	1.267	0.789 4	8.892	7.019 7	0.142 5	0.112 5
9.00	1.305	0.766 4	10.159	7.786 1	0.128 4	0.098 4
10.00	1.344	0.744 1	11.464	8.530 2	0.117 2	0.087 2
11.00	1.384	0.722 4	12.808	9.252 6	0.108 1	0.078 1
12.00	1.426	0.701 4	14.192	9.954 0	0.100 5	0.070 5
13.00	1.469	0.681 0	15.618	10.645 0	0.094 0	0.064 0
14.00	1.513	0.661 1	17.086	11.296 1	0.088 5	0.058 5
15.00	1.558	0.641 9	18.599	11.937 9	0.083 8	0.053 8
16.00	1.605	0.623 2	20.157	12.561 1	0.079 6	0.049 6
17.00	1.653	0.605 0	21.762	13.166 1	0.076 0	0.046 0
18.00	1.702	0.587 4	23.414	13.753 5	0.072 7	0.042 7
19.00	1.754	0.570 3	25.117	14.323 8	0.069 8	0.039 8
20.00	1.806	0.553 7	26.870	14.877 5	0.067 2	0.037 2
21.00	1.860	0.537 6	28.676	15.415 0	0.064 9	0.034 9
22.00	1.916	0.521 9	30.537	15.936 9	0.062 8	0.032 8
23.00	1.974	0.506 7	32.453	16.443 6	0.060 8	0.030 8
24.00	2.033	0.491 9	34.426	16.935 6	0.059 1	0.029 1
25.00	2.094	0.477 6	36.495	17.413 2	0.057 4	0.027 4
26.00	2.157	0.463 7	38.553	17.876 9	0.055 9	0.025 9
27.00	2.221	0.450 2	40.710	18.327 0	0.054 6	0.024 6
28.00	2.288	0.437 1	42.931	18.764 1	0.053 3	0.023 3
29.00	2.357	0.424 4	45.219	19.188 5	0.052 1	0.022 1
30.00	2.427	0.412 0	47.575	19.600 5	0.051 0	0.021 0
31.00	2.500	0.400 0	50.003	20.000 4	0.050 0	0.020 0
32.00	2.575	0.388 3	52.503	20.388 8	0.049 1	0.019 1
33.00	2.652	0.377 0	55.078	20.765 8	0.048 2	0.018 2
34.00	2.732	0.366 1	57.730	21.131 8	0.047 3	0.017 3
35.00	2.814	0.355 4	60.462	21.487 2	0.046 5	0.016 5

年份	一次支付		等额系列			
	终值系数	现值系数	年金终值系数	年金现值系数	资本回收系数	偿债基金系数
n	$F/P, i, n$	$P/F, i, n$	$F/A, i, n$	$P/A, i, n$	$A/P, i, n$	$A/F, i, n$
1.00	1.040	0.961 5	1.000	0.961 5	1.040 0	1.000 0
2.00	1.082	0.924 6	2.040	1.886 1	0.530 2	0.490 2
3.00	1.125	0.889 0	3.122	2.775 1	0.360 4	0.320 4
4.00	1.170	0.854 8	4.246	3.619 9	0.275 5	0.235 5
5.00	1.217	0.821 9	5.416	4.451 8	0.224 6	0.184 6
6.00	1.265	0.790 3	6.633	5.242 1	0.190 8	0.150 8
7.00	1.316	0.759 9	7.898	6.002 1	0.166 6	0.126 6
8.00	1.396	0.730 7	9.214	6.738 2	0.148 5	0.108 5
9.00	1.423	0.702 6	10.583	7.435 1	0.134 5	0.094 5
10.00	1.480	0.675 6	12.006	8.110 9	0.123 3	0.083 3
11.00	1.539	0.649 6	13.486	8.760 5	0.114 2	0.074 2
12.00	1.601	0.624 6	15.036	9.385 1	0.106 6	0.066 6
13.00	1.665	0.600 6	16.627	9.985 7	0.100 2	0.060 2
14.00	1.732	0.577 5	18.292	10.563 1	0.094 7	0.054 7
15.00	1.801	0.555 3	20.024	11.118 4	0.090 0	0.050 0
16.00	1.873	0.533 9	21.825	11.652 3	0.085 8	0.045 8
17.00	1.948	0.513 4	23.698	12.165 7	0.082 2	0.042 2
18.00	2.026	0.493 6	25.645	12.659 3	0.079 0	0.039 0
19.00	2.107	0.474 7	27.671	13.133 9	0.076 1	0.036 1
20.00	2.191	0.456 4	29.778	13.509 3	0.073 6	0.033 6
21.00	2.279	0.438 8	31.969	14.029 2	0.071 3	0.031 3
22.00	2.370	0.422 0	34.248	14.451 1	0.069 2	0.029 2
23.00	2.465	0.405 7	36.618	14.856 9	0.067 3	0.027 3
24.00	2.563	0.390 1	39.083	15.247 0	0.065 6	0.025 6
25.00	2.666	0.375 1	41.646	15.622 1	0.064 0	0.024 0
26.00	2.772	0.306 7	44.312	15.982 8	0.062 6	0.022 6
27.00	2.883	0.346 8	47.084	16.329 6	0.061 2	0.021 2
28.00	2.999	0.333 5	49.968	16.663 1	0.060 0	0.020 0
29.00	3.119	0.320 7	52.966	16.987 3	0.058 9	0.018 9
30.00	3.243	0.308 3	56.085	17.292 0	0.057 8	0.017 8
31.00	3.373	0.296 5	59.328	17.588 5	0.056 9	0.016 9
32.00	3.508	0.285 1	62.701	17.873 6	0.056 0	0.016 0
33.00	3.648	0.274 1	66.210	18.147 7	0.055 1	0.015 1
34.00	3.794	0.263 6	69.858	18.411 2	0.054 3	0.014 3
35.00	3.946	0.253 4	73.652	18.664 6	0.053 6	0.013 6

5%的复利系数表

年份	一次支付		等额系列			
	终值系数	现值系数	年金终值系数	年金现值系数	资本回收系数	偿债基金系数
n	$F/P, i, n$	$P/F, i, n$	$F/A, i, n$	$P/A, i, n$	$A/P, i, n$	$A/F, i, n$
1.00	1.050	0.952 4	1.000	0.952 4	1.050 0	1.000 0
2.00	1.103	0.907 0	2.050	1.859 4	0.537 8	0.487 8
3.00	1.158	0.863 8	3.153	2.723 3	0.367 2	0.317 2
4.00	1.216	0.822 7	4.310	3.546 0	0.282 0	0.232 0
5.00	1.276	0.783 5	5.526	4.329 5	0.231 0	0.181 0
6.00	1.340	0.746 2	6.802	5.075 7	0.197 0	0.147 0
7.00	1.407	0.710 7	8.142	5.786 4	0.172 8	0.122 8
8.00	1.477	0.676 8	9.549	6.463 2	0.154 7	0.104 7
9.00	1.551	0.644 6	11.027	7.107 8	0.140 7	0.090 7
10.00	1.629	0.613 9	12.587	7.721 7	0.129 5	0.079 5
11.00	1.710	0.584 7	14.207	8.306 4	0.120 4	0.070 4
12.00	1.796	0.556 8	15.917	8.863 3	0.112 8	0.062 8
13.00	1.886	0.530 3	17.713	9.393 6	0.106 5	0.056 5
14.00	1.980	0.505 1	19.599	9.898 7	0.101 0	0.051 0
15.00	2.079	0.481 0	21.597	10.379 7	0.096 4	0.046 4
16.00	2.183	0.458 1	23.658	10.837 3	0.093 2	0.043 2
17.00	2.292	0.436 3	25.840	11.274 1	0.088 7	0.038 7
18.00	2.407	0.415 5	28.132	11.689 6	0.085 6	0.035 6
19.00	2.527	0.395 7	30.539	12.085 3	0.082 8	0.032 8
20.00	2.653	0.376 9	33.066	12.462 2	0.080 3	0.030 3
21.00	2.786	0.359 0	35.719	12.821 2	0.078 0	0.028 0
22.00	2.925	0.341 9	38.505	13.163 0	0.076 0	0.026 0
23.00	3.072	0.325 6	41.430	13.488 6	0.074 1	0.024 1
24.00	3.225	0.310 1	44.502	13.798 7	0.072 5	0.022 5
25.00	3.386	0.295 3	47.727	14.094 0	0.071 0	0.021 0
26.00	3.556	0.281 3	51.113	14.375 3	0.069 6	0.019 6
27.00	3.733	0.267 9	54.669	14.634 0	0.068 3	0.018 3
28.00	3.920	0.255 1	58.403	14.898 1	0.067 1	0.017 1
29.00	4.116	0.243 0	62.323	15.141 1	0.066 1	0.016 1
30.00	4.322	0.231 4	66.439	15.372 5	0.065 1	0.015 1
31.00	4.538	0.220 4	70.761	15.592 8	0.064 1	0.014 1
32.00	4.765	0.209 9	75.299	15.802 7	0.063 3	0.013 3
33.00	5.003	0.199 9	80.064	16.002 6	0.062 5	0.012 5
34.00	5.253	0.190 4	85.067	16.192 9	0.061 8	0.011 8
35.00	5.516	0.181 3	90.320	16.374 2	0.061 1	0.011 1

年份	一次支付		等额系列			
	终值系数	现值系数	年金终值系数	年金现值系数	资本回收系数	偿债基金系数
n	$F/P, i, n$	$P/F, i, n$	$F/A, i, n$	$P/A, i, n$	$A/P, i, n$	$A/F, i, n$
1.00	1.060	0.943 4	1.000	0.943 4	1.060 0	1.000 0
2.00	1.124	0.890 0	2.060	1.833 4	0.545 4	0.485 4
3.00	1.191	0.839 6	3.184	2.670 0	0.374 1	0.314 1
4.00	1.262	0.729 1	4.375	3.456 1	0.288 6	0.228 6
5.00	1.338	0.747 3	5.637	4.212 4	0.237 4	0.177 4
6.00	1.419	0.705 0	6.975	4.917 3	0.203 4	0.143 4
7.00	1.504	0.665 1	8.394	5.582 4	0.179 1	0.119 1
8.00	1.594	0.627 4	9.897	6.209 8	0.161 0	0.101 0
9.00	1.689	0.591 9	11.491	6.807 1	0.147 0	0.087 0
10.00	1.791	0.558 4	13.181	7.360 1	0.135 9	0.075 9
11.00	1.898	0.526 8	14.972	7.886 9	0.126 8	0.066 8
12.00	2.012	0.497 0	16.870	8.383 9	0.119 3	0.059 3
13.00	2.133	0.468 8	18.882	8.852 7	0.113 0	0.053 0
14.00	2.261	0.442 3	21.015	9.295 6	0.107 6	0.047 6
15.00	2.397	0.417 3	23.276	9.712 3	0.103 0	0.043 0
16.00	2.540	0.393 7	25.673	10.105 9	0.099 0	0.039 0
17.00	2.693	0.371 4	28.213	10.477 3	0.095 5	0.035 5
18.00	2.854	0.350 4	30.906	10.827 6	0.092 4	0.032 4
19.00	3.026	0.330 5	33.760	11.158 1	0.089 6	0.029 6
20.00	3.207	0.311 8	36.786	11.469 9	0.087 2	0.027 2
21.00	3.400	0.294 2	39.993	11.764 1	0.085 0	0.025 0
22.00	3.604	0.277 5	43.329	12.046 1	0.083 1	0.023 1
23.00	3.820	0.261 8	46.996	12.303 4	0.081 3	0.021 3
24.00	4.049	0.247 0	50.816	12.550 4	0.079 7	0.019 7
25.00	4.292	0.233 0	54.865	12.783 4	0.078 2	0.018 2
26.00	4.549	0.219 8	59.156	13.003 2	0.076 9	0.016 9
27.00	4.822	0.207 4	63.706	13.210 5	0.075 7	0.015 7
28.00	5.112	0.195 6	68.528	13.406 2	0.074 6	0.014 6
29.00	5.418	0.184 6	73.640	13.590 7	0.073 6	0.013 6
30.00	5.744	0.174 1	79.058	13.764 8	0.072 7	0.012 7
31.00	6.088	0.164 3	84.802	13.929 1	0.071 8	0.011 8
32.00	6.453	0.155 0	90.890	14.084 1	0.071 0	0.011 0
33.00	6.841	0.146 2	97.343	14.230 2	0.070 3	0.010 3
34.00	7.251	0.137 9	104.184	14.368 2	0.069 6	0.009 6
35.00	7.686	0.130 1	111.435	14.498 3	0.069 0	0.009 0

7%的复利系数表

年份	一次支付		等额系列			
	终值系数	现值系数	年金终值系数	年金现值系数	资本回收系数	偿债基金系数
n	$F/P, i, n$	$P/F, i, n$	$F/A, i, n$	$P/A, i, n$	$A/P, i, n$	$A/F, i, n$
1.00	1.070	0.934 6	1.000	0.934 6	1.070 0	1.000 0
2.00	1.145	0.873 4	2.070	1.808 0	0.553 1	0.483 1
3.00	1.225	0.816 3	3.215	2.623 4	0.381 1	0.311 1
4.00	1.311	0.762 9	4.440	3.387 2	0.295 2	0.225 2
5.00	1.403	0.713 0	5.751	4.100 2	0.243 9	0.173 9
6.00	1.501	0.666 4	7.153	4.766 5	0.209 8	0.139 8
7.00	1.606	0.622 8	8.645	5.389 3	0.185 6	0.115 6
8.00	1.718	0.528 0	10.260	5.971 3	0.167 5	0.097 5
9.00	1.838	0.543 9	11.978	6.515 2	0.153 5	0.083 5
10.00	1.967	0.508 4	13.816	7.023 6	0.142 4	0.072 4
11.00	2.105	0.475 1	15.784	7.498 7	0.133 4	0.063 4
12.00	2.252	0.444 0	17.888	7.942 7	0.125 9	0.055 9
13.00	2.410	0.415 0	20.141	8.357 7	0.119 7	0.049 7
14.00	2.597	0.387 8	22.550	8.745 5	0.114 4	0.044 4
15.00	2.759	0.362 5	25.129	9.107 9	0.109 8	0.039 8
16.00	2.952	0.338 7	27.888	9.446 7	0.105 9	0.035 9
17.00	3.159	0.316 6	30.840	9.763 2	0.102 4	0.032 4
18.00	3.380	0.295 9	33.999	10.059 1	0.099 4	0.029 4
19.00	3.617	0.276 5	37.379	10.335 6	0.096 8	0.026 8
20.00	3.870	0.258 4	40.996	10.594 0	0.094 4	0.024 4
21.00	4.141	0.241 5	44.865	10.835 5	0.092 3	0.022 3
22.00	4.430	0.225 7	49.006	11.061 3	0.090 4	0.020 4
23.00	4.741	0.211 0	53.436	11.272 2	0.088 7	0.018 7
24.00	5.072	0.197 2	58.177	11.469 3	0.087 2	0.017 2
25.00	5.427	0.184 3	63.249	11.653 6	0.085 8	0.015 8
26.00	5.807	0.172 2	68.676	11.825 8	0.084 6	0.014 6
27.00	6.214	0.160 9	74.484	11.986 7	0.083 4	0.013 4
28.00	6.649	0.150 4	80.698	12.137 1	0.082 4	0.012 4
29.00	7.114	0.140 6	87.347	12.277 7	0.081 5	0.011 5
30.00	7.612	0.131 4	94.461	12.409 1	0.080 6	0.010 6
31.00	8.145	0.122 8	102.073	12.531 8	0.079 8	0.009 8
32.00	8.715	0.114 8	110.218	12.646 6	0.079 1	0.009 1
33.00	9.325	0.107 2	118.933	12.753 8	0.078 4	0.008 4
34.00	9.978	0.100 2	128.259	12.854 0	0.077 8	0.007 8
35.00	10.677	0.093 7	138.237	12.947 7	0.077 2	0.007 2

年份	一次支付		等额系列			
	终值系数	现值系数	年金终值系数	年金现值系数	资本回收系数	偿债基金系数
n	$F/P, i, n$	$P/F, i, n$	$F/A, i, n$	$P/A, i, n$	$A/P, i, n$	$A/F, i, n$
1.00	1.080	0.925 9	1.000	0.925 9	1.080 0	1.000 0
2.00	1.166	0.857 3	2.080	1.783 3	0.560 8	0.408 0
3.00	1.260	0.793 8	3.246	2.577 1	0.388 0	0.308 0
4.00	1.360	0.735 0	4.506	3.312 1	0.301 9	0.221 9
5.00	1.496	0.680 6	5.867	3.992 7	0.250 5	0.170 5
6.00	1.587	0.630 2	7.336	4.622 9	0.216 3	0.136 3
7.00	1.714	0.583 5	8.923	5.206 4	0.192 1	0.112 1
8.00	1.851	0.540 3	10.637	5.746 6	0.174 0	0.094 0
9.00	1.999	0.500 3	12.488	6.246 9	0.160 1	0.080 1
10.00	2.159	0.463 2	14.487	6.710 1	0.149 0	0.069 0
11.00	2.332	0.428 9	16.645	7.139 0	0.140 1	0.060 1
12.00	2.518	0.397 1	18.977	7.536 1	0.132 7	0.052 7
13.00	2.720	0.367 7	21.459	7.803 8	0.126 5	0.046 5
14.00	2.937	0.340 5	24.215	8.244 2	0.121 3	0.041 3
15.00	3.172	0.315 3	27.152	8.559 5	0.116 8	0.036 8
16.00	3.426	0.291 9	30.324	8.851 4	0.113 0	0.033 0
17.00	3.700	0.270 3	33.750	9.121 6	0.109 6	0.029 6
18.00	3.996	0.250 3	37.450	9.371 9	0.106 7	0.026 7
19.00	4.316	0.231 7	41.446	9.603 6	0.104 1	0.021 4
20.00	4.661	0.214 6	45.762	9.818 2	0.101 9	0.021 9
21.00	5.034	0.198 7	50.423	10.016 8	0.099 8	0.019 8
22.00	5.437	0.184 0	55.457	10.200 8	0.098 0	0.018 0
23.00	5.871	0.170 3	60.893	10.371 1	0.096 4	0.016 4
24.00	6.341	0.157 7	66.765	10.528 8	0.095 0	0.015 0
25.00	6.848	0.146 0	73.106	10.674 8	0.937 0	0.013 7
26.00	7.396	0.135 2	79.954	10.810 0	0.092 5	0.012 5
27.00	7.988	0.125 2	87.351	10.935 2	0.091 5	0.011 5
28.00	8.627	0.115 9	95.339	11.051 1	0.090 5	0.010 5
29.00	9.317	0.107 3	103.966	11.158 4	0.089 6	0.009 6
30.00	10.063	0.099 4	113.283	11.257 8	0.088 8	0.008 8
31.00	10.868	0.092 0	123.346	11.349 8	0.088 1	0.008 1
32.00	11.737	0.085 2	134.214	11.435 0	0.087 5	0.007 5
33.00	12.676	0.078 9	145.951	11.513 9	0.086 9	0.006 9
34.00	13.690	0.073 1	158.627	11.586 9	0.086 3	0.006 3
35.00	14.785	0.067 6	172.317	11.654 6	0.085 8	0.005 8

9%的复利系数表

年份	一次支付		等额系列			
	终值系数	现值系数	年金终值系数	年金现值系数	资本回收系数	偿债基金系数
n	$F/P, i, n$	$P/F, i, n$	$F/A, i, n$	$P/A, i, n$	$A/P, i, n$	$A/F, i, n$
1.00	1.090	0.917 4	1.000	0.917 4	1.090 0	1.000 0
2.00	1.188	0.841 7	2.090	1.759 1	0.568 5	0.478 5
3.00	1.295	0.772 2	3.278	2.531 3	0.395 1	0.305 1
4.00	1.412	0.708 4	4.573	3.239 7	0.308 7	0.218 7
5.00	1.539	0.649 9	5.985	3.889 7	0.257 1	0.167 1
6.00	1.677	0.596 3	7.523	4.485 9	0.222 9	0.132 9
7.00	1.828	0.547 0	9.200	5.033 0	0.198 7	0.108 7
8.00	1.993	0.501 9	11.028	5.534 8	0.180 7	0.090 7
9.00	2.172	0.460 4	13.021	5.995 3	0.166 8	0.076 8
10.00	2.367	0.422 4	15.193	6.417 7	0.155 8	0.065 8
11.00	2.580	0.387 5	17.560	6.805 2	0.147 0	0.057 0
12.00	2.813	0.355 5	20.141	7.160 7	0.139 7	0.049 7
13.00	3.066	0.326 2	22.953	7.486 9	0.133 6	0.043 6
14.00	3.342	0.299 3	26.019	7.786 2	0.128 4	0.038 4
15.00	3.642	0.274 5	29.361	8.060 7	0.124 1	0.034 1
16.00	3.970	0.251 9	33.003	8.312 6	0.120 3	0.030 3
17.00	4.328	0.231 1	36.974	8.543 6	0.117 1	0.027 1
18.00	4.717	0.212 0	41.301	8.755 6	0.114 2	0.024 2
19.00	5.142	0.194 5	46.018	8.950 1	0.111 7	0.021 7
20.00	5.604	0.178 4	51.160	9.128 6	0.109 6	0.019 6
21.00	6.109	0.163 7	56.765	9.202 3	0.107 6	0.017 6
22.00	6.659	0.150 2	62.873	9.442 4	0.105 9	0.015 9
23.00	7.258	0.137 8	69.532	9.580 2	0.104 4	0.014 4
24.00	7.911	0.126 4	76.790	9.706 6	0.103 0	0.013 0
25.00	8.623	0.116 0	84.701	9.822 6	0.101 8	0.011 8
26.00	9.399	0.106 4	93.324	9.929 0	0.100 7	0.010 7
27.00	10.245	0.097 6	102.723	10.026 6	0.099 7	0.009 7
28.00	11.167	0.089 6	112.968	10.116 1	0.098 9	0.008 9
29.00	12.172	0.082 2	124.135	10.198 3	0.098 1	0.008 1
30.00	13.268	0.075 4	136.308	10.273 7	0.097 3	0.007 3
31.00	14.462	0.069 2	149.575	10.342 8	0.096 7	0.006 7
32.00	15.763	0.063 4	164.037	10.406 3	0.096 1	0.006 1
33.00	17.182	0.058 2	179.800	10.464 5	0.095 6	0.005 6
34.00	18.728	0.053 4	196.982	10.517 8	0.095 1	0.005 1
35.00	20.414	0.049 0	215.711	10.568 0	0.094 6	0.004 6

10%的复利系数表

年份	一次支付		等额系列			
	终值系数	现值系数	年金终值系数	年金现值系数	资本回收系数	偿债基金系数
n	$F/P, i, n$	$P/F, i, n$	$F/A, i, n$	$P/A, i, n$	$A/P, i, n$	$A/F, i, n$
1.00	1.100	0.909 1	1.000	0.909 1	1.100 0	1.000 0
2.00	1.210	0.826 5	2.100	1.735 5	0.576 2	0.476 2
3.00	1.331	0.751 3	3.310	2.486 9	0.402 1	0.302 1
4.00	1.464	0.688 0	4.641	3.169 9	0.315 5	0.215 5
5.00	1.611	0.629 9	6.105	3.790 8	0.263 8	0.163 8
6.00	1.772	0.564 5	7.716	4.355 3	0.229 6	0.129 6
7.00	1.949	0.513 2	9.487	4.868 4	0.205 4	0.105 4
8.00	2.144	0.466 5	11.436	5.334 9	0.187 5	0.087 5
9.00	2.358	0.424 1	13.579	5.759 0	0.173 7	0.073 7
10.00	2.594	0.385 5	15.937	6.144 6	0.162 8	0.062 8
11.00	2.853	0.350 5	18.531	6.495 1	0.154 0	0.054 0
12.00	3.138	0.318 6	21.384	6.813 7	0.146 8	0.046 8
13.00	3.452	0.289 7	24.523	7.103 4	0.140 8	0.040 8
14.00	3.798	0.263 3	27.975	7.366 7	0.135 8	0.035 8
15.00	4.177	0.239 4	31.772	7.606 1	0.131 5	0.031 5
16.00	4.595	0.217 6	35.950	7.823 7	0.127 8	0.027 8
17.00	5.054	0.197 9	40.545	8.021 6	0.124 7	0.024 7
18.00	5.560	0.179 9	45.599	8.201 4	0.121 9	0.021 9
19.00	6.116	0.163 5	51.159	8.364 9	0.119 6	0.019 6
20.00	6.728	0.148 7	57.275	8.513 6	0.117 5	0.017 5
21.00	7.400	0.135 1	64.003	8.648 7	0.115 6	0.015 6
22.00	8.140	0.122 9	71.403	8.771 6	0.114 0	0.014 0
23.00	8.954	0.111 7	79.543	8.883 2	0.112 6	0.012 6
24.00	9.850	0.101 5	88.497	8.984 8	0.111 3	0.011 3
25.00	10.835	0.092 3	98.347	9.077 1	0.110 2	0.010 2
26.00	11.918	0.083 9	109.182	9.161 0	0.109 2	0.009 2
27.00	13.110	0.076 3	121.100	9.237 2	0.108 3	0.008 3
28.00	14.421	0.069 4	134.210	9.306 6	0.107 5	0.007 5
29.00	15.863	0.063 0	148.631	9.369 6	0.106 7	0.006 7
30.00	17.449	0.057 3	164.494	9.426 9	0.106 1	0.006 1
31.00	19.194	0.052 1	181.943	9.479 0	0.105 5	0.005 5
32.00	21.114	0.047 4	201.138	9.526 4	0.105 0	0.005 0
33.00	23.225	0.043 1	222.252	9.569 4	0.104 5	0.004 5
34.00	25.548	0.039 2	245.477	9.608 6	0.104 1	0.004 1
35.00	28.102	0.035 6	271.024	9.644 2	0.103 7	0.003 7

12%的复利系数表

年份	一次支付		等额系列			
	终值系数	现值系数	年金终值系数	年金现值系数	资本回收系数	偿债基金系数
n	$F/P, i, n$	$P/F, i, n$	$F/A, i, n$	$P/A, i, n$	$A/P, i, n$	$A/F, i, n$
1.00	1.120	0.892 9	1.000	0.892 9	1.120 0	1.000 0
2.00	1.254	0.797 2	2.120	1.690 1	0.591 7	0.471 7
3.00	1.405	0.711 8	3.374	2.401 8	0.416 4	0.296 4
4.00	1.574	0.635 5	4.779	3.037 4	0.329 2	0.209 2
5.00	1.762	0.567 4	6.353	3.604 8	0.277 4	0.157 4
6.00	1.974	0.506 6	8.115	4.111 4	0.243 2	0.123 2
7.00	2.211	0.452 4	10.089	4.563 8	0.219 1	0.099 1
8.00	2.476	0.403 9	12.300	4.967 6	0.201 3	0.081 3
9.00	2.773	0.360 6	14.776	5.328 3	0.187 7	0.067 7
10.00	3.106	0.322 0	17.549	5.650 2	0.177 0	0.057 0
11.00	3.479	0.287 5	20.655	5.937 7	0.168 4	0.048 4
12.00	3.896	0.256 7	24.133	6.194 4	0.161 4	0.041 4
13.00	4.364	0.229 2	28.029	6.423 6	0.155 7	0.035 7
14.00	4.887	0.204 6	32.393	6.628 2	0.150 9	0.030 9
15.00	5.474	0.182 7	37.280	6.810 9	0.146 8	0.026 8
16.00	6.130	0.163 1	42.752	6.974 0	0.143 4	0.023 4
17.00	6.866	0.145 7	48.884	7.119 6	0.140 5	0.020 5
18.00	7.690	0.130 0	55.750	7.249 7	0.137 9	0.017 9
19.00	8.613	0.116 1	63.440	7.365 8	0.135 8	0.015 8
20.00	9.646	0.103 7	72.052	7.469 5	0.133 9	0.013 9
21.00	10.804	0.092 6	81.699	7.562 0	0.132 3	0.012 3
22.00	12.100	0.082 7	92.503	7.644 7	0.130 8	0.010 8
23.00	13.552	0.073 8	104.603	7.718 4	0.129 6	0.009 6
24.00	15.179	0.065 9	118.155	7.784 3	0.128 5	0.008 5
25.00	17.000	0.058 8	133.334	7.843 1	0.127 5	0.007 5
26.00	19.040	0.052 5	150.334	7.895 7	0.126 7	0.006 7
27.00	21.325	0.046 9	169.374	7.942 6	0.125 9	0.005 9
28.00	23.884	0.041 9	190.699	7.984 4	0.125 3	0.005 3
29.00	26.750	0.037 4	214.583	8.021 8	0.124 7	0.004 7
30.00	29.960	0.033 4	421.333	8.055 2	0.124 2	0.004 2
31.00	33.555	0.029 8	271.293	8.085 0	0.123 7	0.003 7
32.00	37.582	0.026 6	304.848	8.111 6	0.123 3	0.003 3
33.00	42.092	0.023 8	342.429	8.135 4	0.122 9	0.002 9
34.00	47.143	0.021 2	384.521	8.156 6	0.122 6	0.002 6
35.00	52.800	0.018 9	431.664	8.175 5	0.122 3	0.002 3

年份	一次支付		等额系列			
	终值系数	现值系数	年金终值系数	年金现值系数	资本回收系数	偿债基金系数
n	$F/P, i, n$	$P/F, i, n$	$F/A, i, n$	$P/A, i, n$	$A/P, i, n$	$A/F, i, n$
1.00	1.150	0.869 6	1.000	0.869 6	1.150 0	1.000 0
2.00	1.323	0.756 2	2.150	1.625 7	0.615 1	0.465 1
3.00	1.521	0.657 5	3.473	2.283 2	0.438 0	0.288 0
4.00	1.749	0.571 8	4.993	2.855 0	0.350 3	0.200 3
5.00	2.011	0.497 2	6.742	3.352 2	0.298 3	0.148 3
6.00	2.313	0.432 3	8.754	3.784 5	0.264 2	0.114 2
7.00	2.660	0.375 9	11.067	4.160 4	0.240 4	0.090 4
8.00	3.059	0.326 9	13.727	4.487 3	0.222 9	0.072 9
9.00	3.518	0.284 3	16.786	4.771 6	0.209 6	0.059 6
10.00	4.046	0.247 2	20.304	5.018 8	0.199 3	0.049 3
11.00	4.652	0.215 0	24.349	5.233 7	0.191 1	0.041 1
12.00	5.350	0.186 9	29.002	5.420 6	0.184 5	0.034 5
13.00	6.153	0.165 2	34.352	5.583 2	0.179 1	0.029 1
14.00	7.076	0.141 3	40.505	5.724 5	0.174 7	0.024 7
15.00	8.137	0.122 9	47.580	5.847 4	0.171 0	0.021 0
16.00	9.358	0.106 9	55.717	5.954 2	0.168 0	0.018 0
17.00	10.761	0.092 9	65.075	6.047 2	0.165 4	0.015 4
18.00	12.375	0.080 8	75.836	6.128 0	0.163 2	0.012 3
19.00	14.232	0.070 3	88.212	6.198 2	0.161 3	0.011 3
20.00	16.367	0.061 1	102.444	6.259 3	0.159 8	0.009 8
21.00	18.822	0.053 1	118.810	6.312 5	0.158 4	0.008 4
22.00	21.645	0.046 2	137.632	6.358 7	0.157 3	0.007 3
23.00	24.891	0.040 2	159.276	6.398 8	0.156 3	0.006 3
24.00	28.625	0.034 9	184.168	6.433 8	0.155 4	0.005 4
25.00	32.919	0.030 4	212.793	6.464 2	0.154 7	0.004 7
26.00	37.857	0.026 4	245.712	6.490 6	0.154 1	0.004 1
27.00	43.535	0.023 0	283.569	6.513 5	0.153 5	0.003 5
28.00	50.066	0.020 0	327.104	6.533 5	0.153 1	0.003 1
29.00	57.575	0.017 4	377.170	6.550 9	0.152 7	0.002 7
30.00	66.212	0.015 1	434.745	6.566 0	0.152 3	0.002 3
31.00	76.144	0.013 1	500.957	6.579 1	0.152 0	0.002 0
32.00	87.565	0.011 4	577.100	6.590 5	0.151 7	0.001 7
33.00	100.700	0.009 9	664.666	6.600 5	0.151 5	0.001 5
34.00	115.805	0.008 6	765.365	6.609 1	0.151 3	0.001 3
35.00	133.176	0.007 5	881.170	6.616 6	0.151 1	0.001 1

年份	一次支付		等额系列			
	终值系数	现值系数	年金终值系数	年金现值系数	资本回收系数	偿债基金系数
n	$F/P,i,n$	$P/F,i,n$	$F/A,i,n$	$P/A,i,n$	$A/P,i,n$	$A/F,i,n$
1.00	1.200	0.833 3	1.000	0.833 3	1.200 0	1.000 0
2.00	1.440	0.694 4	2.200	1.527 8	0.654 6	0.454 6
3.00	1.728	0.578 7	3.640	2.106 5	0.474 7	0.274 7
4.00	2.074	0.482 3	5.368	2.588 7	0.386 3	0.196 3
5.00	2.488	0.401 9	7.442	2.990 6	0.334 4	0.134 4
6.00	2.986	0.334 9	9.930	3.325 5	0.300 7	0.100 7
7.00	3.583	0.279 1	12.916	3.604 6	0.277 4	0.077 4
8.00	4.300	0.232 6	16.499	3.837 2	0.260 6	0.060 6
9.00	5.160	0.193 8	20.799	4.031 0	0.248 1	0.048 1
10.00	6.192	0.161 5	25.959	4.192 5	0.238 5	0.038 5
11.00	7.430	0.134 6	32.150	4.327 1	0.231 1	0.031 1
12.00	8.916	0.112 2	39.581	4.439 2	0.225 3	0.025 3
13.00	10.699	0.093 5	48.497	4.532 7	0.220 6	0.020 6
14.00	12.839	0.077 9	59.196	4.610 6	0.216 9	0.016 9
15.00	15.407	0.064 9	72.035	4.765 5	0.213 9	0.013 9
16.00	18.488	0.054 1	87.442	4.729 6	0.211 4	0.011 4
17.00	22.186	0.045 1	105.931	4.774 6	0.209 5	0.009 5
18.00	26.623	0.037 6	128.117	4.812 2	0.207 8	0.007 8
19.00	31.948	0.031 3	154.740	4.843 5	0.206 5	0.006 5
20.00	38.338	0.026 1	186.688	4.869 6	0.205 4	0.005 4
21.00	46.005	0.021 7	225.026	4.891 3	0.204 5	0.004 5
22.00	55.206	0.018 1	271.031	4.909 4	0.203 7	0.003 7
23.00	66.247	0.015 1	326.237	4.924 5	0.203 1	0.003 1
24.00	79.497	0.012 6	392.484	4.937 1	0.202 6	0.002 6
25.00	95.396	0.010 5	471.981	4.947 6	0.202 1	0.002 1
26.00	114.475	0.008 7	567.377	4.956 3	0.201 8	0.001 8
27.00	137.371	0.007 3	681.853	4.963 6	0.201 5	0.001 5
28.00	164.845	0.006 1	819.223	4.969 7	0.201 2	0.001 2
29.00	197.814	0.005 1	984.068	4.974 7	0.201 0	0.001 0
30.00	237.376	0.004 2	1 181.882	4.978 9	0.200 9	0.000 9
31.00	284.852	0.003 5	1 419.258	4.982 5	0.200 7	0.000 7
32.00	341.822	0.002 9	1 704.109	4.985 4	0.200 6	0.000 6
33.00	410.186	0.002 4	2 045.931	4.987 8	0.200 5	0.000 5
34.00	492.224	0.002 0	2 456.118	4.989 9	0.200 4	0.000 4
35.00	590.668	0.001 7	2 948.341	4.991 5	0.200 3	0.000 3

25%的复利系数表

年份	一次支付		等额系列			
	终值系数	现值系数	年金终值系数	年金现值系数	资本回收系数	偿债基金系数
n	$F/P, i, n$	$P/F, i, n$	$F/A, i, n$	$P/A, i, n$	$A/P, i, n$	$A/F, i, n$
1.00	1.250	0.800 0	1.000	0.800 0	1.250 0	1.000 0
2.00	1.156	0.640 0	2.250	1.440 0	0.694 5	0.444 5
3.00	1.953	0.512 0	3.813	1.952 0	0.512 3	0.262 3
4.00	2.441	0.409 6	5.766	2.361 6	0.423 5	0.173 5
5.00	3.052	0.327 7	8.207	2.689 3	0.371 9	0.121 9
6.00	3.815	0.262 2	11.259	2.951 4	0.338 8	0.088 8
7.00	4.678	0.209 7	15.073	3.161 1	0.316 4	0.066 4
8.00	5.960	0.167 8	19.842	3.328 9	0.300 4	0.050 4
9.00	7.451	0.134 2	25.802	3.463 1	0.288 8	0.038 8
10.00	9.313	0.107 4	33.253	3.570 5	0.280 1	0.030 1
11.00	11.642	0.085 9	42.566	3.656 4	0.273 5	0.023 5
12.00	14.552	0.068 7	54.208	3.725 1	0.268 5	0.018 5
13.00	18.190	0.055 0	68.760	3.780 1	0.264 6	0.014 6
14.00	22.737	0.044 0	86.949	3.824 1	0.261 5	0.011 5
15.00	28.422	0.035 2	109.687	3.859 3	0.259 1	0.009 1
16.00	35.527	0.028 2	138.109	3.887 4	0.257 3	0.007 3
17.00	44.409	0.022 5	173.636	3.909 9	0.255 8	0.005 8
18.00	55.511	0.018 0	218.045	3.928 0	0.254 6	0.004 6
19.00	69.389	0.014 4	273.556	3.942 4	0.253 7	0.003 7
20.00	86.736	0.011 5	342.945	3.953 9	0.252 9	0.002 9
21.00	108.420	0.009 2	429.681	3.963 1	0.252 3	0.002 3
22.00	135.525	0.007 4	538.101	3.970 5	0.251 9	0.001 9
23.00	169.407	0.005 9	673.626	3.976 4	0.251 5	0.001 5
24.00	211.758	0.004 7	843.033	3.981 1	0.251 1	0.001 2
25.00	264.698	0.003 8	1 054.791	3.984 9	0.251 0	0.001 0
26.00	330.872	0.003 0	1 319.489	3.987 9	0.250 8	0.000 8
27.00	413.590	0.002 4	1 650.361	3.990 3	0.250 6	0.000 6
28.00	516.988	0.001 9	2 063.952	3.992 3	0.250 5	0.000 5
29.00	646.235	0.001 6	2 580.939	3.993 8	0.250 4	0.000 4
30.00	807.794	0.001 2	3 227.174	3.995 1	0.250 3	0.000 3
31.00	1 009.742	0.001 0	4 034.968	3.996 0	0.250 3	0.000 3
32.00	1 262.177	0.000 8	5 044.710	3.996 8	0.250 2	0.000 2
33.00	1 577.722	0.000 6	6 306.887	3.997 5	0.250 2	0.000 2
34.00	1 972.152	0.000 5	7 884.609	3.998 0	0.250 1	0.000 1
35.00	2 465.190	0.000 4	9 856.761	3.998 4	0.250 1	0.000 1

30%的复利系数表

年份	一次支付		等额系列			
	终值系数	现值系数	年金终值系数	年金现值系数	资本回收系数	偿债基金系数
n	$F/P, i, n$	$P/F, i, n$	$F/A, i, n$	$P/A, i, n$	$A/P, i, n$	$A/F, i, n$
1.00	1.300	0.769 2	1.000	0.769 2	1.300 0	1.000 0
2.00	1.690	0.591 7	2.300	1.361 0	0.734 8	0.434 8
3.00	2.197	0.455 2	3.990	1.816 1	0.550 6	0.250 6
4.00	2.856	0.350 1	6.187	2.166 3	0.461 6	0.161 6
5.00	3.713	0.269 3	9.043	2.435 6	0.410 6	0.110 6
6.00	4.827	0.207 2	12.756	2.642 8	0.378 4	0.078 4
7.00	6.275	0.159 4	17.583	2.802 1	0.356 9	0.056 9
8.00	8.157	0.122 6	23.858	2.924 7	0.341 9	0.041 9
9.00	10.605	0.094 3	32.015	3.019 0	0.332 1	0.031 2
10.00	13.786	0.072 5	42.620	3.091 5	0.323 5	0.023 5
11.00	17.922	0.055 8	65.405	3.147 3	0.317 7	0.017 7
12.00	23.298	0.042 9	74.327	3.190 3	0.313 5	0.013 5
13.00	30.288	0.033 0	97.625	3.223 3	0.310 3	0.010 3
14.00	39.374	0.025 4	127.913	3.248 7	0.307 8	0.007 8
15.00	51.186	0.019 5	167.286	3.268 2	0.306 0	0.006 0
16.00	66.542	0.015 0	218.472	3.283 2	0.304 6	0.004 6
17.00	86.504	0.011 6	285.014	3.294 8	0.303 5	0.003 5
18.00	112.455	0.008 9	371.518	3.303 7	0.302 7	0.002 7
19.00	146.192	0.006 9	483.973	3.310 5	0.302 1	0.002 1
20.00	190.050	0.005 3	630.165	3.315 8	0.301 6	0.001 6
21.00	247.065	0.004 1	820.215	3.319 9	0.301 2	0.001 2
22.00	321.184	0.003 1	1 067.280	3.323 0	0.300 9	0.000 9
23.00	417.539	0.002 4	1 388.464	3.325 4	0.300 7	0.000 7
24.00	542.801	0.001 9	1 806.003	3.327 2	0.300 6	0.000 6
25.00	705.641	0.001 4	2 348.803	3.328 6	0.300 4	0.000 4
26.00	917.333	0.001 1	3 054.444	3.329 7	0.300 3	0.000 3
27.00	1 192.533	0.000 8	3 971.778	3.330 5	0.300 3	0.000 3
28.00	1 550.293	0.000 7	5 164.311	3.331 2	0.300 2	0.000 2
29.00	2 015.381	0.000 5	6 714.604	3.331 7	0.300 2	0.000 2
30.00	2 619.996	0.000 4	8 729.985	3.332 1	0.300 1	0.000 1
31.00	3 405.994	0.000 3	11 349.981	3.332 4	0.300 1	0.000 1
32.00	4 427.793	0.000 2	14 755.975	3.332 6	0.300 1	0.000 1
33.00	5 756.130	0.000 2	19 183.768	3.332 8	0.300 1	0.000 1
34.00	7 482.970	0.000 1	24 939.899	3.332 9	0.300 1	0.000 1
35.00	9 727.860	0.000 1	32 422.868	3.333 0	0.300 0	0.000 0

参 考 文 献

[1] 刘洪玉. 房地产开发经营与管理[M]. 北京：中国建筑工业出版社，2009.

[2] 张健. 财富永续：中国房地产投资策略分析[M]. 上海：上海财经大学出版社，2005.

[3] 陈琳，谭建辉. 房地产项目投资分析[M]. 北京：清华大学出版社，2015.

[4] 黄英. 房地产投资分析[M]. 北京：清华大学出版社，2015.

[5] 王建红. 房地产投资分析[M]. 2版. 北京：电子工业出版社，2012.

[6] 冯力，陈丽. 房地产投资分析[M]. 重庆：重庆大学出版社，2015.

[7] 蓝兴洲. 房地产投资分析[M]. 武汉：武汉理工大学出版社，2011.

[8] 刘永胜. 房地产投资分析[M]. 北京：北京大学出版社，2016.

[9] 丁芸，谭善勇. 房地产投资分析与决策[M]. 北京：中国建筑工业出版社，2005.